溫伯格的
Quality Software Management

軟體管理學

第**3**卷 | Volume 3
Congruent Action

關照全局的管理作為

傑拉爾德‧溫伯格
Gerald M. Weinberg◎著
陳琇玲◎譯

Quality Software Management, Volume 3: Congruent Action
by Gerald M. Weinberg (ISBN: 0-932633-28-5)
Original edition copyright © 1994 by Gerald M. Weinberg
Complex Chinese translation copyright © 2009 by EcoTrend Publications,
a division of Cité Publishing Ltd.
Published by arrangement with Dorset House Publishing Co., Inc. (www.dorsethouse.com)
through the Chinese Connection Agency, a division of the Yao Enterprises, LLC.
ALL RIGHTS RESERVED

經營管理 63

溫伯格的軟體管理學：
關照全局的管理作為（第3卷）

作　　　者　傑拉爾德‧溫伯格（Gerald M. Weinberg）
譯　　　者　陳琇玲
企畫選書人　林博華
責 任 編 輯　林博華

總　編　輯　林博華
發　行　人　凃玉雲
出　　　版　經濟新潮社
　　　　　　台北市中山區民生東路二段141號5樓
　　　　　　電話：（02）2500-7696　傳真：（02）2500-1955
　　　　　　經濟新潮社部落格：http://ecocite.pixnet.net
發　　　行　英屬蓋曼群島商家庭傳媒股份有限公司城邦分公司
　　　　　　台北市中山區民生東路二段141號11樓
　　　　　　客服服務專線：02-25007718；25007719
　　　　　　24小時傳真專線：02-25001990；25001991
　　　　　　服務時間：週一至週五上午09:30-12:00；下午13:30-17:00
　　　　　　劃撥帳號：19863813；戶名：書虫股份有限公司
　　　　　　讀者服務信箱：service@readingclub.com.tw
香港發行所　城邦（香港）出版集團有限公司
　　　　　　香港灣仔駱克道193號東超商業中心1樓
　　　　　　電話：852-25086231　傳真：852-25789337
　　　　　　E-mail: hkcite@biznetvigator.com
馬新發行所　城邦（馬新）出版集團Cite(M) Sdn. Bhd. (458372 U)
　　　　　　11, Jalan 30D/146, Desa Tasik, Sungai Besi,
　　　　　　57000 Kuala Lumpur, Malaysia
　　　　　　電話：603-90563833　傳真：603-90562833
印　　　刷　一展彩色製版有限公司
初 版 一 刷　2009年8月10日
初 版 二 刷　2021年10月29日

城邦讀書花園
www.cite.com.tw

ISBN：978-986-7889-86-7

售價：650元

Printed in Taiwan

作者簡介

傑拉爾德‧溫伯格（Gerald M. Weinberg）

　　溫伯格主要的貢獻集中於軟體界，他是從個人心理、組織行為和企業文化的角度研究軟體管理和軟體工程的權威。在40多年的軟體事業中，他曾任職於IBM、Ethnotech、水星計畫（美國第一個載人太空計畫），並曾任教於多所大學；他主要從事軟體開發，軟體專案管理、軟體顧問等工作。他更是傑出的軟體專業作家和軟體系統思想家，因其對技術與人性問題所提出的創新思考法，而為世人所推崇。1997年，溫伯格因其在軟體領域的傑出貢獻，入選為美國計算機博物館的「計算機名人堂」（Computer Hall of Fame）成員（有名的比爾‧蓋茲和邁克‧戴爾也是在溫伯格之後才入選）。他也榮獲J.-D. Warnier獎項中的「資訊科學類卓越獎」，此獎每年一度頒發給在資訊科學領域對理論與實際應用有傑出貢獻的人士。

溫伯格共寫了30幾本書，早在1971年即以《程式設計的心理學》一書名震天下，另著有《顧問成功的祕密》、《你想通了嗎？》、《領導的技術》、《從需求到設計》、一共四冊的《溫伯格的軟體管理學》、《溫伯格談寫作》、《完美的軟體》等等，這些著作主要涵蓋兩個主題：人與技術的結合；人的思維模式與解決問題的方法。在西方國家，溫伯格擁有大量忠實的讀者群，其著作已有12種語言的版本風行全世界。溫伯格現為 Weinberg and Weinberg 顧問公司的負責人，他的網站是

http://www.geraldmweinberg.com

譯者簡介

陳琇玲（Joyce Chen）

美國密蘇里大學工管碩士，曾任嶺東科技大學講師、行政院國科會助理研究員、Alcatel Telecom 系統程序專員、ISO 9000 主任稽核師暨 TickIT 軟體品質稽核師，現專事翻譯、譯作甚豐。相關譯作包括《第五項修鍊 III ──變革之舞》、《杜拉克精選：個人篇》、《ERP 進階實務》、《供應鏈策略管理五大修練》、《市場的真相》、《搜尋未來》、《川普清崎讓你賺大錢》、《投資大趨勢》、《2010 大崩壞》、《溫伯格的軟體管理學：第一級評量（第2卷）》（合譯）。

〔出版緣起〕

千載難逢的軟體管理大師──溫伯格

經濟新潮社編輯部

在陸續出版了《人月神話》、《最後期限》、《與熊共舞》、《你想通了嗎？》等等軟體業必讀的經典之後，我們感覺，這些書已透徹分析了時間不夠、需求膨脹、人員流失、管理不當，每每導致軟體專案的失敗。這些也都是軟體產業永遠的課題。

究竟，這些問題有沒有解答？如何做得更好？

專案管理的問題千絲萬縷，面對的偏偏又是最（自以為）聰明的程式設計師（知識工作者），以及難纏（實際上也不確定自己要什麼）的客戶，做為一個專案經理，究竟該怎麼做才好？

軟體能力，於今已是國力的指標；縱然印度、中國的軟體能力逐漸凌駕台灣……我們依然認為，這表示還有努力的空間，還有需要補強的地方。如果台灣以往的科技業太「硬」（著重硬體），那麼就讓它「軟一點」，正如同軟體業界的達文西── Martin Fowler所說的：Keeping Software Soft（把軟體做軟），也就是說，搞軟體，要「思維柔軟」。

因此，我們決定出版軟體工程界的天王巨星──溫伯格（Gerald M. Weinberg）集40年的軟體開發與顧問經驗所寫成的一套四冊《溫

伯格的軟體管理學》（*Quality Software Management*），正由於軟體專案的牽涉廣泛，從技術面到管理面，得要面面俱到，而最重要的關鍵在於：你如何思考、如何觀察發生了什麼事、據以採取行動、也預期到未來的變化。

前微軟亞洲研究院院長、現任微軟中國研究開發集團總裁的張亞勤先生，為本書的簡體版作序時提到：「溫伯格認為：軟體的任務是為了解決某一個特定的問題，而軟體開發者的任務卻需要解決一連串的問題。……我們不能要求每個人都聰明異常，能夠解決所有難題；但是我們必須持續思考，因為只有如此，我們才能明白自己在做什麼。」

這四冊書的主題分別是：

1. 系統化思考（Systems Thinking）

2. 第一級評量（First-Order Measurement）

3. 關照全局的管理作為（Congruent Action）

4. 擁抱變革（Anticipating Change）

都將陸續由經濟新潮社出版。四冊書雖成一系列，亦可單獨閱讀。希望藉由這套書，能夠彌補從「技術」到「管理」之間的落差，協助您思考，並實際對您的工作、你所在的機構有幫助。

致台灣讀者

傑拉爾德‧溫伯格

2006 年 8 月 14 日

　　最近，我很榮幸地得知，台灣的經濟新潮社要引進出版拙著的一系列中譯本。身為作者，知道自己的作品將要結識成千上萬的軟體工程師、經理人、測試人員、諮詢顧問，以及其他相信技術能為我們帶來更美好的新世界的人們，我感到非常驚喜。我特別高興我的書能在台灣出版，因為我有個外甥是一位中文學者，他曾旅居台灣，並告訴過我他的許多台灣經驗。

　　在我早期的職業生涯中，我寫過許多電腦和軟體方面的技術性書籍；但是，隨著經驗的增長，我發現，如果我們在技術應用和建構之時對於其人文面向沒有給予足夠的重視，技術就會變得毫無價值——甚至是危險的。於是，我決定在我的作品中加入人文領域的內容，並希望讀者能注意到這個領域。

　　在這之後，我出版的第一本書是《程式設計的心理學》（*The Psychology of Computer Programming*）。這是一本研究軟體開發、測試和維護當中關於人的過程。該書現在已經是25週年紀念版了，這充分說明了人們對於理解其工作中人文部分的渴求。

　　各國引進翻譯我的一系列作品，讓我有機會將這些選集當作是一

個整體來思考，並發現其中一些共通的主題。自我有記憶開始，我就對於「人們如何思考」產生了濃厚的興趣；當我還很年輕時，全世界僅有的幾台電腦常常被人稱為「巨型大腦」（giant brains）。我當時就想，如果我搞清楚這些巨型大腦的「思考方式」，我或許就可以更深入地了解人們是如何思考的。這就是我為什麼一開始就成為一個電腦程式設計師，而後又與電腦共處了50年；我學到了許多關於人們如何思考的知識，但是目前所知的還遠遠不夠。

　　我對於思考的興趣都呈現在我的書裏，而在以下三本特別明顯：《系統化思考入門》（An Introduction to General Systems Thinking，這本書已是25週年紀念版了）；它的姊妹作《系統設計的一般原理》（General Principles of Systems Design，這本書是與我太太Dani合著的，她是一位人類學家）；還有一本就是《你想通了嗎？》（Are Your Lights On? : How to Figure Out What the Problem Really Is，這本書是與Donald Gause合著的）。

　　我對於思考的興趣，很自然地延伸到如何去幫助別人清晰思考的方法上，於是我又寫了其他三本書：《顧問成功的祕密》（The Secrets of Consulting: A Guide to Giving and Getting Advice Successfully）；《More Secrets of Consulting: The Consultant's Tool Kit》；《The Handbook of Walkthroughs, Inspections, and Technical Reviews: Evaluating Programs, Projects, and Products》（這本書已是第三版了）。就在不久前，我寫了《溫伯格談寫作》（Weinberg on Writing: The Fieldstone Method）一書，幫助人們如何更清楚地傳達想法給別人。

　　隨著年齡的增長，我逐漸意識到清晰的思考並不是獲得技術成功的唯一要件。就算是思維最清楚的人，也還是需要一些道德和情感方

面的領導能力，因此我寫了《領導的技術》（*Becoming a Technical Leader: An Organic Problem-Solving Approach*）；隨後我又出版了四卷《溫伯格的軟體管理學》（*Quality Software Management*），其內容涵蓋了系統化思考（Systems Thinking）、第一級評量（First-Order Measurement）、關照全局的管理作為（Congruent Action）和擁抱變革（Anticipating Change），所有這些都是技術性專案獲得成功的關鍵。還有，我開始寫作一系列小說（第一本是《*The Aremac Project*》），都是關於專案及其成員如何處理他們碰到的問題——根據我半個世紀的專案實務經驗所衍生出來的虛構故事。

在與各譯者的合作過程中，透過他們不同的文化視野來審視我的作品，我的思考和寫作功力都提升不少。我最希望的就是這些譯作同樣也能幫助你們——我的讀者朋友——在你的專案、甚至你的整個人生更成功。最後，感謝你們的閱讀。

Preface to the Chinese Editions

Gerald M. Weinberg

14 August 2006

Recently, I was honored to learn that EcoTrend Publications from Taiwan intended to publish a series of my books in Chinese translations. As an author, I'm thrilled to know that my work will now be within reach of thousands more software engineers, managers, testers, consultants, and other people concerned with using technology to build a new and better world. I was especially pleased to know my books would now be available in Taiwan because my sister's son is a Chinese scholar who has spent much time in Taiwan and told me many stories about his experiences there.

Early in my career, I wrote numerous highly technical books on computers and software, but as I gained experience, I learned that technology is worthless—even dangerous—if we don't pay attention to the human aspects of both its use and its construction. I decided to add the human dimension to my work, and bring that dimension to the attention of my readers.

After making that decision, the first book I published was *The Psychology of Computer Programming*, a study of the human processes that enter into the development, testing, and maintenance of software. That book is now in its Silver Anniversary Edition (more than 25 years in print), testifying to the desire of people to understand that human dimension to their work.

Having my books translated gives me an opportunity to reflect on them as a collection, and to perceive what themes they have in common. As long as I can recall, I was interested in how people think, and when I was a young boy, the few computers in the world were often referred to as "giant brains." I thought that I might learn more about how people think by studying how these giant brains "thought." That's how I first became a computer programmer, and after fifty years of working with computers, I've learned a lot about how people think—but I still have far more to learn than I already know.

My interest in thinking shows in all of these books, but is especially clear in *An Introduction to General Systems Thinking* (now also in a Silver Anniversary edition); in its companion volume, *General Principles of Systems Design* (written with my wife, Dani, who is an anthropologist); and in *Are Your Lights On?: How to Figure Out What the Problem Really Is* (written with Don Gause).

My interest naturally extended to methods of helping other people to think more clearly, which led me to write three other books in the series— *The Secrets of Consulting: A Guide to Giving and Getting Advice Successfully; More Secrets of Consulting: The Consultant's Tool Kit;* and *The Handbook of Walkthroughs, Inspections, and Technical Reviews: Evaluating Programs, Projects, and Products* (which is now in its third edition). More recently, I wrote *Weinberg on Writing: The Fieldstone Method*, to help people communicate their thoughts more clearly.

But as I grew older, I learned that clear thinking is not the only requirement for success in technology. Even the clearest thinkers require moral and emotional leadership, so I wrote *Becoming a Technical Leader: An Organic Problem-Solving Approach*, followed by my series of four *Quality Software Management* volumes. This series covers *Systems Thinking, First-Order Measurement, Congruent Action*, and *Anticipating Change*—all of which are essential for success in technical projects. And, now, I have begun a series of novels (the first novel is *The Aremac Project*) that contain stories about projects and how the people in them cope with the problems they encounter—fictional stories based on a half-century of experiences with real projects.

I have already begun to improve my own thinking and writing by working with the translators and seeing my work through different cultural eyes and brains. My fondest hope is that these translations will also help you, the reader, become more successful in your projects—and in your entire life. Thank you for reading them.

從技術到管理，失落的環節

曾昭屏

「軟體專案經理」可說是所有軟體工程師夢寐以求的職務，能夠從「技術的梯子」換到「管理的梯子」，可滿足所有人「鯉魚躍龍門」的虛榮感。不過，就像有人諷刺結婚就像在攻城，「城外的人拼命想要往裏攻，城裏的人卻拼命想要往外逃」，這也是對做軟體專案經理這件事的最佳寫照。何以至此，我們來看看其中的一些問題。

據不可靠的消息說，麥當勞為維持其一貫的品質，成立了一所麥當勞大學。當有人要從炸薯條的工作換到煎漢堡的工作，必須先送到該所大學接受完整的養成訓練後，才能去煎漢堡。軟體管理的工作比起煎漢堡來，絕對不會更簡單，但是有哪位軟體經理或明日的軟體經理，有幸在你就任之前，被送到這麼一所「軟體管理大學」去接受完整的「軟體經理養成教育」呢？

幾乎沒有例外，軟體經理都是由技術能力最強的工程師所升任。若說在軟體工程師階段所培養的技能有相當的比例可為軟體管理工作之所需就罷了，但事實是，兩種技能大相逕庭。

軟體工程師的工作對象是機器。他們的專長在程式設計、撰寫程式、除錯、將程式最佳化。他們大部分的時間花在跟電腦打交道，而

電腦是最合乎邏輯的，不像人類偶爾會有些不理性的情緒反應。程式設計時最好的做法是將之模組化，也就是說所設計出來的模組要有黑箱的特性，至於模組的內部是如何運作，使用者可不予理會，只要能掌握標準界面即可。同樣的思維用到與人有關的事物上，反而會成為最壞的做法。

　　軟體經理的工作對象是「人」。在化學反應中的催化劑，其本身並不會產生變化，而只是促成其他的物質轉變成為最終產品。經理人員就猶如專案中的催化劑，他最大的責任在於營造出一個有利的環境，讓專案成員有高昂的士氣，能充分發揮所長，並獲得工作的成就感。這是軟體工程師的技能中付之闕如的一環，當他們成為經理之後，慣常以管理模組的方式來管理專案成員。以致，出現1997年Windows Tech Journal的調查結果，[1]其讀者對管理階層的觀感是：他們痛恨管理階層、對無能上司所形成的企業文化與辦公室政治深惡痛絕、管理階層不是助力而是阻力（獨斷、無能、又愚蠢）。

　　你還記得，或想像，你剛上任專案經理的第一天，自己是抱著怎樣的心情？狄馬克有一篇名為〈Standing Naked in the Snow〉的文章最讓我印象深刻。[2]他描述自己第一天上任的感覺猶如「裸身站在雪地中」，中文最貼近的形容詞是「沐猴而冠」，那種孤立無援、茫然不知所措的心境，也正是我上任第一天的寫照。想要彌補軟體工程師與軟體經理之間的這段差距，方法不外找到這類的課程或書籍。但軟體

1　M. Weisz, "Dilbert University," *IEEE Software* (September 1998), pp. 18-22.

2　Tom DeMarco, "Standing Naked in the Snow" (Variation On A Theme By Yamaura), *American Programmer*, Vol. 7, No. 12 (December 1994), pp. 28-30.

專案管理的課程在大學裏不開課，坊間的顧問公司也無人提供。至於書籍，在美國，軟體技術類書籍與軟體管理類書籍的比率是200比1，在台灣的情況則更糟，或許是我見識淺陋，我至今都未能找到一本談軟體專案管理的中文書。

幸好，溫伯格為我們補上了這個失落的環節。在這一套四冊的書中，他教導我們要如何來培養軟體經理所必備的四種能力：

1. 專案進行中遇到問題時，有能力對問題的來龍去脈做通盤的思考，找出造成問題的癥結原因，以便能對症下藥，採取適切的行動，讓專案不但在執行前有妥善的規畫，在執行的過程中也能因應狀況適時修正專案計畫。避免以管窺豹，見樹不見林，而未能窺得問題的全貌，或是，頭痛醫頭，腳痛醫腳，找不到真正的病因，而使問題益形惡化。

2. 有能力對專案的執行過程進行觀察，並且有能力對你的觀察結果所代表的意義加以解讀。猶如在駕駛一輛汽車時，若想要安全達到正確的目的地，儀表板是駕駛最重要的依據。此能力可讓專案經理在專案的儀表板上要安裝上必不可缺的各式碼表，並做出正確解讀，從而使專案順利完成。

3. 專案的執行都是靠人來完成，包括專案經理和專案小組的成員。每個人都會有性格缺陷和情緒反應，這使得他們經常會做出不利於專案的決定。在這種不理性又不完美的情況下，即使你會感到迷惘、憤怒、或是非常害怕，甚至害怕到想要當場逃離並找個地方躲起來，你仍然有能力採取關照全局的行動。

4. 為因應這不斷改變的世界，你有能力引領組織的變革，改變企業文化，走向學習型的組織。

　　李斯特（Timothy Lister）在《Peopleware》中談組織學習[3]時說了個小故事：我有一位客戶，他們的公司在軟體開發工作上有超過三十年的悠久歷史。在這段期間，一直都養了上千名的軟體開發人員，總計有超過三萬個「人年」的軟體經驗。對此我深感嘆服，你能想像，若是能把所有這些學習到的經驗都用到每一個新的專案上，會是怎樣的結果。因此，趁一次機會，我就向該公司的一群經理人請教，如果他們要派一位新的經理去負責一個新的專案，他們會在他耳邊叮嚀的「智慧的話語」是什麼？他們不假思索，幾乎異口同聲地回答我說：「祝你好運！」

　　希望下次當你上任軟體經理時，不會再有沐猴而冠的感覺，也不會僅帶著他人「祝你好運」的空話，而是有《溫伯格的軟體管理學》這套書做為你堅強的後盾。

（本文作者曾昭屏，交大計算機科學系畢，美國休士頓大學計算機科學系碩士。譯作有《顧問成功的祕密》、《溫伯格的軟體管理學》（第1, 2卷）。專長領域：軟體工程、軟體專案管理、軟體顧問。最喜歡的作者：Tom DeMarco, Gerald Weinberg, Steve McConnell. Email: marktsen@hotmail.com）

3　T. DeMarco and T. Lister, *Peopleware: Productive Projects and Teams* (New York: Dorset House Publishing, 1999), p. 210.

目錄

第一部　管理自己

第二部　　管理別人

第三部　達成關照全局的管理

第四部　管理團隊的情境

編輯說明：

本書附有原文書頁碼（xi, xii, 1, 2,……308），置於內文的外側。書末的「法則、定律、與原理一覽表」與「索引」之索碼皆依據原文書頁碼。

謝詞

在此我要感謝下列人士對於本書能更臻完善所做的貢獻：

Wayne Bailey	Payson Hall	David Robinson
Jim Batterson	Naomi Karten	Dan Starr
Jinny Batterson	Norm Kerth	Eileen Strider
Lee Copeland	Mark Manduke	Wayne Strider
Michael Dedolph	David McClintock	Dani Weinberg
Peter de Jager	Lynne Nix	Janice Wormington
Phil Fuhrer	Judy Noe	Gus Zimmerman
Dawn Guido	Bill Pardee	

我也感謝我的客戶組織中的變革高手（Change Artists）和其他人，以及在問題解決領導力（Problem Solving Leadership）研討會、組織變革工作坊（Organizational Change Shop）研討會、高品質軟體管理（Quality Software Management）研討會、CompuServe 軟體工程管理論壇、華盛頓資料處理管理協會（Washington DPMA）學習研討會和其他教學場合的無數參與者。其中特別感謝：Tom Bragg、Rich Cohen、Arthur George、Ed Hand、Andy Hardy、Steve Heller、Sue Petersen、Brian Richter、Ben Sano、以及 Mark Weisz。

在這本書中，提供我一些事關機密資訊的人士和客戶，我都用了

化名。我希望有一天他們能夠在不必擔心公開自己故事的環境中工作，享受一下那種感覺。

前言

我們發現，我們之所以會失去競爭力，問題出在拙劣的管理階層
——從世界的標準，而非美國人的標準來看。我們受到日本人的
痛擊，因為他們是比我們更為優秀的經理人。倒不是因為日本有
機器人、文化上的優勢、或是做早操以及唱公司歌——而是因為
他們的專業經理人都了解他們的職責何在，並重視細節。[1]

——哈雷公司前執行長比爾斯（*Vaughn Beals*）

我從事軟體這個行業已有四十年，我學到的經驗是，想要在軟體
工程的管理工作上獲致高品質的成果，你將需要具備以下這三
種基本能力：

1. 具有了解複雜情況的能力，以便你能為專案做好事前的規畫，從
   而進行觀察並採取行動，使專案能依計畫進行，或適時修正原計
   畫。

2. 具有觀察事態如何發展的能力，並且有能力從你所採取的因應行
   動是否有效，來判斷你觀察的方向是否正確。

3. 在複雜的人際關係中，即使你會感到迷惘、憤怒、或是非常害
   怕，甚至害怕到讓你想要一走了之並躲起來不見人，但你仍然有

能力採取合宜的行動。

對於一個重視品質的軟體管理人員來說，這三項能力缺一不可，但是我不想將本書寫成一本皇皇巨著。因此，如同任何一位注重品質的軟體經理人一般，我將寫書的計畫拆解成為三個小計畫，在每一個小計畫中討論這三項基本能力中的一項。第一卷《系統化思考》所探討的是第一項能力——了解複雜情況的能力。第二卷《第一級評量》所探討的是觀察事態如何發展的能力，以及完全掌握你所做的觀察是否有意義的能力。在此第三卷《關照全局的管理作為》要探討的是，即使在情緒激動的情況下，你仍然有能力採取合宜的行動。

接著我要先向諸位致歉：如同多數的軟體經理一般，對於這整個工作我最初的評估流於過度樂觀。所造成的結果是，我無法在本卷中將我想要涵蓋的內容如數說完，因此，我還需要加寫第四卷。在第四卷，也是最後一卷中，我將處理組織變革的問題：告訴你如何利用我在第一、二、三卷中教給諸位的各式工具，去管理一個大型的機構，並將你自己的機構轉變成一個能關照全局的機構。所謂關照全局（congruent），我的意思是指一個機構不但知道有哪些有用的軟體工程觀念，並且能將這些觀念充分地實踐出來。

一個機構要如何達到這樣的境界呢？機構必須擁有具備下述能力的經理人：

- 緊盯著實際表現與預期表現的相關資訊
- 以能關照全局的方式來處理上述的資訊
- 以合宜的態度採取行動

簡言之，機構所需的經理人要具有個人戰鬥力，可以將績效卓著的

軟體工程管理機制中的各個組成全都融合在一起。這種個人戰鬥力有部分來自以往專案中的訓練和經驗，有部分則來自緊盯目前專案發生了什麼事的能力。更大的部分來自以往較為一般性的經驗：個人對於這個世界能有所貢獻的經驗。

有些經理當初就不該被選做經理，而他們甚至有可能根本就不想入選。不幸的是，他們的機構未能明白，在選取經理人才時不考慮個人是否具有管理潛質，這樣做將會鑄成大錯。有些經理雖可證明選他們當經理沒有錯，但他們卻鮮少明白，在軟體業從事管理工作要用到的管理技巧並不會比其他行業來得少，而且就算是能力最強的經理也一定要接受訓練，才能勝任管理工作。

提升管理工作的品質，並在強加改變於他人身上之前先改變自己的態度和思考模式，這些都是經理人本身必須擔負的責任。為了能在你所屬機構中培養出具有關照全局能力的管理階層，你做了什麼？為了讓自己變成一個更能關照全局的經理人，你做了什麼？本卷將努力幫助讀者諸君有一個全新的開始，以便諸位可以決定是否真的想當一個經理人，若是真心想做，本卷內容將幫助你發揮你所有的潛力，率先成為一個真正的軟體工程專業人士。

第一部
管理自己

跟往常一樣，我自己一個人獨處時，沒有別人打擾而且心情很好……。就是在這種時候，我的創作靈感如萬馬奔騰、文思泉湧。我不知道它們是打哪兒來和怎麼來的……。我不會在腦海裏聽到這些樂句依序呈現，而是一股腦兒同時聽到它們。那種喜悅是我無法表達的。

——天才音樂家莫札特（*Wolfgang Amadeus Mozart*）

在針對軟體工程發表的一篇權威論文中，IBM大型電腦之父布魯克斯（Frederick P. Brooks）揭發出我們傾向於尋求「銀彈」（silver bullet）——也就是某些能神奇地提升軟體工程的新技術突破。然後，他提出呼應論文標題的這項訊息——「沒有銀彈」[1]。

遺憾的是，布魯克斯的讀者似乎不想聽從他的訊息。一直以來，我幾乎沒有看到什麼證據，證明軟體工程經理人放棄對於銀彈的追求。我確實聽見經理人引用布魯克斯的話，來反對別人的技術構想。「顯然，你以為你已經找到一個銀彈，」他們嘲笑地說。「你難道不知道布魯克斯說過銀彈是不存在的？」他們把對手羞辱一番後，繼續推

銷自己的銀彈。

　　即使這些銀彈全都沒有命中標靶，有些軟體組織卻能夠生產出高品質的工作。在觀察過許多這類高品質組織後，我想要把布魯克斯的格言（Brooks's aphorism）修正為：

　　沒有銀彈，但是偶爾會見到獨行俠。

在我造訪的每一個高品質軟體組織裏，我發現至少有一位獨行俠和幾位支援他的忠實夥伴。在本卷第一部，我想說明究竟是什麼原因讓獨行俠及其忠實夥伴不同於其他人——就是那些只會製造事端、從來沒有立下什麼重要事蹟的人。

1
為何關照全局
對管理來說是必要的

你正在寫福音書，每天一篇章，透過所做所為，透過每句話語；3
是捏造或真實，人們都將閱讀，那麼，你的福音書將會是如何？

——童詩

要生產高品質的軟體，就需要高品質、高效能的軟體工程經理人。這本書就是要談如何成為這種經理人。

到現在，這種經理人在軟體工程界還是相當罕見。在我長年擔任軟體開發者的事業生涯中，我從未擁有這種經理人，所以我認為他們根本不存在。當時我甚至認為這種經理人沒有必要存在——而且我的想法是對的，在那時候。如果只是生產平庸的軟體，根本不需要這種高品質經理人。不過在我擔任顧問這麼多年當中，我遇到過許多高品質經理人，讓我了解到，如果你想超越平庸就需要他們。

或許你的經驗跟我的經驗很像，或許你在軟體工程界沒有遇過許多高品質的經理人，或者你不認為要有高品質的經理人才能生產出高

35

品質的軟體。不管怎樣，你必須相信我說的話——這種經理人是不可或缺的。

　　即使你相信高效能經理人的必要性，但你可能不認同我對具備高效能要付出的代價所做之說明。舉例來說，你可能認為高效能經理人只要了解軟體工程的概念就好，不必落實這些概念。這個錯誤信念正是引起許多麻煩的原因，也是聰明人士極難克服的難題，至少對我而言是這樣。多年來，我享受著這種優越感：「我知道該做什麼，但我實際上有沒有這樣做，其實無關緊要。」這種想法讓我很容易成為光說不練的批判者。

　　在軟體業，我遇到過很多人跟我一樣抱持著這種想法，所以我必須先讓你相信這樣做是錯的。所以，我在第一章先開宗明義介紹關照全局（congruence）這個觀念，並解決「為什麼行動必須跟想法一致？」這個問題。

1.1 知與行的比較

這套書前二卷的討論重點是，為了要利用回饋控制[1]（圖1-1）來管理一個工程系統，扮演控制者角色的經理人必須執行以下這四項活動：

- 規畫應該發生的事
- 觀察目前發生什麼重要事情
- 把觀察事項跟規畫事項做比較
- 採取必要行動讓實際情況與規畫情況更為接近

這套書的第1卷以規畫為主題，第2卷則以觀察和比較為主題。這本書（第3卷）則以接下來的行動為主題（參看圖1-2）。

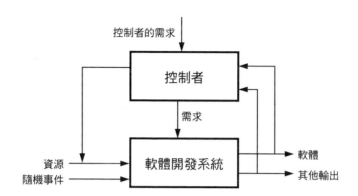

圖1-1　一個軟體開發系統的回饋模型需要有關系統表現的回饋資訊，讓控制
　　　　者可以拿這些資訊和需求進行比較。比較理想的把穩方向型（模式3）
　　　　組織就是因為有這個模型，所以有別於比較不理想的渾然不知型（模
　　　　式0）、變化無常型（模式1）和照章行事型（模式2）組織。

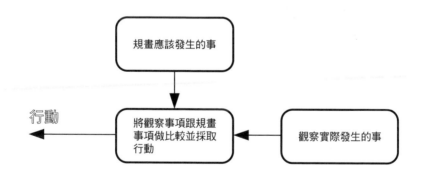

圖1-2　在把穩方向型（模式3）組織，經理人的職責是控制生產預期產品或
　　　　服務的過程。經理人規畫應該發生的事，然後觀察實際發生的事，並
　　　　依據規畫事項與實際結果之差異來設計行動，而且這些行動後來反饋
　　　　回這個受控制的過程。

　　對於那些認為一旦做完規畫，適當行動就會隨之出現的人來說，以行動為焦點似乎有些奇怪。我自己以前就這樣想。我跟許多效益不彰的經理人共事過，而且我把他們的無能歸咎於腦筋不好：他們根本不知道要做什麼。後來，我知道問題未必出在他們身上。我看過許多例子，經理人很清楚要做什麼，但是不知何故就是做不到，我舉一些例子做說明：

- 經理人知道根本不可能準時完成專案，卻不能向老闆坦承此事，所以無法開始討論替代計畫或做法。

- 另一位經理知道在進度落後的專案增加軟體開發人員，只會讓專案進度更加落後，但是他受不了別人以為「他什麼事也不做」。

- 經理人知道對同仁大吼大叫只會讓情況變得更糟，但是他卻無法控制自己不這樣做。

- 經理人知道某位員工有嚴重的體味問題，讓其他員工避而遠之不與其共事，但是經理人卻無法跟這位員工談論此事。

- 經理人知道某位人士適合某項職務，卻因為自己不喜歡這位最佳人選，而指派另一位人士接任那項職務。

- 經理人知道在大家還沒有清楚了解所要解決的問題以前，不應該讓專案開始進行，但是經理人卻無法抗拒軟體開發人員想立刻開始寫程式的渴望。

- 經理人知道自己不該做出無法實現的承諾，但是卻一再地做出這類承諾，以逃避麻煩的人際互動情勢。

這些經理人的共通點是：他們都缺少依據情勢所需而採取行動的自尊（self-esteem）。

1.2 必要多樣性法則

控制論專家艾許比（W. Ross Ashby）指出，任何控制者為了發揮效
力，本身必須具備足夠多樣性的因應機制，以對抗所控制的系統可能
呈現的各種行動[2]。艾許比的必要多樣性法則（Law of Requisite Vari-
ety）表示，控制者採取的行動必須全面關照整體情勢；換句話說，控
制者針對系統可能呈現的各種行動，至少要採取一項行動來因應。知
道自己該做什麼卻無法做到的經理人，就是欠缺這種必要多樣性，所
以無法採取有效行動執行個人職務。

　　為了達到控制之目的，這些經理人為什麼無法展現行動的必要多
樣性，其實無關緊要。原因可能是經理人（扮演控制者）缺少計畫，
或缺少將計畫與實際發生事項做比較所需的觀察力（如同第1卷與第
2卷的大規模討論）。或者，原因可能出在經理人知道該做什麼，卻
無法實際做到，尤其是在壓力狀態下更做不到。

　　當人們無法充分利用可能行動的多樣性，就會做出不一致（incon-
gruently）的因應。根據必要多樣性法則，行為不一致的經理人可能
無法控制自己想要控制的系統。這本書要探討的重點就與提高行為之
一致性有關，尤其是當你處於壓力狀態下時如何讓知行合一，並藉此
改善你達成預期管理品質的能力。

1.3 關照全局的管理之重要性

關照全局的管理之重要性不僅止於個別專案，更擴及到提升整體組織
全面文化水準的過程。如同軟體工程協會（Software Engineering Insti-
tute, SEI）流程方案前任主管寇蒂斯（Bill Curtis）的觀察：

> 如果組織設法建立一個全面管理的基礎架構，同時又設法改善本
> 身的軟體流程，那麼組織就要花更長的時間才能達到下一個層
> 級。[3]

此外，軟體工程協會流程方案的第一任主管韓福瑞（Watts Humphrey）
和第二任主管寇蒂斯都指出：

7
> 即使定義明確的工程流程也無法克服由欠缺健全管理實務所引發
> 的不穩定性。[4]

對我來說，這些觀察可能引發的做法不外乎以下兩者之一：

1. 即使組織的經理人能力不足、行動力薄弱，但是組織為了克服不
    穩定性，就必須設法把定義明確的工程實務引進組織裏。
2. 設法在組織裏找出並培養特別能幹又具說服力的經理人。

目前，軟體工程協會正在推行第一種做法，這種做法適合於那些跟組
織做生意的機構。本書要推行第二種做法，因為這種做法適合我的讀
者：也就是想成為「特別能幹又具說服力的經理人」的個人。

1.4 隨機過程的第一要素

很重要的是，軟體工程協會和其他機構推行第一種做法，即使那不是
我選擇的做法。首先，這種做法是我們在電腦業一直推行的做法，也
是我們比較了解的做法：藉由從方程式中去除人員因素而達成品質。
而且，這方法曾經很成功過。

最近，我得知英國數學家謝克斯（William Shanks）在十九世紀

時，花了二十年的時間計算圓周率（pi），他算到圓周率的小數點後第707位，但是小數點後第528位開始就不正確。我也得知美國數學家李默（D. H. Lehmer）在一九三○年代時，在一年內每天花二小時的時間終於證明梅仙尼數（Mersenne number）是質數。

這二個例子可用以說明工具如何協助增加品質與生產力。現在，要計算圓周率到小數點後第707位，我可以求助於我電腦裏Mathematica這支程式，我只要輸入下列指令：

N[Pi,707]

十秒後，電腦就幫我算出答案，而且一次就計算正確。至於要計算 2^{257-1} 是質數，我只要輸入下列指令：

PrimeQ[2^257-1]

十秒後，我的麥金塔電腦就顯示這個數字確實是質數。

利用軟體科技，我可以大幅提升績效、成本和品質。但是這二個問題都有一個重要特質：本質上，它們都跟管理無關！

如果跟管理有關，那麼可藉由工具大幅提升的利益就可能消失。　8
在你的組織裏，如果顧客委託要求你們計算圓周率到小數點後第707位時，會發生什麼事？這是十秒鐘就能解決的工作嗎？

我讓一些學生私下請一位顧客提出這項要求，讓學生們在所屬組織進行這項「計算圓周率到小數點後第707位」的測試。其中的一些結果如下：

- 一週後，辦事員送回需求表（request form），上面還加註「填寫有誤」。

- 需求表沒有送回來，也從未加以執行，而且三個月後再也沒有聽說此事。（這是最常見的「反應」。）
- 顧客接獲祕書來電要安排與分析師開會，而且分析師要一個多月後才有空開會。
- 需求表在二天內送回，表單上用鉛筆寫下圓周率值到小數點後第10位。
- 需求表在十天後送回並標註「你一定是在開玩笑！」。
- 在三週到四個月內，取得依據程式估計值做的一些回覆。
- 請其他顧客向二名顧客求助——其中一名顧客正使用Mathematica程式，另一名顧客正使用Maple程式（類似的數學應用軟體）。於是顧客們在幾分鐘內就輕鬆地解決問題。
- 顧客拿到算出圓周率小數點後第707位數值的列印文件，但是文件上印出的數值其實已經計算到小數點後第1000位。
- 顧客接到電話詢問是要列印文件還是電子檔案。顧客要求索取電子檔案，不到一小時內廠商就派人親自送交電子檔案給顧客。

對我來說，這項有點蠢的調查只是要確認我對數十家組織的直接觀察。這些組織在服務上產生的多樣性，並非出於技術上的差異，因為他們都利用同樣的技術；這種多樣性其實是源自管理上的差異。目前在軟體界：

管理是隨機過程的第一要素。

你不必把我的話當真，因為你可以利用你自己的經驗做判斷。請你回想一下，你認識的最優秀軟體經理人和最差勁軟體經理人，他們的組

織或專案在績效上有多少差異？在成本上有多少差異？在品質上有多少差異？

　　向任何一位品質專家詢問改善品質要從何做起，你聽到的答案有十之八九是這樣：

1.　確認隨機過程的第一要素。
2.　採取步驟以減少這項要素的不可測性。

　　隨機過程的第一要素會妨礙你去改善隨機過程的所有其他要素。

基於一些奇怪的理由，許多人試圖改變組織，但卻繼續犯下同樣的錯誤。他們以為，讓我們陷入混亂的那群人就是領導我們脫離混亂的最佳人選。事實上，如果經理人出現以下這類不一致的狀況，就算運用世上所有的管理工具也派不上用場：

- 　如果他們太自我中心，對於正在發生的事視若無睹、不聞不問。
- 　如果他們太慌張，無法了解應該發生什麼事。
- 　如果他們太害怕，無法細心執行預期的行動。

當經理人言行不一致、無法控制情緒時，我們精心設計的控制論模型（cybernetic model）就會雜音四起，無法正常運作。請記住，無法控制自己的控制者比沒有控制者還糟糕：

　　如果你無法管理你自己，你就無權管理別人。

軟體工程管理的其他所有構成要素就是靠個人效能來加以整合。你如果用照章行事型（模式2）的經理人絕對無法讓組織變成把穩方向型

（模式3）的組織；反之，你應該先取得高效能的經理人，然後由他們
來領導其他人。

1.5 擁抱未來

這些觀察為這本書提供了整體觀點。我們都會面對的挑戰是：想把經
理人充分運用本身行動之多樣性時遇到的各項阻礙給移除掉。要完成
這項目標，首先我們必須解決造成管理不一致性的最大來源：組織當
初遴選經理人的方式。這正是第二章要探討的主題。接下來在第三章
中，我會處理經理人缺乏必要多樣性的最大因素：低自尊；就是這項
因素讓經理人無法言行一致、無法依照明知該做的方式去做。

　　即使經理人認清不一致的因應行為並且加以避免，但是在必要多
樣性方面卻仍面對許多阻礙。經理人對於員工的年齡、性別和其他許
多特性的不自覺偏好，都會對經理人的行為產生影響。我們必須揭發
這當中最常見的偏好：人格、氣質、文化、性別、年齡、體能和認知
模式；然後，我們必須學會，經理人可以做什麼讓自己察覺這些特
質。

10　　　不過，你必須知道，意識不足以改變行動。我們也必須審視人們
如何耽溺於自身具有破壞性的行為，我們除了講道理或道德訓示，還
要怎麼做才能克服這種成癮行為。

　　最後，經理人與他們可以任意運用並產生多樣性的最有效工具
——其他人，這兩者之間的關係也是我們必須審視的重點。同時，我
們還要審視經理人如何改善自己與個別員工、同事和主管之間的人際
互動。另外，經理人與團隊之間存在的特殊關係，也是我們必須探討
的一項重點。

　　看來，我們要探討的事情很多。不過，只知道這些問題卻不多加練習，那就一點幫助也沒有。我們愈快開始了解這些問題，就能愈快採取行動。

1.6 心得與建議

1. 要分辨言行不一致的經理人的一項明確指標，就是他們相信他們擁有權力，而且這種權力是單向的。當專案失敗時，他們怪罪員工、顧客、供應商，或怪自己運氣不好；當專案成功時，他們就認為要歸功於管理團隊很出色。

2. 「關照全局」和「必要多樣性」這二項具有說服力的概念會以許多種形式，在本書中不時地出現。這當中最關鍵的概念始終是將二件事做搭配：通常一方面是想法或感受，另一方面則是言語或行為。

3. 當你繼續閱讀這本書，你會看到有關如何表現一致、關照全局的許多技術。當你看到這些技術時請記住，所有這些技術的基礎就是一種意識與接納：你始終可以選擇自己要如何回應。當你發現你跟自己或跟別人說「我別無選擇」時，你就知道自己正在表現不一致，也知道自己並未充分發揮身為控制者的潛能。

1.7 摘要

✓ 要生產高品質的軟體，就需要高品質、高效能的軟體工程經理人。這本書就是在談如何成為這種經理人。你要培養自己成為這種經理人，首先就要具備依照本身信念做出一致表現的能力。

✓　如果我們用控制論來看，經理人可被視為是回饋系統的控制者。
　　要藉由回饋控制來管理工程系統，身為控制者的經理人必須做好
　　下面幾件事：

11

- 規畫應該發生的事；
- 觀察目前發生什麼重要事情；
- 把觀察事項跟規畫事項做比較；
- 採取必要行動讓實際情況與規畫情況更為接近。

✓　高效能經理人必須知道要做什麼，但是他們也必須能夠依據這項
　　知識來採取行動。

✓　艾許比的必要多樣性法則表示，控制者採取的行動必須全面關照
　　整體情勢。當人們無法充分利用所可能採取行動之多樣性時，就
　　會做出不一致的因應。

✓　為了達到控制之目的，這些經理人為什麼無法展現行動的必要多
　　樣性，其實無關緊要。行為不一致的經理人不管基於什麼原因讓
　　自己行為不一致，都可能無法控制自己想要控制的系統，因此也
　　無法生產高品質的軟體。

✓　對於持續交付高品質的軟體和軟體服務來說，技術顯然很重要，
　　但是在時下的軟體組織裏，管理卻是隨機過程的第一要素，而且
　　這項要素還會妨礙你去改善隨機過程的其他所有要素。

✓　軟體工程管理的其他所有構成要素就是靠個人效能來加以整合。
　　你如果用照章行事型（模式 2）的經理人絕對無法讓組織變成把
　　穩方向型（模式 3）的組織；反之，你應該先取得高效能的經理
　　人，然後由他們來領導其他人。

✓　在這本書裏，我會說明如何把經理人充分運用本身行動之多樣性
　　時遇到的主要阻礙給移除掉。

1.8 練習

1. 在審閱這本書的初稿時，我的同事 Jim Batterson 提出下列建議：
   一致性（congruence，意即本書所說的關照全局）的另一個常見
   意義是「說到做到」。坦白說，替說到做不到的經理人工作，確
   實讓人備感挫折。接下來，請討論把 congruence 解釋為「說到做
   到」，跟解釋為「必要多樣性」，兩者之間有何關係。

2. congruence 的另一個常見意義是「表裏合一」，請討論把 congru-
   ence 解釋為「表裏合一」，跟解釋為「必要多樣性」，兩者之間有
   何關係。

3. 請討論 congruence 的三種定義「必要多樣性」、「說到做到」和
   「表裏合一」，與 congruence 的幾何概念有何關係。例如：兩個三
   角形全等（congruent）。

4. 提出一些例子說明你對「知道該怎麼做卻無法做到的經理人」之
   觀察。如果你就是這類經理人，也請提出一些例子說明你的狀
   況。

5. 這本書的另一位審閱者 Norm Kerth 提出一項建議：審視你以前的
   管理訓練、你讀過的教科書和論文。這當中有哪些主張一致性，
   哪些主張不一致性？哪些推崇人性要素，哪些忽略人性要素或設
   法壓抑人性要素？

6. Norm Kerth 還建議：利用關照全局做為指導主題，讀讀你所欣賞
   的領導者之傳記。尤其是看看這些領導者在被告知別無選擇的情
   況下，他們會如何反應？他們如何影響別人的選擇？

2 挑選管理階層

別相信只在名稱或形式上做改變，實際上卻換湯不換藥的企業。　　13

——美國思想家暨散文家梭羅（Henry David Thoreau）

為什麼在軟體工程界裏這麼難找到關照全局的經理人？或許這個難題跟組織選擇自家經理人和培養自家經理人的方式有關，或是跟經理人自己選擇擔任管理職務的方式有關。如果組織沒有選擇適當的人選擔任管理職務，後來經理人無法關照全局，那就沒有什麼好奇怪的。

本章探討「挑選管理階層」這項主題。我刻意把這個主題模糊化，因為這個主題跟下面二件事有關：

- 組織如何挑選管理階層
- 個人如何選擇以管理職務來發展其事業生涯

如果你不了解這二項選擇之間的差異，那麼你可能從來沒碰過這種情況：組織選擇你（或沒有選擇你）擔任經理職務，而且最後的選擇掌握在你手上。如果你假裝自己沒有選擇可言，那正是你表現不一致的

明確跡象，而且這樣做絕對不是開創個人管理事業生涯的最佳方式。

14　2.1　從哪方面著手最有利

我從軟體工程大師賓姆（Barry Boehm）的軟體工程經濟學經典著作中的一張圖，引伸出圖 2-1。那張圖也出現在賓姆那本著作的封面上，這似乎表示該圖反映出整本書的主要觀察結果。[1]賓姆在那本書中，把一些「成本動因」（cost drivers）孤立出來，其中以圖中所示的這四項成本動因最為重要。藉由研究這些動因——工具、人員、系統和管理——我們可以決定哪方面應該優先管理。

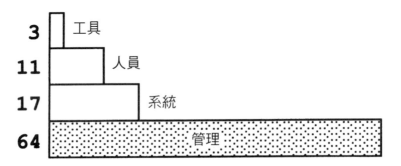

圖 2-1　賓姆提到管理因素對於軟體成本的影響最大，但他並未提出估計值。我從賓姆說會造成「軟體開發成本加倍」的六種管理行為，衍生出此圖之估計值。

高階經理人可利用圖 2-1 做為高層次的指導，顯示本身組織的改善心力最好集中在什麼地方。假設此圖之要素並未加以標示，那麼你所看到的一切只是四項影響因素之比率——3、11、17 和 64。如果你正在管理一個軟體工程組織，你會把大多數時間花在尋求哪方面的改善？

顯然，比率占64的因素應該是必須先加以改善之處，而這個部分就是「管理」。

　　可笑的是，如果只提供工具、人員、系統和管理這四個類別，大多數經理人對於成本動因的影響比率，會做出順序剛好相反的回答，他們認為工具是影響最大的成本動因，管理是影響最小的成本動因。或許特定動因比其他動因更重要的原因是，管理階層花太少時間注意它們。

　　根據軟體工程協會的研究，經理人在解決軟體成本方面這種「本末倒置」的做法確實存在。藉由計算及分類該協會過去五年贊助研究的發表摘要內容[2]，我製作出圖2-2。

2.2 管理的單一面向挑選模型

以我在一些軟體工程組織的諮詢經驗來看，我發現這些組織的成效分配跟軟體工程協會的贊助研究極為類似。舉例來說，我把圖2-2拿給XYZ公司的經理人看時，他認為他們對於改善管理的努力，比軟體工程協會所顯示的4%還要顯著。他這麼跟我說：「或許我們沒有像你們花那麼多錢在管理工具或訓練上，但是我們花很多時間在評量員工表現上，而且我們依據這些評量結果決定該升遷誰為管理階層。」

　　聽到這段話時，我馬上明白他們是怎麼做評量的。XYZ公司可能花很多心力改善管理，但是那卻是以人類所設計的錯誤模型為基礎。同時，我領悟到我的客戶大都使用這個錯誤模型——我將這個模型稱為「單一面向的挑選模型」（One-Dimensional Selection Model）。這個模型是以三個錯誤假定為基礎，亦即：

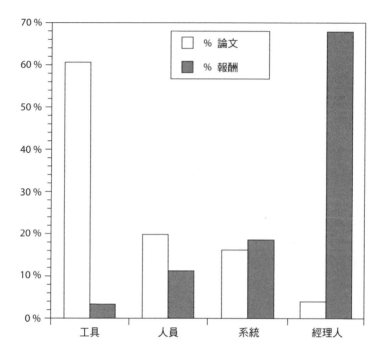

圖2-2　我依據軟體工程協會過去五年來對於「工具、人員、系統、經理人」
　　　　這四個領域所贊助的研究，進行分析後所得的圖形。圖表顯示我根據
　　　　實姆的資料解析各領域之報酬百分比，並與軟體工程協會在一九八六
　　　　年到一九九一年對相同領域所發表論文之百分比，兩者加以對照。

- 經理人是天生的、不是後天養成的。
- 可以用單一面向的標準來為人們排名。
- 程式設計師的職級就跟管理人員的職級一樣。

現在我們就逐一審視為什麼這些假定都是不實際的想法。

16　*2.2.1　經理人是天生的、不是後天養成的*

如果你認為經理人是天生的、不是後天養成的，那麼你的主要興趣和

努力會用於發現哪些人天生就是當經理人的料。在某些家族事業中，選擇接班人的過程完全以血緣為主要考量。在所有可能的經理人選中，家族事業所有人之長子顯然是最佳人選，如果沒有生兒子，那麼女兒就是最佳人選。我或許不該取笑這個模型：世界上許多國家和企業都用這種模型挑選統治者，而且幾百年來都這樣做。據我所知，這樣做的國家和企業未必表現得比運用其他方法挑選統治者的國家和企業要來得糟。

長子繼承（primogeniture）法則具有一項明確優勢：本身不會含糊不清。你認為跟其他兒子相比，長子會是更優秀的經理人，即使他們是相差幾秒出生的雙胞胎。你當然也知道，不管女兒是不是比長子年紀更大，長子都優先繼承。這項法則雖然具有一些男性沙文主義的色彩，但是依據歐洲貴族社會常見的繼承法則，女兒比姪子和外甥還更優先繼承。

「經理人是天生的、不是後天養成的」這項假定會導致三項顯著的行為偏見：

- 其實成不成熟和經驗多寡一點也不重要。
- 真正唯一重要的是挑選對的人來管理。
- 管理技能訓練大多是浪費時間。

以軟體文化模式的觀點來看，變化無常型（模式1）的經理人對於程式設計師所做的假定就跟前述假定類似[3]。以人類學的觀點來看，偏見相當於「威信」模型（mana model）：有些人有極大的威信，有些人卻沒有。

這種模型正確嗎？我不認為這個模型是正確的，美國管理協會（American Management Association）也不認為，哈佛商學院（Harvard

Business School）也不這樣想。但是，我有很多客戶都認為這個模型是正確的。有些客戶表示，他們不認為這個模型是正確的，但是事實證明他們根本言行不一。

2.2.2　可以用單一面向的標準來為人們排名

如果你打從心裏支持共和政體，不相信長子繼承的功效，那麼你就需要另一項選擇法則來挑選你的經理人。不過，如果這項法則也有類似的明確性，那就再好不過。許多組織使用評等系統為每一位員工產生一個單一數字。這個數字表示該位員工有多「好」，因此把所有數字擺在一起，就可以把所有員工的評等從最優秀到最差勁做出線性排列。舉例來說，如果有八萬名員工，那麼最優秀員工就是排名第一的員工，最差勁的員工就是排名最後的員工。

17　　　在其他組織則沒有個別員工評等，而是由個別工作單位內部進行評等，最後彙整為整個組織的評等。這種評等系統有效嗎？我個人從未刻意參與這類評等，因為這種做法違反我的某些基本原則。不過，這並不表示「我認為這類系統很荒謬」，只表示我不相信某些事。這個問題我就留給讀者自行判斷，我知道許多讀者參與過這類評等的實際運用。

2.2.3　程式設計師的職級就跟管理人員的職級一樣

即使前兩項假定是正確的，我們還必須面對這個問題：某類型工作的最佳人選是否就是其他類型工作的最佳人選。最優秀的英國國王也會是最優秀的電腦程式設計師嗎？或者，跟我們的主題有更密切關係的問題是，最優秀的程式設計師就能成為最優秀的經理人嗎？

　　在資訊系統業工作三十多年，每星期都有人問我這個問題。我相

信「優秀程式設計師的條件」跟「優秀經理人的條件」，兩者之間其實沒有什麼關係。沒錯，要做好這兩項職務確實必須具備一些共同特質。然而，有些特質對其中一項職務比較重要，還有一些特質對其中一項職務有利，卻對另一項職務有害。我強烈質疑的是，這些特質最後都會抵銷掉，所以隨機挑選程式設計師擔任經理人，跟依據任何評等系統挑選程式設計師擔任經理人，兩種做法可能結果都差不多。況且，根據隨機方法挑選還更省錢呢。

2.3　應用這個模型的結果

這三項假定（我認為它們全都錯了）的結果是，最優秀的技術人員通常會被升遷為管理階層。通常，第一項升遷是將技術人員升遷為技術團隊領導人。要做好技術團隊領導人這項職務，確實跟做好程式設計師這項職務有關，這部分我在《領導的技術》（*Becoming a Technical Leader*）[4]有大篇幅的討論。但是，簡單講，技術團隊領導人並不是經理人，只不過頭銜上可能造成混淆罷了。

2.3.1　喪失管理工作的真正意涵

在變化無常型（模式1）的組織，可能有許多層級的管理階層，因為各個經理人的控制範圍很小。其中典型的「經理人」就是技術團隊領導人，其團隊由二至四名人員組成，其職務正好是擔任這個團隊最優秀的技術工作者。對於要因應程式設計師與工作間之差異的變化無常型組織來說，這種結構是最有效的做法。不過，單憑發展出一套具一致性的過程，並無法減少成果的變異（variability），通常必須靠技術團隊領導人接手團隊其他成員無法處理的技術工作，才能減少變異。

18　　要讓這項做法奏效，就要把每個人管理好，尤其是管好基層人員。這樣一來，一旦有某項工作並未依照計畫進行，團隊領導人就能迅速知悉，並且親自出面接手做好這項工作。

　　當工作進展順利，這種做法意謂的是：最優秀的技術人員處理最棘手的技術工作，即使事先不知道哪些工作可能最棘手。如果團隊領導人在這一點上做得不錯的話，技術能力較差者就有機會觀摩如何處理棘手任務，組織的整體技術能力也得以提升。但是，如果處理得不好的話，這時候團隊領導人的工作將負荷過重，而且團隊成員根本無法學到什麼──只會覺得自己無法勝任工作。

2.3.2 喪失技術能力

組織依據技術能力將技術人員升遷為技術團隊領導者，看起來似乎相當合理，尤其當升遷是要借重其指導能力的時候。但是當這件事擴及到真正的管理階級──也就是技術團隊領導人以上的階級──這項理論根據就消失了。重要的效應就如圖2-3所示。即使最優秀的程式設

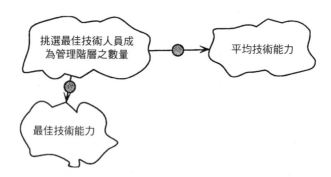

圖2-3　即使最優秀的程式設計師能成為最優秀的經理人，將他們升遷為管理階層卻會讓組織的平均技術能力因此變差，也讓組織的最佳技術能力隨之下降。

計師可以成為最優秀的經理人，把最優秀的程式設計師調任管理職務，這顯然會讓組織的平均技術能力和最佳技術能力因此變差。

2.3.3 人力流失並造成不滿

不過，那只是第一級效應。如圖2-4所示，當組織的技術能力變差，技術人員可能變得更不滿意，而且組織可能更難留住最優秀的程式設計師。況且，人員發展通常需要有最優秀技術人員為榜樣。如果最優秀技術人員繼續調任他職，人員發展就會趨緩，也會對工作滿意度和人員留任造成不利的影響。

2.3.4 干預效應

19

另一組額外效應如圖2-5所示。升遷到管理階層的高效能團隊領導人

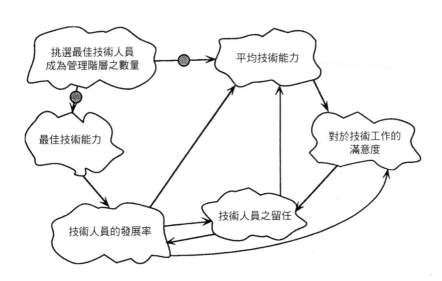

圖2-4　當技術能力變差，技術人員的滿意度會下降，組織也更留不住優秀的程式設計師。而且，當最優秀的技術人員持續被調任他職，人員發展有減少之趨勢，同時也會影響到工作滿意度和留任情況。

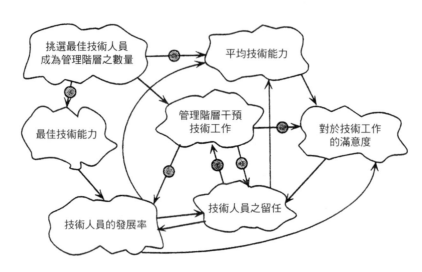

圖 2-5　以技術能力為選擇經理人之標準的整體動態學。

很難放手不管技術工作，畢竟當初他們就是靠這種工作建立個人名聲。他們擔任經理人時，如果不像以往擔任技術人員那樣得心應手，就會有增加干預的傾向，他們有可能因為被他自己的主管施壓而這樣做。而且，如果組織的平均技術能力繼續下降，經理人當然做得更無法得心應手，因此面臨更多壓力去干預──於是引發另一個強有力的正向反饋（positive feedback）循環。

20　　　這種循環並未出現在此圖中，卻是十分具有破壞力的循環。愛管閒事的經理人會對技術人員造成妨礙，使其無法獲得發展專業所需之經驗。當經理人繼續承擔部屬的責任，就會讓部屬更為不滿，而且這種干預甚至可能造成員工離職，尋求其他更有利的職場。如果員工真的離職，這種情況可能進一步增加管理階層干預還在職員工的傾向。於是，這種情況一再地持續下去，沒有好轉的可能，而且有可能變得相當糟糕。

2.4 選擇與一致性

在圖2-5中，整個動態學沒有哪個部分考慮到這項做法對於經理人本身的影響，畢竟他們可以一開始就拒絕接任管理職務。有什麼事比接下自己不想要且不適任的工作更不一致呢？不過，我針對這個問題進行訪談時，接受訪談的數百位軟體工程經理人大都坦承，他們不想離開原本的技術工作轉任管理職務。以下是這些經理人的典型說法：

✓ 我在所屬領域已經做到頂尖，為什麼要進入新領域？而且我可能是這個領域中最基層的新手。

✓ 我不想管理任何人。但是，如果我希望自己的事業生涯有所進展，就必須接任管理職務，否則我只好離職。

✓ 坦白說，我這麼做只是為了賺錢。我原先的薪水已經是技術職務的最高薪資，現在我的薪水幾乎是以前薪水的二倍。況且，大多數時間我還因為自己不能要求家人更省吃儉用而感到難過。

當然，並不是所有經理人都對自己的決定感到不悅。但是，如果我進行的這項非正式調查相當準確，那麼許多經理人對自己的決定其實都甚感不悅，至少一開始是這樣。

　　如果你的組織因為你是一名技術好手而提拔你擔任管理職務，雖然你不認為這是最好的職務，但你還是接任了。接下來，你開始追求關照全局的行動，卻讓自己面臨重大打擊。

　　如果你當初確實不想擔任經理人職務，那麼當你接任經理人職務時，你的所作所為就會不一致。

2.5　支持選擇之願景

因此，要成為關照全局的高效能管理者，你必須想要成為經理人。不過，那並不是最重要的事。針對成功管理所做的許多研究顯示，效能最高的經理人不會以尋求個人事業生涯之升遷為主要考量，而是將個人願景提升到與組織成就劃上等號。許多軟體工程師因為本身技術職務的完成事項受挫，才轉任管理職務。這樣的起步不一定是壞事，但是，要成為高效能管理者不但要遭受挫折，還要付出其他代價。

　　我在個人著作《領導的技術》[5]大篇幅探討願景（vision）的角色，所以在此就不加以詳述。不過，我要讓你知道這本書不是萬能的。我的工作一向都是在協助那些懷抱願景的人們，而且我認為這樣做很值得。不過，我一直刻意避免協助某些人：

- 參與不法或不道德活動
- 犧牲他人以追求個人利益（我不反對大家追求個人利益，我自己始終這樣做。）
- 強迫別人滿足他個人的心理需求（我們都有自己的需求，但是我們不應該追求管理職務只為了滿足自己的權力欲望。）

如果你想學習如何利用你的管理職位跟員工大搞男女關係，或是升遷到你不應獲得的職務，那麼這本書幫不了你。至少，我一定希望這本書幫不了你。根據我跟這種經理人共事的經驗，不管他們說什麼，他們的員工總會看穿這些人的卑劣想法。

　　從另一方面來看，關於這種卑劣想法出自何處，我倒是有一些看法，而且我認為，或許自我了解能協助這些人當中的某些人改變想法。但是，我不是傳道者，所以我不打算拯救任何靈魂。如果你的願

景跟幫助自己和幫助別人有關，我希望這本書能教你如何實現這項願
景。

2.6 心得與建議

1. 從最優秀的技術人員中選擇經理人，這個做法還潛藏另外一項假
   定。究竟為什麼經理人應該是技術人員出身？舉例來說，最近我
   發現，我有一些客戶正從一些小孩已經長大的家庭主婦中，找到
   相當傑出的專案經理人。在某家相當成功的軟體公司就有這樣的
   女性，她以這段話說明自己的成功：「撫養三個青少年的經驗，
   正好就是管理這家公司所雇用電腦科學家的必備經歷。」看到這
   段話，我同事 Norm Kerth 認為，經理人觀看重播影集《天才老
   爹》（*The Cosby Show*）可能比研究匈奴王傳奇（Attila the Hun）
   的管理哲學更能激發思考。

2. 就算在大多數情況下，以最優秀的技術人員升任管理職務確實是
   正確的選擇，但是這項政策未必不會遭遇難題。Linda Hill 就指
   出： 22

   > 被這種明星地位所孤立，新手經理人就會缺乏機會，直接觀察主
   > 管如何處理跟技術較不熟練的部屬共事時引發的人際互動問題。
   > 而且，由於這類優秀技術人員以往在工作上一帆風順，所以他們
   > 很少跟主管或同事起爭執或有衝突。[6]

   簡單講，「選擇最優秀的技術人員當經理人」這項政策反而可能
   讓最沒有經驗處理人際互動問題的人來擔任管理工作。

   　另一個問題是，最優秀的技術人員更可能時時回想以往自己在

技術方面的成就，後悔自己轉行接任管理職務。這種人會強烈認同其他技術專家，結果，他們在轉任管理職務後，眼看自己的技術地位逐漸喪失，就會有很深的失落感，也因此承受極大的壓力。他們當中有些人就會盯上技術能力較差的部屬，不管這些部屬是否為團隊貢獻其他技能，他們還是對這些部屬百般刁難。

3. 這本書的審閱者 Peter de Jager 在閱讀本章時提出另一個理由說明，為什麼組織會在不顧對生產力造成的影響下，將技術專家調任管理職務：

> 今年在紐約舉辦的個人電腦大展（PC Expo）發生了一件令人不安且成效不如預期的事。主辦單位召集一場座談會商討個人電腦生產力這項問題，目標是要訂出一些簡單有效的策略，讓生產力大幅提升。……結果，超過八萬二千名與會者只有一人到場。
>
> 　或許是因為生產力的議題實在跟技術無關，……或許八萬一千九百九十九位技術經理人都對討論生產力這項議題不感興趣。……或許他們對事業經營不感興趣，只對技術有興趣。……可能是這樣子吧。[7]

而且，這種事態可能會永遠持續下去，因為這些經理人有權挑選他們的接班人。可想而知，他們的接班人應該也和他們一樣，只對技術感興趣吧。

4. 我的顧問同事 Jinny Batterson，他的批評指教最讓我深思，他介紹我閱讀由詹姆斯・奧契（James A. Autry）寫的《愛心與管理》（*Love and Profits*），此人對管理的見解跟我極為相似。首先，奧契提醒我們，管理的特權其實來自基層：

其實，管理是一種神聖的信任，人們在清醒時的大多數時間內，把自己的幸福交由你來照料。那些讓你擔任管理職務的人先將這種信任加諸在你身上，但更重要的是，在你獲得管理職務後，那些要被你管理的人也將這種信任加諸在你身上。[8]

23

5. 另一名顧問同事 Naomi Karten 認為，經理人是後天養成的，而非天生。不過，她提醒大家：「美國管理協會和哈佛商學院所認同的事實無法說服我。他們有獲利動機認為經理人可以後天養成，因為這些機構就是靠開課訓練經理人而獲利。」別忘了，身為管理顧問的我，也有類似動機這樣做。所以，當心點。

6. 身為顧問並在專案管理課程表現出色的 Payson Hall 提出經理人常被設計遭逢失敗的另一種方式：「新手專案經理人不但要負責管理，也要負責技術。這種組合其實困難重重，因為在專案進展不如預期時，通常需要的不是增加人手，而是需要一位優秀的領導者指揮團隊安度風暴。不過，如你所說，之前擔任技術人員的經理人在承受壓力時，很可能就跳下來救火，結果卻讓自己喪失對整體情勢的了解。」

2.7 摘要

✓ 關照全局的經理人在軟體工程界相當罕見，有部分原因在於組織選擇及培養本身經理人的方式。

✓ 賓姆表示：「不當的管理會比其他任何因素更迅速地增加軟體成本。」根據保守估計，「管理」這項成本動因對軟體成本的影響高達64%，因為從許多方面來看，不當的管理都可能增加成本

　　──甚至造成專案徹底失敗。

✓　通常，經理人似乎以與成本動因影響剛好相反的順序來分配改善的心力，對於最重要的成本動因──「管理」，他們卻最不花心思去處理。

✓　「單一面向的挑選模型」是以三項錯誤假定為基礎，亦即：

- 經理人是天生的、不是後天養成的。
- 可以用單一面向的標準來為人們排名。
- 程式設計師的職級就跟管理人員的職級一樣。

　　這個模型所造成的結果是，我們傾向於挑選技術能力最強者擔任管理職務，然而這樣做卻會讓管理階層和技術人員的實力同時變差。

24　✓　技術團隊領導人可能很擅長改善軟體品質，但是他們做的工作跟經理人的工作並不相同。況且，優秀的技術團隊領導人未必能跟優秀的經理人劃上等號。

✓　不想擔任經理人卻被升遷為經理人的技術人員，打從個人管理生涯一開始時，就處在一個不一致的處境。就算假以時日，他們也很難改善這種處境。

✓　以卑劣的想法追求管理職務者就會成為卑劣的經理人。我希望這本書對他們發揮不了作用。

2.8 練習

1.　請實驗一下：先找一本《Datamation》或《電腦世界》（*Computerworld*）這類電腦雜誌來翻翻，計算一下有關軟體工具及軟體管理的廣告頁面各有多少，再將兩者加以比較。這項實驗的結果或

許暗示出，為什麼許多軟體工程經理人一直被供應商對軟體工具能創造奇蹟的說法牽著鼻子走。

2. 你可以藉由調查電腦書籍名稱，進行類似的實驗。你會發現大多數電腦書籍名稱都跟軟體工具有關。我活到這把年紀已經明白自己以往的做法有誤，所以我現在把大多數軟體工具業務交給年紀較輕的同事處理，自己則專注於改善其他三項因素之效益：人員、系統（尤其是系統的複雜度）和管理。

3. 請依據「讓最優秀技術人員擔任管理職務」對經理人造成的一些效應，繪製效應圖，並且依據它對其他技術人員造成的一些效應，繪製效應圖。

4. 如果最優秀的程式設計師未必能成為最優秀的經理人，那麼在挑選經理人時，還應該運用哪些標準？

5. 除了技術人員以外，組織還可以從哪些地方挑選出既有資質又有經驗的人選，來擔任軟體工程管理職務？

6. 我不想在不清楚對方的情況下，針對如何挑選經理人提供建議。不過，我的同事Phil Fuhrer認為，挑選經理人時其實有一些更具洞見的方式可用，即使這些方式並不完美，但卻不失為實用做法。所以，為了回應Fuhrer的要求，我在此列出他提出的一些構想供讀者參考。這些做法據我所知都曾被妥當運用在挑選經理人。

- 運用同儕提名。　25
- 挑選在管理生活的其他層面上最有經驗者。
- 挑選最成熟者。
- 挑選最有意願者。
- 挑選理由最充分且意願最高者。

- 挑選最渴望在管理方面發展事業生涯者。
- 讓一些適當人選參加大規模的管理訓練，再依據他們如何應用訓練所學，做為挑選經理人之依據。
- 請專精挑選管理人才的顧問公司協助。
- 抽籤決定。
- 挑選在管理方面接受最多正式教育者。
- 選擇展現出最佳領導特質者。
- 不考慮從技術組織挑選經理人選，改從其他組織挑選經驗老到的經理人。
- 利用師徒制培養經理人才。
- 將以上所有做法巧妙地組合運用。

請討論以上各項做法之利弊得失。你可以建議的其他做法為何？

7. 如同我同事 Norm Kerth 所言：你如何營造一個環境，讓對管理有興趣者可以自然而然運用不同管理方式進行實驗？你如何營造一個環境，鼓勵大家成為高效能經理人？

3
人際因應的方式

對個人而言，自我評價是所有價值判斷中最重要的一項；對於個 26
人的心理發展與動機來說，沒有其他因素比「自我評價」這項因
素更具決定性。

　通常，個人並不是透過有意識的口語批判形式經歷這種自我評
價，而是透過難以區分辨認的感受形式，經歷這種自我評價。由
於個人持續不斷地經歷此事，所以這種自我評價已經跟所有感受
融為一體，也跟個人的所有情緒反應扯上關係。[1]

　　　　　　　　　　　　——美國知名心理學家布蘭登（Nathaniel Branden）

如果我們相信管理的重要性，我們也具備一些管理能力，並且基
於所有正當理由，選擇以管理來發展個人事業生涯；那麼，為
什麼我們無法依據我們知道的最佳管理實務，採取一致性的行動呢？
其中一項原因是，人類可不是隨時都講道理的動物，人有思想也有感
受。當這些內在感受蓄積夠強的能量時，就會轉變成個人化的因應方
式。後來，這些因應方式會再轉變成有效或無效的管理行動。

　　在沒有太多壓力的情況下進行溝通，讓每個人在溝通後不會產生

情緒變化，並且能從溝通中產生一些有利作用，這或許是有效且關照
全局之互動的一個寫照。其實，要將關照全局的作為極其生動地描述
出來實在很難，因為關照全局的互動一點也不戲劇化，大家只是明智
地行動、彼此互相體諒、把工作完成，並且樂在工作。

由於每位組織成員有自己負責控制的事項，而不一致的因應行為
27　會減少有效控制所需的多樣性，所以我們可以透過人們的特定因應方
式來評量組織是否健全。

3.1　關照全局的因應：自己、別人與情境

當我們表現出關照全局的作為，我們就有意無意地考量到這三個領
域：自己、別人（或移情作用）與情境（參見圖3-1）。

✓　　自己：我們必須考慮到自己的需求和能力，比方說：每一場技術
　　　會議都想參加的經理人可能會把自己弄得焦頭爛額，因為時間根

圖3-1　為了有效地因應周遭情勢，我們必須考慮到三大要素——自己、別人
　　　與情境——並同時平衡這些要素的要求。能做到這樣就展現出關照全
　　　局的作為。

本不夠用，也會因為這樣讓自己無法做好管理工作，甚至無法在技術方面有任何實質貢獻。

- ✓ 別人：我們必須考慮到別人的需求和能力，比方說：如果程式設計師有能力寫出清楚易懂的程式碼，但卻拒絕這樣做，就會讓後續的程式碼測試工作和程式碼維護工作造成龐大的負擔。

- ✓ 情境：我們必須考慮到我們所處情境的現實面，比方說：如果經理人堅持延用目前無法再將工作處理好的過時設計，那麼，不管大家多麼努力工作，專案注定會失敗。或者，如果新創事業的經理人像有數十億美元現金可用的大企業經理人那樣揮金如土，這個組織可能在自家產品上市以前就把資金耗盡而結束營業了。

在平常的情況下，這種關照全局的因應作為是習以為常的事。但是，如果沒有突發狀況，我們就不需要經理人存在了。在壓力狀態下，人們很容易情緒失控，就可能讓這三大要素失去平衡，引起不一致的因應方式。[2]即使壓力不大，如果人們處於自尊低落的情況下，就會以我的良師暨家庭治療師薩提爾（Virginia Satir）所說的不一致因應方式，做出相當激動的行為反應。薩提爾確認出五種因應方式，包括：指責型（blaming）、討好型（placating）、超理智型（superreasonable）、愛或恨型（loving or hating）、以及打岔型（irrelevant）。接下來，我們就逐一檢視這五種因應方式，看看這些因應方式如何能成為辨識不當管理情境的一種線索。

3.2　指責型

當人們無法考慮到別人時，就會落入指責狀態。以下是你在軟體組織

裏常見的一些指責行為（底線部分為這種因應方式的強調用語）：

✓　當程式設計師開會遲到時，經理人會說：「你<u>老是</u>遲到。你<u>從來</u><u>沒有</u>替<u>別人</u>著想。」

✓　經理人要求程式設計師自願去面試應徵職務者時，程式設計師會說：「為什麼<u>你</u>不<u>自己</u>做？<u>我</u>不打算幫你做你的工作。如果你把一切<u>計畫得更好</u>，你就不必要求我做這種事。」

✓　當行銷經理向軟體工程經理詢問有關修改軟體需求的可能性時，軟體工程經理會說：「你<u>從來沒有</u>在一開始時就把需求弄對過。<u>我早就</u>跟你說過，其實我已經告訴你不下一千次：<u>一開始就把工作做對</u>，你就不用麻煩<u>我</u>做修改。」

在指責別人時，其實指責者正在說：「我是老大，你什麼也不是。」當然，這種態度並非源自於指責者真心以為「我是老大」，事實剛好相反。指責者為了讓大家的注意力轉移到另一個人身上——況且指責

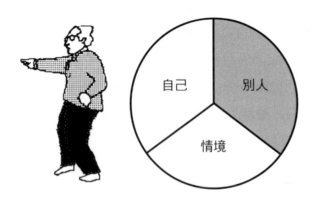

圖 3-2　當人們指責別人時，他們沒有考慮到別人。他們用手指著別人並採取攻擊姿勢，就是試圖隱藏覺得自己能力不足的感受（通常這是一種無意識的行為）。

時通常會用手指著責罵對象——這就是一種自我防衛的策略，藉此讓其他人分心，不會發現指責者自覺能力不足。

跟所有不一致的因應行為一樣，指責也是由自尊低落的感受所引發。當我指責別人時，我試著藉由責罵他人來強化自己，因為我沒有信心可以藉由其他方法來強化自己。指責這種因應方式通常會愚弄到涉世不深或自尊低落者。不過，聰明的觀察者會把指責的重點當成一項明確的評量，藉此得知指責者覺得自己的能力有多麼不足。而且，如果指責是組織偏好的管理方式，觀察者就可藉此評量組織環境已經惡化到什麼程度。

3.3 討好型

指責者那麼經常愚弄別人的原因之一是，那些受害者當中有許多人是慣性討好者。當人們忘記考慮到自己，他們就會落入討好狀態。從這種謙卑的立場來看，討好者已經相信指責者告訴他們的話：「你什麼也不是。」以下是討好者因應前述三種情況時的常見方式：

✓　當程式設計師開會遲到時，經理人會說：「我實在很抱歉，我們有那麼多會要開。我會想辦法讓我們以後不用開那麼多會。」

✓　經理人要求程式設計師自願去面試應徵職務者時，程式設計師會說：「我不知道能不能找得出時間，但我一定會想辦法，即使我可能錯過預定行程，我也會幫忙。不過，我不明白你為什麼選我做這件事。這裏還有很多比我更優秀的程式設計師可以做好面試工作啊。」

✓　當行銷經理向軟體工程經理詢問有關修改軟體需求的可能性時，

軟體工程經理會說：「我實在很抱歉，我早該預料到這項需求。我們會想辦法修改需求，不過這樣一來進度會落後。不行嗎？那樣做不妥嗎？我以為這件事對你來說很重要。我很抱歉必須提及此事，我們當然會想一些辦法準時完成。我可以週日加班，反正我的小孩也不會太在意，小孩就交給我太太照料，讓她坐輪椅帶他們去戒毒中心上課好了。」

討好型的因應方式當然也是因為自尊低落所引起，而且這樣做和指責別人比起來，至少他們比較誠實。我認為自己不好，而且我把這種感受轉化為：「我什麼也不是，你才是老大。」

因為討好者很親切又肯幫忙，所以討好這種因應方式較難察覺。當我討好別人時，我可能沒有聽到自己內心正在泣訴，我可能沒有發現自己的士氣不振，或自己正摒息以待。不過，其他人如果知道該觀察什麼，他們就會發現我正以討好的方式因應。如果他們無法觀察到我正在做什麼，他們可能沒有注意到我的討好行為，等到我無法兌現

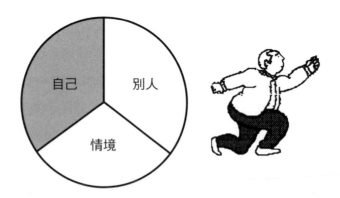

圖3-3　當人們討好別人時，他們沒有考慮到自己。矛盾的是，他們任人擺布的態度是有意要讓別人為此感到抱歉，並讓他們藉此予取予求（通常這是一種無意識的行為）。

自己說過的許多承諾，他們才恍然大悟。不然的話，他們可能任我擺布，並且基於同情而讓我脫困。

在功能失常的組織裏，這是一種相當常見的模式，主管們愛指責　30
部屬、部屬們愛討好主管（參見圖3-4）。這類主管絕不可能了解，指責至少會在以下這二方面造成傷害：

- 討好型員工可能同意主管說的任何事，不管主管說的事有多麼不合理。
- 討好型員工可能憎恨主管，而且有意無意地不認真兌現承諾。

另外還有一種情況是，指責型的主管通常會在有別人觀看的情況下，　31
大肆指責員工，如果旁觀者有討好的傾向，他們可能也會捲入類似的互動。公開指責就像臭鼬放屁──讓在場者都弄得渾身臭味。

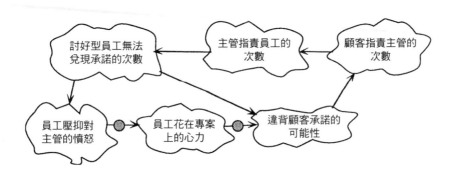

圖3-4　一個相當常見的模式是：指責型主管跟討好型員工被困在一個永無止盡的循環裏。以這個例子來看，指責型主管讓討好型員工做出可能無法兌現的承諾，由於員工對於主管心生怨恨，所以更不可能兌現承諾，於是員工把一股怨氣轉變成怠工或一連串的「無心」之過。結果，主管又遵照另一個常見模式：用討好方式因應顧客的指責，然後再回過頭來指責員工。

　　討好者對指責者的另一項回應如圖3-4所示。顧客指責主管逾期未交付產品，而主管無法回應顧客只能忍氣吞聲，回頭再指責員工。這種情況顯示出，個人不會只採取指責或討好的因應方式。雖然我們在自尊低落時，都有各自偏好的不一致因應方式，但是我們都知道如何採取各種不一致的因應方式。如果我們偏好的因應方式無法奏效，我們就會改用其他因應方式，只要其他因應方式奏效（如果你可以將此稱為「奏效」的話），能讓這場不一致的互動繼續下去就好。

　　我們可以在圖3-5中看出這種因應態度的適應性，此圖顯示出指責者與討好者的角色突然互換之變動。大多數夫妻都能在一天之內如此互換角色數十次，而主管和員工可能跟老夫老妻一樣擅長角色互

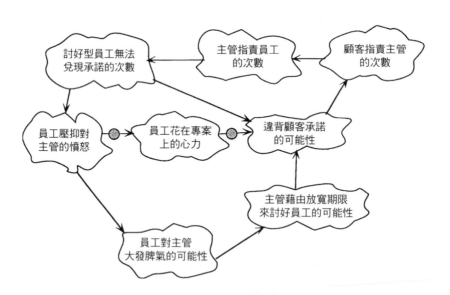

圖3-5　指責型與討好型之動態學的一個常見變型是：當討好型員工忍受夠多
　　　　的虐待，突然對指責型主管大發脾氣時，兩者的角色就會互換。主管
　　　　會扮演討好者並開出一些條件讓員工寬心，結果導致顧客再次指責主
　　　　管，於是又開始另一次的循環。

換。經驗老到的觀察者能藉由了解組織成員中有多少指責者和討好者，來正確指出軟體組織的狀態。

3.4 超理智型

超理智行為比較難察覺或做為判斷組織是否健全的一項評量。那是因為超理智者設法以理性為屏障，隱藏本身低落的自尊。其實，超理智者就像童話《綠野仙蹤》（*Wizard of Oz*）的情節一樣在強調說：「別注意躲在簾子後面的人。」事實上，超理智者根本不注意有沒有人，不管是幕前或幕後的人。超理智者就像駝鳥一樣，似乎在（無意識地）表達：「*如果我看不到你，你就看不到我。*」

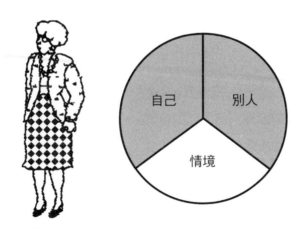

圖 3-6　在超理智型的因應方式中，人們沒有考慮到自己和別人。超理智型的因應方式所採用的特定態度通常是頑固、不為所動、目視遠方，彷彿在說：「我根本不在這裏。」

以下是超理智者設法因應前述三種情況時的常見方式：

✓　當程式設計師開會遲到時，經理人會說：「《Peopleware》作者
　　DeMarco和Lister認為，開會遲到率高達30%時，效率就會降
　　低。」（其實，這二位權威人士並沒有這樣說，但是超理智者會
　　依據主題引述權威人士所言，不管專家是否曾那樣說。）

✓　經理人要求程式設計師自願去面試應徵職務者時，程式設計師會
　　說：「由專業人士召集小組處理面試事宜，這樣做總是比較好。
　　如果這類小組運用一套標準心理工具並依據與職務要求之相關職
　　級來評定成績，這樣做就再好不過。」（這裏提到一些聽起來似
　　乎有道理卻不知是何方神聖所訂下的「規則」。或許，這些規則
　　出自石刻板、來自天語或神的啟示。）

33　✓　當行銷經理向軟體工程經理詢問有關修改軟體需求的可能性時，
　　軟體工程經理會：（眼睛不看行銷經理卻看著遠方──或許在尋
　　求神的啟示。什麼話也沒說，也不以任何可看出的方式承認這項
　　要求。）

當你的溝通對象會受到正確性、適當性、權威和深奧思想所威脅時，
超理智型的態度是一個很好的掩飾。超理智型者其實在說：「這就是
一切，你跟我什麼也不是。」

　　沒錯，當我懷疑自己時，我寧可相信世上有人知道絕對的真理。
有時候，超理智者說的沒錯，但只不過是湊巧罷了。你要知道，就算
聖賢也會出錯，所以我們可以藉此做為判斷功能失常組織的一項指
標：從有多少組織成員認定組織內部有摩西再世，能帶領他們到許諾
之地，就能知道組織功能失常的程度。畢竟，摩西再世這種事根本不
存在，這只不過是查爾登・希斯頓（Charlton Heston）扮演的角色罷
了。

3.5 愛或恨型

從關照全局的觀點來看，愛或恨的關係有著同樣的結構：都將情境完全排除在外。戀人在相愛時，眼裏只有彼此，不共戴天的仇人被困在不是你死就是我活的決鬥裏時，眼裏也只有對方。在這種情況下，缺乏對情境的關注就會對個人帶來危險。戀人們手牽著手過街，彼此深情望著對方，所以沒看到燈號已經變成紅燈或垃圾車正以四十哩時速衝向他們。彼此憎恨者在會議中有意讓對方難堪，所以沒有注意到這樣做也讓自己在主管面前出糗。

圖 3-7　在愛或恨型的因應方式中，人們完全沒有考慮到情境，只把注意力放在別人身上。

以下是關愛者設法因應前述三種情況時的常見方式：

34

✓　當經理人相當偏愛的程式設計師開會遲到時，經理人會說：「莎拉，我很高興妳可以來開會。我們真的需要聽聽妳的意見。」

（其他與會者知道，如果他們遲到了，可沒有這麼好的待遇。）

✓　當程式設計師偏愛的經理人要求他自願去面試應徵職務者時，程式設計師會說：「威爾，當然沒問題。」（程式設計師為了答應此事，只好擱置原本答應在那個時間要做的另外二件事，其實他根本對於面試應徵者這件事一無所知。）

✓　當軟體工程經理偏愛的行銷經理向其詢問有關修改軟體需求的可能性時，軟體工程經理會說：「沒問題，琳恩。你還需要什麼嗎？」（軟體工程經理根本從未考慮過這項要求有多麼不合理或多麼不重要。）

這些反應聽起來有一點討好的意味，不過跟討好者的主要差異在於，關愛者針對的是同一個人，而不是針對別人。戀人從來不會抱怨，他們看著愛慕的對象並呼喚對方的名字。相反地，討好者會抱怨也會哭訴，況且他們很少直呼對方的名字，也從來不跟對方眼神交會。

接下來，我們就來看看憎恨者設法因應前述三種情況的常見方式：

✓　當經理人討厭的程式設計師開會遲到時，經理人會說：「貝蒂，我很高興妳終於來開會了。妳很不巧地錯過發言機會囉。」（其他與會者聽到經理人語帶諷刺，大家都畏畏縮縮。其實貝蒂只不過遲到一分鐘，會議又還沒開始，經理人這樣說實在沒道理。後來，遲到十分鐘的喬治進來時，經理人只是微笑卻什麼也沒說。）

✓　當程式設計師討厭的經理人要求他自願去面試應徵職務者時，程式設計師會說：「你走開！我要獨處一下！」（其實，程式設計師想練習面試技能並在此次應徵事宜上發揮影響力，但是他不想錯過攻擊經理人的機會。）

✓　當軟體工程經理討厭的行銷經理向其詢問有關修改軟體需求的可能性時，軟體工程經理會說：「想都別想！」（軟體工程經理從未考慮過這項要求有多麼合理或多麼重要。）

如果你沒有注意到上述反應總是針對同一個人，就可能將這些反應跟指責型的反應混為一談。指責者會把壞事怪罪到大家身上（卻不責怪自己）；但是，憎恨者不會怪罪大家，他們心知肚明事情該由誰負責。

其實，愛或恨型的態度要表達的是：「這根本不算什麼，你跟我才是老大。」從某些方面來看，這種做法讓愛與恨型的態度剛好跟超理智型的態度恰恰相反。雖然超理智型人士徹底信奉抽象概念的力量，但是愛與恨型人士卻完全相信對方的力量（不管這股力量是正面或負面）。反正，愛慕的對象做什麼事都對，憎恨的對象做什麼事都不對。

因為愛與恨的關係如此遠離世俗，所以要長久維持如此深刻的愛意和恨意並不容易，因為危險不久就會發生。由於他們眼裏只有對方的存在，當關係有所改變時，愛慕對象與憎恨對象的角色就會互換。我用以下這個故事來說明此事。

艾瑪是一項大型軟體專案的專案經理，查爾斯是幫這項專案設計並建置作業環境的承包商。查爾斯創辦的這家軟體承包公司有七個人。艾瑪是一名單親媽媽，獨自撫養三名小孩，小孩如今都已長大成人。查爾斯單身，現年二十七歲，他雖然害羞卻很有魅力。就在這項專案進行二個多月時，大家都發現艾瑪相當愛慕查爾斯，但查爾斯卻毫不知情。雖然查爾斯很聰明也有高超的專業技術，但他有時候會做出不當決定對專案不利，不過艾瑪總是力挺他到底。

大概就在專案進行五個月時，艾瑪和查爾斯一起出差拜訪供應

商，當天晚上艾瑪穿著晚禮服到查爾斯住的汽車旅館房間找他，想要引誘他，結果卻被拒絕。隔天早上，艾瑪對查爾斯由愛轉恨。二週內，艾瑪就單方面取消跟查爾斯公司的合約，即使這樣做會讓公司支付可觀的賠償金，而且專案必須重頭來一次，她還是執意而為。

以這個例子來看，原先愛慕的對象變成敵人。不過比較罕見的情況是，敵人變成摯友。值得注意的是，這兩種關係對於軟體的品質都沒有太多貢獻。

3.6 打岔型

打岔的行為或許不像其他不一致因應策略那樣常見，不過，因為這種行為最醒目也最難以處理，所以總會讓經理人牢記在心。大多數人對真正的打岔行為並不太熟悉，更沒有經驗成功處理這種行為。你認為你可以處理以下這些打岔反應嗎？

✓ 當程式設計師開會遲到時，經理人會說：「你們有看昨晚巨人隊的比賽嗎？我跟同事打賭贏了，我正要找人幫忙我一起慶祝呢。」

✓ 經理人要求程式設計師自願去面試應徵職務者時，程式設計師會說：「那我可以用公費跟那位應徵者共進午餐嗎？花園咖啡廳應該很不錯，才剛整修過。我聽說那裏的紫絲絨座椅是從佛羅倫斯運來的呢。」

36 ✓ 當行銷經理向軟體工程經理詢問有關修改軟體需求的可能性時，軟體工程經理會說：「你有看到屋頂上那隻貓嗎？是一隻花貓，我在想牠是怎麼爬到屋頂的？你想看我們怎麼抓貓嗎？」

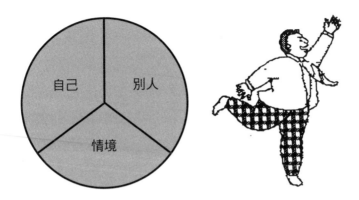

圖 3-8　在打岔型的因應方式中，一切都不在考慮範圍內，而引發完全無法預期的行為。這種態度可能跟任何事有關，但是通常包括許多動作——通常打岔者就在門口做這些動作——（無意識地）保護自己避免為任何事表態。

你會發現打岔行為的力量，但是請你注意，這是一種完全負面的力量——是妨礙事情完成的力量。因此，當組織成員對達成目標不抱任何希望時，這種因應方式的次數會增加。事實上，打岔型的行為要表達的是：「什麼事都不重要。」

當人們感到無能為力時，就會採取打岔型的因應方式。當專案即將被取消或每當經理人被發現無法掌控專案時，打岔行為的數量就會增加。隨著更多打岔行為的出現，專案的進展只會更糟，最後導致整個專案徹底失敗。

3.7 自尊的角色

問題不在於，這五種不一致的因應策略無法奏效，這些策略的效果就跟馬克·吐溫（Mark Twain）對貓咪的描述一樣：

貓咪坐過熱爐蓋後，就不會再這麼做，但牠可能從此以後都不敢
靠近爐子。

從前，當我們還年輕時，這些策略確實幫過我們一些忙，所以我們汲
取經驗法則，繼續使用這些策略。不一致的因應策略可能跟品質拙劣
的程式一樣奏效，只不過不像運作得當的策略或品質優異的程式那樣
成效卓著，一定要有所將就。

3.7.1 內部訊息

為什麼我願意將就？品質拙劣的程式這個比喻提供一個暗示：當我們
沒有太多信心認為我們可能寫出更好的程式時，我們就會將就採用一
個品質拙劣的程式。其實，我們心裏可能正在大叫說：「別碰那支程
式。」這種害怕無法做得更好卻將就現況的態度，只會讓情況更加惡
化。我們或許幫自己找到將就的藉口：「至少，這支程式計算的日薪
幾乎都正確，而且我們只要做一些修正，每月摘要另外用人工計算就
好。」

　　不一致的因應行為也是一種程式，只不過不是電腦運算的程式，
而是人類習以為常的程式。對我而言，這些程式（不一致的因應行
為）很好用，因為有時它們能提供我一些保護，所以我會繼續使用它
們。尤其是當我對自己或對自己的能力不太滿意，不認為自己可以不
讓現況惡化又能做出改善時，我就會採用這些不一致的因應方式。我
以我提供給自己的內部訊息來說明這些不一致因應行為的運作方式：

✓　指責行為說：「至少我獲得力量猛烈抨擊大家。」

✓　討好行為說：「至少我總是認同大家並設法讓大家開心。」

✓　超理智行為說：「至少我很聰明。」

✓　關愛行為說：「至少我支持我所愛的人。」

✓　憎恨行為說：「至少我反對壞人。」

✓　打岔行為說：「至少我受到矚目。」

如果我處理的是一件小事，這些「至少怎樣怎樣」的託詞或許就足夠了；但是，如果我設法維護或建造軟體，我需要集結所有效益，軟體品質的動態學無法寬容不一致的因應行為。為了有效地管理軟體專案，我必須增加我用於關照全局的時間量，藉此減少我花在將就現況的時間量。

3.7.2 封閉式的一致／不一致動態學

圖 3-9 顯示出軟體經理人可能受不一致行為所困的另一種方式。當我發現我無法掌控我所認為的重要事項時（不管我的認知是否有事實依據），這時候我會自尊低落，而缺乏自信去做出一致的因應。不管我後來選擇採用哪一種不一致的因應方式，因為這類方式效能不彰，所以導致控制不當，結果再次反饋並強化我對於控制不當的認知。

　　圖 3-9 的有利層面是，正向的反饋循環可能從任何一個方向引發。如果這個循環是從高自尊開始啟動——如果我對自己很滿意——那麼我就不可能在壓力狀態下做出不一致的因應。我具有一致性（關照全局）的行動將增加我成為有效控制者的機會，這樣一來我的自尊又會因此提升。我們從這種動態學可以知道，如果我開始著手一項管理工作，我的首要任務就是在開始以經理人職位採取行動之前，先盡可能地提升我的自尊。如果我選擇別人擔任經理人，也適用同樣的原則。我要挑選有高自尊者擔任經理人，並且盡一切可能地提升此人的自尊。

38

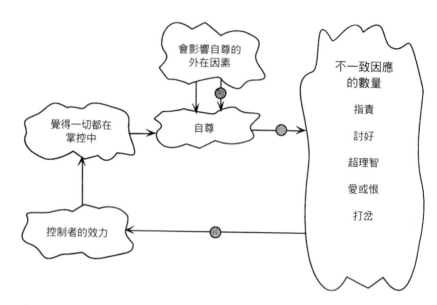

圖3-9 軟體經理人可能被不一致的行為所困。最初可能是由外在因素，例
如：禽流感、高階管理職務的變動或競爭產品的問世，而引發這種封
閉循環。一旦這種低自尊循環開始啟動，就會一再地自我強化。

　　在下一章中我們會看到，如何運用高自尊使得不一致模式的行
為，轉變成更有生產力的行為。

39　3.8　心得與建議

1. 我同事Wayne Bailey指出，由於打岔行為有能力妨礙事情運作，
　　所以這類行為通常是指出某件事必須阻止的一個跡象。舉例來
　　說，打岔行為通常被用於讓別人震驚而失去超理智行為。

2. 我的另一位同事Bill Pardee認為，當你要玩合作的把戲或暫緩、
　　避免面對衝突，通常就會出現打岔行為。從Bailey和Pardee的觀

察來看，大致上，打岔行為絕對跟表面上即將發生的事無關，其實這種行為的另一個名稱就是「令人分心」。所以，當你想要了解打岔行為，就別注意表面上發生的事，要往其他地方深究。

3. 我同事 Norm Kerth 認為，你可以從傾聽笑話的本質和笑聲的數量，得知組織關照全局的狀況。尖酸刻薄的笑話或一點笑聲都沒有的組織，就是不一致的明顯跡象。

4. Kerth 和另一名同事 Phil Fuhrer 二人建議透過組織層級之間溝通的真實性，來檢視組織關照全局的狀況。舉例來說，進度報告有沒有更新？管理工作的報告內容是否含糊不清？

5. 自己承認是「位元運算玩家」（bit-twiddler）的 Payson Hall 忍不住要指出，「自己、別人和情境」總共有八種排列組合，但是本章討論的因應態度只說明其中六種。我自己也是位元運算玩家，不久前我就向薩提爾提過這項差異。在她過世前，我跟她針對這項主題做過一些討論，結果我們把愛或恨型的因應方式，加入她原先確認的五項態度中。不過，我們並沒有談論另外二項態度（「只顧自己」和「只顧別人」）。然而，我們當時確實做出結論，我們認為「只顧自己」可能很難跟打岔型因應方式加以區別，而「只顧別人」可能很容易被認為是愛或恨型因應方式的極端表現。

3.9 摘要

✓ 為了有效地因應周遭情勢，我們必須考慮到三大要素──自己、別人與情境──並同時平衡這些要素的要求。能做到這樣就展現出關照全局的作為。

✓　如果人們覺得自尊低落，就會表現出不一致因應方式，包括：指責型、討好型、超理智型、愛或恨型、以及打岔型。

40　✓　當人們無法考慮到別人時，就會落入指責狀態。在指責別人時，其實指責者正在說：「我是老大，你什麼也不是。」

✓　當人們忘記考慮到自己，他們就會落入討好狀態，其實他們是在表達：「我什麼也不是，你才是老大。」

✓　一個相當常見的模式是：指責型主管跟討好型員工被困在一個永無止盡的循環裏。

✓　指責型與討好型之動態學的一個常見變型是：當討好型員工忍受夠多的虐待，突然對指責型主管大發脾氣時，兩者的角色就會互換。

✓　在超理智型的因應方式中，人們毫不考慮到自己和別人。超理智型者其實在說：「這就是一切，你跟我什麼也不是。」

✓　從關照全局的觀點來看，愛與恨的關係有同樣的結構，那就是：將情境完全排除在外。其實，愛或恨型的態度要表達的是：「這根本不算什麼，你跟我才是老大。」

✓　在打岔型的因應方式中，一切都不在考慮範圍內，而引發完全無法預期的行為。這種行為是一種完全負面的力量──是避免讓事情完成的力量。事實上，打岔型的行為要表達的是：「什麼事都不重要。」

✓　不管採取哪一種不一致的因應方式都要將就，因為這種因應方式無法像關照全局的因應方式那樣有效。只不過，這些方式有時候確實能提供一些保護，所以被人們在自尊低落時加以使用。

✓　表現不一致的經理人可能受困於將「效能不彰」與「低自尊」相結合的正向反饋循環裏。

3.10　練習

1. 舉例說明你的某位同事如何準備一套方式以對付另一名同事（此人可能是員工或經理人）。這個例子顯示討好者其實早就準備好要指責他人，但是他們必須先忍氣吞聲，等待一次勃然大怒並猛烈指責。

2. 假設有一位高階主管因為底下的經理幫他完成了一件苦差事，所以讓這名經理升為五十五名員工的團隊經理人以示「獎勵」，即使這位高階主管承認這名經理還不夠資格管理這個團隊。這就是討好行為。試說明為什麼獎勵經理人使其接受為期十八個月的訓練方案，讓他有機會成為夠資格帶領五十五名員工的經理人，這樣做才是處理這種情況而且更關照全局的做法。

3. 如同唐納‧諾曼（Donald Norman）在其經典之作《設計＆日常生活》（*The Design of Everyday Things*）中所做的評論：

   對人們來說，將自己的不幸遭遇怪罪到環境，這似乎是很自然的事；將別人的不幸遭遇怪罪到他們的個性，這似乎也是再自然不過的事。然而如果事情進展順利，情況就會恰好相反，人們會把自己的成功歸功於自己個性好，把別人的成功說成是環境使然。不管怎樣，人們是否接受自己無能做好簡單事項的不當指責，或將行為歸功於環境或個性使然，這些行為都是被錯誤的心理模型所主宰。[3]

   請舉例說明，你在什麼時候觀察到這種錯誤的心理模型，並說明你如何以關照全局的作為因應這種情況。

4. 如圖 3-9 所示，外在因素可能影響個人自尊，但是許多外在因素

都不在個人的掌控中。當你需要提振自尊時，你可以運用哪些方法？哪些方法有效，哪些方法只會讓你對自己更加不滿，就像大口吃完四桶你最愛吃的賓恩傑瑞冰淇淋那樣？

5. 請再看一次本章內文提到的艾瑪與查爾斯之愛／恨故事。不過，這次我們把主角換成艾德華與夏琳，艾德華是專案經理，也是撫養三個小孩長大的單親爸爸，夏琳則是二十七歲的軟體公司老闆。你認為這樣一來，故事發展會有所不同嗎？你有不一樣的看法嗎？你認為實際上會發生什麼情況？

6. 我同事 Norm Kerth 認為，超理智要傳遞的內部訊息應該是：「至少，大家都認為我很聰明。」Kerth 說，當他採取超理智的因應方式時，他打從心裏知道自己正在假裝。以我自己的例子來看，當我採取超理智的因應方式時，我跟真正的自我脫節，至少要到事後我才會發現原來當時我是在假裝。

4
將不一致的行為轉變為
關照全局的作為

我們可以輕易描述出成功的關係。在家庭裏，大人們像團隊一般
運作，彼此開誠布公，證明個人的存在，也表現出對彼此的尊
重。他們將對方視為獨一無二的個體，也了解彼此之間有什麼相
同之處，同時從彼此的差異中成長與學習。他們以自己的行為和
價值觀做為子女的榜樣並藉此教導子女。[1]

——心理學家薩提爾

引述薩提爾對於家庭場景中關照全局作為的描述，就是討論如何
從「不一致的行為」轉變為「關照全局的作為」之最佳方式。
薩提爾的說明聽起來棒極了，但是我們在此要談論的是組織，不是家
庭。所以，在你進一步閱讀下文之前，請將上述引言中的「家庭」改
為「辦公室」，將「大人」改為「資深員工」，將「子女」改為「新
進員工」。現在，再唸一次：

在辦公室裏，資深員工們像團隊一般運作，彼此開誠布公，證明個人的存在，也表現出對彼此的尊重。他們將對方視為獨一無二的個體，也了解彼此之間有什麼相同之處，同時從彼此的差異中成長與學習。他們以自己的行為和價值觀做為新進員工的榜樣並藉此教導新進員工。

你想在這種組織裏工作嗎？如果想的話，請你繼續閱讀下文，學會如何開始將不一致的行為轉變成關照全局的作為。

4.1 關照全局的作為

雖然關照全局的作為無所不在且容易辨認，但是人們通常無法留意到這種行為，因為這種關照全局的作為功效太好，簡直天衣無縫。不然就是人們留意到各式各樣的關照全局作為，卻無法將這些行為統合到「關照全局作為」的類別下。這是因為關照全局的行為並非一成不變的行為；正好相反，那是具有原創性、符合「情境、別人與自己」之需求的特定行為，也是必要多樣性法則所要求的行為。結果，雖然符合某一個情況的行為可能在另一種情況完全不適用；不過就任何單一情況來說，卻有許多關照全局的行為可供個人運用。在某一種狀況下，允許特例存在或許是關照全局的作為，然而在另一種情況下，或許堅守原則才是關照全局的作為。

此外，比方說，如果我認為你目前的工作表現不佳，我還跟你說：「我很滿意你的工作表現」，我就是口是心非、言行不一，但這並不表示我必須脫口說出我不滿意你的工作表現。如果我很生氣，我還表現出一切都沒問題的模樣，我就口是心非、言行不一。不過，這

也不表示我必須馬上跟你大呼小叫，向你表達我的憤怒。

4.1.1 體驗關照全局的作為

許多人從未在關照全局的組織裏面做過事，所以即使他們遇到關照全局的作為，也無法辨認出來。在剛開始學習辨認關照全局的作為時，我們以更一致的做法處理第三章提到的三種情況來做說明。

✓ 當程式設計師開會遲到時，經理人會（先等會議開完，再跟遲到的程式設計師私下會談）：「我發現你遲到了。而且，如果我記得沒錯，你已經連續遲到三次。我覺得如果開會時你不在場，我們的效率就會受到影響。你認為這個情況該怎麼處理？」（然後靜候程式設計師的回應。）

✓ 經理人要求程式設計師自願去面試應徵職務者時，程式設計師會說：「我很感謝你讓我參與此事，我實在受寵若驚，你認為我可以把這件事做好。不過，如果我撥時間做這件事，我就必須把其他工作延後。你認為我手邊的工作有哪一項可以延後？」（然後靜候經理人的回應。）

✓ 當行銷經理向軟體工程經理詢問有關修改軟體需求的可能性時，軟體工程經理會說：「我擔心如果我們現在才修改需求，就會讓整個軟體交期受到嚴重的影響。如果我指派海倫先考慮你提出的需求變更，我必須把她目前處理的工作交給別人做。換句話說，即使我們後來決定不執行這項變更，整個交期也至少要延後一週。你認為延後一週可行嗎？或者你可以考慮一下，等到發行後續版本時再改變這些需求？」（然後靜候行銷經理的回應。）

由於關照全局的作為不只是用字遣詞，而是口語和非口語的行為都包

含在內，所以在表現上述任何反應時可能會出現不一致的情況。以上
述第二個例子來看，程式設計師可能用諷刺的語氣說話，而不是真心
期望或等待經理人提出建議。因此，要用一本書的篇幅來說明關照全
局的作為是很困難的。為了觀察非口語部分是否跟口語部分一致，你
必須經歷整個互動才能知道。不過，這件事並沒有那麼難，因為當訊
息不一致時，你憑直覺就知道。

4.1.2 辨認關照全局的作為

既然關照全局的作為對於有效的管理是如此重要，所以你必須有能力
辨認這種行為。辨認關照全局之作為的一種方式是，留意口語反應與
非口語反應之間的微妙差異。另一種方式則是，傾聽對方在強調什
麼，因為言行不一致者要對個人現況做出基本說明，一定會卑躬屈膝
或誇張其詞。然而，關照全局者卻能夠對自己目前的狀況做出以下的
基本說明，例如：

- ✓　我弄錯了。
- ✓　我走太快了。
- ✓　我表現得很好。
- ✓　我沒有把時間控制好。
- ✓　我做出實質的貢獻。
- ✓　我沒有考慮到所有相關人士。
- ✓　我正盡我所能、全力以赴。

或許下面這句偶爾會聽到的話，就是你聽過最具一致性的說法：

- ✓　我已經竭盡所能去做了。

請注意，當個人言行不一致時，你是不可能聽到他這樣說的。

4.1.3 組織真的可以依照關照全局的作為運作嗎？

關照全局這個概念可能引發許多跟組織生活現實面有關的問題，例如：

✓　難道我們就不必道歉嗎？

✓　我們不能彼此意見不合嗎？

✓　我們不能強調自己的貢獻嗎？

✓　我們不能偶爾講一下道理嗎？

✓　我們不能誇獎別人嗎？

✓　我們不能發現別人的行為不具生產力嗎？

✓　如果我們必須改變議題怎麼辦？

上述所提到的都可能被視為不一致的因應態度，但是我們在組織中工作卻需要這些事來將工作完成。所以，關照全局的組織真的更理想嗎？　　　　　　　　　　　　　　　　　　　　　　　　　　45

　　沒錯，我們確實需要完成這些事，通常我們每天都這樣做。但是，關照全局的作為不但讓人有更好的感受，也是處理上述各種情況的更佳方式。如同薩提爾所說：

　　道歉卻不帶討好意味，意見分歧卻不帶指責意味，講道理卻沒有超理智和無趣之意，改變話題卻不令人分心，這樣做讓我個人獲得更大的滿足，減少我內心的痛苦掙扎，也給予我更多機會成長並與他人建立圓滿的關係，至於讓我能力提升，這部分就更不用說了。[2]

如果你知道怎麼做這些事，更重要的是，你實際做到這些事，你就已經步上成為更高品質軟體工程經理人之路。我們都花許多精力做出不一致的因應，那些精力可以在其他方面做更好的運用。為了將用於不一致因應的精力轉移到其他有用之處，我們可以藉由提問以下這二個問題開始著手：

- 我們當初是怎麼學會表現不一致的？
- 我們為什麼繼續表現不一致？

其實，我們是在年紀很小的時候，通常是我們學會講話以前，為了求生存而做出不一致的表現。我們會發現，每一種不一致的行為都是源自於在某些生死存亡情況下確實奏效的行為，而且這類行為甚至可能具有遺傳因素。如果特定行為從來沒有奏效過，我們就會將之剔除，如果特定行為有部分奏效，我們就會繼續採用。這樣做會產生不一致是因為：人們在生存未受威脅時濫用（誤用）這類行為。

4.2 將指責轉變為肯定的行為

舉例來說，指責就是源自於回應他人攻擊的一種生存之道。比方說：如果你作勢要傷害一隻貓，貓可能會為了保護自己而攻擊你。貓不會說人話，所以牠用肢體的非口語姿勢做出攻擊。在實際攻擊前，貓可能會先發出一些警告聲音，擺出一些警告動作，並且採取特定的姿勢（參見圖4-1）。這些警告讓貓省去許多可能造成很大犧牲的格鬥，我們人類通常是以指責這種形式來表示警告。

通常，我們可以藉由「用手指著別人」這種明顯攻擊姿勢來辨認指責型的因應方式。就像貓一樣，指責者通常會瞪著被指責者，氣呼

呼地讓自己盡可能地看起來既有氣勢又嚇人。雖然人可能採取口語攻擊，但是說了什麼其實不重要。語言學家指出，我們可以藉由強調用語的模式來辨認各種語言中的指責行為。[3]換句話說，即使整個句子是用我們聽不懂的外國語言來說，或以根本不為人知的語言胡說八道，如果在一個句子中有二個以上的強調用語，我們還是可以辨認出這就是指責行為。（以第三章提到的指責範例做說明：「為什麼<u>你</u>不<u>自己</u>做？<u>我</u><u>不</u>打算幫你做你的工作。如果你把一切<u>計畫得更好</u>，你就不必要求<u>我</u>做這種事。」）這種強調語氣的模式跟語言無關，但卻顯示出指責行為跟遺傳因素有多麼密切的關係。

46

圖4-1　指責是用於自我防衛的一種攻擊形式，也跟常見於所有哺乳動物的遺傳行為有關。

指責跟遺傳因素有關，這一點很有道理。有時候，當別人的行為具有威脅性時，我們其實想說：「我是老大，你什麼也不是。」其實基本上，指責行為意指的是：「如果你繼續那樣做，我就會採取必要行動制止你，不管這樣做會對你造成怎樣的後果。」

　　不過，身為軟體工程經理人，我其實從未發現自己身陷險境，所以我不必以人身攻擊做威脅，將之當成一種管理手法。不過，如果我稍微緩和怒氣因應情況，我就能產生比指責行為更有效益的成果。但

是，在我能夠緩和怒氣做出回應前，我必須先轉變自己在當下的感受。否則，緩和怒氣可能只是一種虛偽表現，並沒有把內在真實感受表達出來，最後就會造成不一致。

　　那麼，指責的態度可以轉變為哪些關照全局的行為？這些行為有可能是肯定斷言、直接、誠實、坦白和直率——而且這些都是在認真考慮到對方作為的情況時，可能採取的有用態度。

4.3 將討好轉變為關懷或順從的行為

那麼，討好的態度可以轉變為哪些關照全局的行為？回想一下，討好的態度其實是在表達：「我什麼也不是，你才是老大。」

　　在自然界，父母親可能採取這種討好態度，牠們甚至會為子女而犧牲自己的性命，因而確保物種之生存（參見圖4-2）。

圖4-2　父母親會犧牲自己的生命以協助子女存活，我們認為這種行為很偉大
　　　　並稱之為「關懷」（caring）。

同樣地，經理人可能因為員工代表組織的未來，所以即使員工表　47
現不理想，經理人卻願意讓步或關照員工。舉例來說，程式設計師華
納最近寫的程式，把別人寫的原始碼刪掉了，結果讓專案額外增加將
近二人週的人力。華納的經理吉兒跟華納解釋這項錯誤的嚴重性時卻
說：「華納，我知道你不是故意這樣做，我也知道你跟我們一樣為此
事傷透腦筋。我要你知道，我們在事業生涯發展中難免都會犯錯，有
時候甚至犯下比這個更嚴重的過錯。所以，即使我們不樂見發生此
事，我也不會讓你為此事負責。我們現在需要做的事是，弄清楚如何
避免日後重蹈覆轍。關於這一點，你有什麼想法嗎？」

如果這是華納第五次犯下這種錯誤，那麼吉兒的行為當然不適
當。如果華納接二連三地犯同樣錯誤，吉兒或許要更開門見山地跟華
納討論，以警告華納他目前的處境正如履薄冰。

自然界有另一個討好型行為的例子：二隻動物格鬥時，其中一隻
動物會視情況而屈服。動物很少會跟同類格鬥至死，當其中一隻動物
顯然屈居弱勢時，就會向對方屈服，這樣做其實是在表達：「好吧，
如果你想殺我，你就殺吧。不過，我已經不想再傷害你了。」經理人
在沒辦法照自己的意思去做時，可能採取同樣的傷害控管方式。我們
將這種行為稱為「為避免不了的事做出讓步」、「優雅地屈服」或
「輸得有風度」。以下這個例子說明程式設計師和經理人在一種最常見
的關鍵時刻，可以採用這種討好形式取得重大優勢。

艾蒂正因為她交出的專案時程表而被經理痛罵：「妳在六月一日　48
以前就必須完成這件事，」經理大聲斥責她，「我不想聽到任何藉
口，妳了解嗎？」

艾蒂直覺想叫自己跟經理爭辯或屈服於經理的意見，但她認為經
理說的期限根本不可能達成。不過，她振作起精神，決定做出一致的

反應，她屈服於現狀並且這樣說：「我不明白為什麼這項專案必須在六月一日以前完成。遺憾的是，我不是那麼優秀的專案經理，我實在不知道怎樣在那個期限以前完成專案。或許你可以教教我或找其他更有能力的人取代我擔任專案經理。」

　　請注意，艾蒂的行為並沒有表達：「我什麼也不是，你才是老大。」她的行為反而一致地表達出：「我也很有能力，只不過我無法處理這個情況，但是我覺得沒關係。」

　　討好行為可以轉變成「關懷」（caring）和「為不可避免之事做出讓步」這兩種關照全局的行為，這些轉變是基於有以下的了解而奏效：這並不是我們最後一次應付此人的特定情況。當人們將未來情境做合理考慮時，這類行為就能關照全局。

4.4　將超理智轉變為專注且合理的行為

那麼，超理智態度可以轉變成哪些關照全局的行為？在自然界，許多動物受到威脅時就呆立不動，因為保持絕對靜止通常可以保護牠們不受傷害，因為掠奪者只注意移動的物體（參見圖4-3）。這種行為就跟

圖4-3　許多動物在受到威脅時就會呆立不動，彷彿牠們不存在，威脅也不存在似的。保持絕對靜止或許能保護自己不受傷害。

經理人保持冷靜與理性的行為有關，或者如同英國詩人吉普林（Rudyard Kipling）在其詩作〈如果〉中所言：「……假如舉世倉皇失措，人人怪你，而你能保持冷靜。」[4]

　　另一個自然的生存之道則是完全專注於單一目標，就像受困動物想辦法要脫困，即使會咬斷腳掌也勢在必行。對人類而言，這就是在緊急狀況時擔起重任並維持完全專注的能力，即使你或別人可能在某方面受到傷害也不得不這樣做，比方說：當連續作業系統發生中斷，有八百四十六名經紀人正設法買賣股票賺取佣金時，你就需要靠這種能力冷靜一致地因應。

4.5　將愛或恨轉變為有利聯盟或友善競爭

那麼，愛或恨的態度可以轉變為哪些關照全局的行為？其實愛或恨這種態度要表達的是：「這根本不重要，你跟我才重要。」

　　在自然界，動物為了傳宗接代而求偶，動物會記得父母親的模樣，或天生就很討厭某種植物或動物（參見圖4-4）。對人類來說，這種關係則表現為你與他人結為盟友的能力，而銘記父母親的能力則轉變為追隨領導人的能力。

　　動物與生俱來就討厭特定物種，對人類而言，則是對競爭對手保持友善，給予信任卻保持戒心。是什麼原因讓人對盟友保持戒心，讓

圖4-4　在自然界，許多動物天生就能記得
　　　　父母或任何被他們視為父母之物。

人們對領導者的信任關係不會變成愛戀關係？是什麼讓競爭關係不會
變成憎恨關係？以這二種情況來看，都要藉由我們持續留意情境，才
能達成關照全局的作為。如果聯盟反而招致反效果，我們就會解散聯
盟。如果事實證明領導人不可靠，我們就對別人效忠。如果競爭對手
變得具破壞性，我們就跟對手協商出新的關係，不然就終止關係。

4.6　將打岔轉變為有趣或創意十足的行為

我們要怎樣轉變打岔行為？其實打岔行為是在表達：「什麼事都不重
要。」

　　在自然界，動物處於絕望狀態，任何理性行為都不可能奏效時，
就會採取分散注意力這種技倆，這種行為看起來就像打岔行為。舉例
來說，在面對危險時，受困的老鼠可能突然發狂、四處打轉，跳上跳
下並發出怪聲。有時候，這種行為讓攻擊者困惑而讓老鼠得以脫逃。
然而，這種做法未必奏效；不過，既然沒有希望可言，老鼠怎麼做都
沒有什麼好損失的（參見圖4-5）。

圖4-5　老鼠受困時已經沒有什麼好損失的，所
以會做出完全無法預期的行為，至少這
樣做牠有機會讓情況好轉。這時，老鼠
看起來或許平靜友善，卻突然開始咬人
或往空中一躍。對人類來說，打岔行為
或許表達出一種無能為力的感受。

50　　　　人類也會在同樣處境時發生類似的打岔行為：當合理舉動不可能
奏效時，人們就會採取打岔行為，例如：開會時因為有二位人士互相

指責或互相憎恨而陷入僵局，或許有人開個玩笑或打翻咖啡，在情況變得更糟之前先打破僵局。或者，在大家似乎都變得超理智時，有人或許可以搞笑一下或說一些自相矛盾的話，好讓大家脫去超理智的外殼。

圖4-6　打岔行為總是令人驚訝，因為這種行為跟情境無關。這種行為可能會分散注意力，會讓人覺得有趣或創意十足，或三者皆是。

像腦力激盪這種產生新點子的過程可能被視為是「可被接受的打岔」——是在嘗試過任何合理行為後可用的非常手段，或是在情況變得絕望以前用來產生新點子的合理措施。顧問通常利用遊戲來將某個有趣要素引進陷入絕望的組織（否則的話，組織根本不需要找顧問幫忙）。在某些方面，組織明白如果要找法子脫離某種無助情境，就必須破除本身的模式才行。因此，在另一種情境中會被視為打岔的行為，也可能是組織所能採取的最關照全局的作為。

4.7　心得與建議

1.　我們都知道，指責基本上是為了讓別人害怕而停止特定行為的一種方法。因此，當問題人士指責電腦出問題時，就很有啟發性。

他們不可能試著讓電腦害怕他們，所以他們只是習慣去指責。這時，你可以對電腦採取的最具一致性態度，就很接近超理智行為。

2. 我同事Naomi Karten指出，雖然藉由讓別人害怕就能讓指責行為奏效，但基本上這是一種自我防衛策略，讓你看起來好像不害怕似的。所有不一致的因應行為都具有這種「看起來好像不是怎樣」的特性，因為當事人有意（或無意）要欺騙別人。如果你看穿我指責你，其實是因為我很害怕，那麼你就可能攻擊我。如果你知道我討好你，其實我認為自己比你更優秀，那麼你可能會攻擊我。如果你知道我故意擺出一付超理智的模樣，其實我還是很脆弱，那麼你就可能攻擊我。當我言行一致、關照全局時，我可能很害怕，但我至少不怕表現出自己正在害怕。

3. 關照全局之作為的立即報酬未必顯而易見。我同事Norm Kerth依據多年擔任顧問的經驗提出下列觀察：「以我多年來的觀察所見，名符其實且關照全局的優秀經理人都是女性。她們所處的組織並不尊重她們，因為她們的團隊能把工作完成——而且沒有出現重大爭論，沒有人必須熬夜加班，也沒有人離職。最後，組織會把這些關照全局的團隊解散，原因是所有資深人員應該分散到各個單位，以協助公司解決進度受挫的專案。畢竟，關照全局的團隊『真的沒有什麼天大的難題』。最後，這些優秀女性都只好忍痛隱退。」

　　有時，我在我的顧問公司發現同樣的現象，但是我也發現一些關照全局的男性經理人，而且我觀察到經理人不論男女都因為本身關照全局的作為而讓事業生涯鴻圖大展。不過，他們為了讓自己關照全局的作風受到賞識，通常必須轉換不同組織任職，最後

才會遇見伯樂。我認為有一件事可以確信：個人能對大型組織所做的改變有限。你必須知行合一做出關照全局的作為，但是，你也必須做好準備，你要花許多年的時間才能讓組織改變——而且耐心等候未必就能有好結果。

4.8　摘要

✓　關照全局的行為並非一成不變的行為；而是跟一成不變正好相反，是具有原創性、符合「情境、別人與自己」之需求的特定行為。因此，就任何單一情況來說，有許多關照全局的行為可供個人加以運用。

✓　為了觀察言行是否一致，你必須經歷整個互動。不過，這件事並沒有那麼難，因為當訊息不一致時，你憑直覺就會知道。

✓　既然關照全局的作為對有效的管理而言是如此重要，因此經理人不但要知道如何辨認這種行為，也要有信心辨認這種行為。辨認關照全局之作為的一種方式是，留意口語反應與非口語反應之間的微妙差異。另一種方式是藉由傾聽對方在強調什麼，辨認出特定模式。

✓　為了成為更高品質的軟體工程經理人，就要學會將用於不一致因應的精力，轉用在其他有用之事上。

✓　每一種不一致的行為都是源自於在某些生死存亡情況中確實奏效的行為，而且這類行為甚至可能具有遺傳因素。這樣做會產生不一致是因為：人們在生存未受威脅時濫用（誤用）這類行為。

✓　指責就是源於回應他人攻擊的一種生存之道。指責者其實是在說：「如果你繼續那樣做，我就會採取必要行動制止你，不管這

樣做會對你造成怎樣的後果。」指責的衝動可能轉變成一項有效
的因應策略──肯定斷言、直接、誠實、坦白和直率。

✓ 想討好的衝動可能轉變為關懷、為不可避免之事而退讓、優雅地
屈服、或輸得有風度。當人們將未來情境做合理考慮時，這類行
為就能關照全局。

✓ 超理智的因應方式可以轉變為關照全局的行為，這種行為就跟經
理人保持冷靜與理性的能力有關，尤其是在緊急狀況時。

✓ 關愛態度可轉變的關照全局作為就是：形成有利結盟的能力。憎
恨態度可轉變的關照全局作為就是：參與友好競爭的能力。

✓ 在試過各項合理做法都無效後，可以用看似打岔的關照全局作為
當作非常手段，這種行為可能讓人分心，讓人覺得有趣或創意十
足，或以上三者皆是。

4.9 練習

1. 你可以利用以下方式練習探查不一致的因應，並藉此得知你對微
妙形式的敏感度：找一位想跟你一起進行這項練習的夥伴。將本
章先前討論的下列三種情況，提出關照全局的因應方式並大聲唸
出來。

✓ 當程式設計師開會遲到時，經理人會做出……。

✓ 經理人要求程式設計師自願去面試應徵職務者時，程式設計
師會說……。

✓ 當行銷經理向軟體工程經理詢問有關修改軟體需求的可能性
時，軟體工程經理會說……。

然後，由你跟夥伴輪流大聲唸出反應，由唸者設法加上微妙的不

一致性，聽者則設法探查出口語訊息與非口語訊息之間的不一 53
致。依序討論以上三種情況，然後互換角色繼續練習。

2. 請利用下列方式練習你的指責技巧，可以幫助你在出現指責行為
時有自知之明。以這個沒有意義的句子為例：

✓ 「不，不，不，不。」

　　找一位夥伴一起練習，有時候用平凡無奇的語氣說這句話，
　　有時候則強調其中一、二個字，例如：

✓ 「<u>不</u>，不，<u>不</u>，不」。

　　持續練習直到你能區分哪一種說法是在指責，哪一種不是。
　　一旦你熟練這種無意義話語的指責並能認出這種行為，就改
　　以下面這些合理且有事實根據的句子做練習：

✓ 「你已經遲到三次」。

✓ 「<u>你</u>已經遲到三次」。

✓ 「<u>你已</u>經遲到<u>三</u>次」。

　　持續練習其中的強調語氣和非強調語氣，直到你的夥伴能清
　　楚區別哪一個是指責語氣，哪一個是陳述事實。

3. 如果你所屬組織的成員有組成聯盟或互相反目的傾向，你可以從
中推論出什麼？

4. 以不一致的因應方式及可採用的一致因應方式之觀點，討論下列
管理手法：

● 李伯大夢式的管理手法（Rip van Winkle approach）：你沉睡
二年，一覺醒來卻發現專案還沒有結束，你想知道：「為什
麼專案進度遲了二年？」（譯注：李伯是美國作家歐文
〔Washington Irving〕所作〈李伯大夢〉一文之主角，他一睡
二十年，醒來人事全非。）

- 魔術大師胡迪尼的手法（Houdini approach）：你用複雜的方式和變化把他們弄糊塗了，所以他們不知道你究竟在做什麼。

5. 你認為潛藏在關愛、憎恨和打岔等因應方式背後的不安可能是什麼？

6. 回想Norm Kerth對軟體工程界中女性經理人有關照全局作為之觀察，以及她們最後為何隱退。你認為在以不一致方式因應的組織中建立一個關照全局的團隊，真的是一件好差事而有利於你的事業發展嗎？

5
朝關照全局邁進

我們這個時代的核心問題是，在充滿不確定的情況下，如何做出 54
果斷的行動。

——英國哲學家羅素（Bertrand Russell）

沒有你的同意，誰也無法讓你覺得低人一等。

——小羅斯福總統夫人艾琳諾（Eleanor Roosevelt）

作家 Linda Hill 在她針對新任經理人的研究中發現，新任經理人跟他們認定的「問題人士」共事時，會碰到許多問題。

> 跟問題部屬共事，讓新任經理人覺得壓力沉重又備感挫折，新任
> 經理人通常會「多少低估了」管理問題員工所需花的時間和精力
> ——意即他們必須付出多少腦力和心思應付此事。……而且，由
> 於他們對於管理問題員工一事帶有強烈的情緒，所以新任經理人
> 的首要工作之一就是，學會管理自己的情緒。[1]

不一致的因應方式背後都潛藏著個人情緒。管理情緒並不表示要壓抑

情緒或隱藏情緒，因為那樣又會造成不一致的因應態度。本章將詳細
說明幾種方法，讓個人得以管理自己的情緒能量，不會言行不一而造
成效益不彰。

55 5.1 重新制訂內部訊息

我們可以從因應態度的起源，找出管理情緒能量的一項線索。每一種
不一致的因應行為都是以一項生存法則（survival rule）為依據，會以
這種名稱稱之是因為我們會做出如同面臨生死存亡的反應。這些法則
就像控制我們行為的無意識程式那般運作。

　　或許在我們年紀還小時，遵照這些法則行事是我們所能採取的最
佳方式。雖然長大以後，生存法則也可能保護我們的性命，但是在一
般軟體工程組織中，真正攸關生死的情況實在很罕見。只不過有時
候，你認為情況讓你「覺得」攸關生死罷了。

5.1.1 感受與訊息

我們可以藉由不一致因應行為的形成，發現生存法則的存在。遺憾的
是，等到我們發現生存法則存在時，通常要再採取行動卻為時已晚。
此外，由於我們通常無法察覺本身的不一致因應行為，所以我需要一
項更可靠的信號來提醒我們。幸好，我們可以從提供給自己的內部訊
息發現這類信號，尤其當個人處於情緒激動時，我們就能找出這類信
號。[2] 舉例來說，潛藏在我們不一致因應行為背後的可能是不安，而
且這股不安可能來自於這樣的自我交談（self-talk）：「我可能會犯
錯。」

　　「我可能會犯錯」這個句子本身未必會引起不安。除了引起不

安，還可能引起的反應是悲傷，例如：「如果那件事發生的話，會讓
幾個人很失望，不過我希望取悅他們。」另外還可能引發的感受是生
氣，例如：「我不想浪費任何時間把這件討厭的事再做一遍。」冷漠
也是可能出現的感受，好比說在這種情況：「是啊，況且我之前犯了
許多錯，所以這次弄錯也沒什麼大不了。」興奮也是可能出現的感
受，例如：「哇，錯誤讓我學習到最寶貴的啟示，所以這次弄錯了，
表示我又有大好機會可以學習。」

　　我們對於同樣的訊息會有不同的感受，因為每個人有不同的生活
體驗，這些體驗會影響我們的感受過程。當我們的體驗被整理為一項
生存法則，那麼我們的感受就會特別強烈──通常這種感受是不安
──而且這種感受似乎不在我們意識控制範圍之內。舉例來說，不安
可能由「我可能會犯錯」這項訊息和「我必須隨時有完美的表現」這
項法則加以組合而引發。

　　沒有這種生存法則，我們就不會有這種強烈的不安感受，也不會
引發不一致的因應行為。我們反而有可能發現內部訊息轉變成這樣
──「我會全力以赴，但是我不可能做到完美無缺。」

5.1.2 重新制訂訊息的範例

內部訊息會事先警告我們，我們即將做出不一致的行為。不過，藉由
傾聽你的內部訊息，然後以高自尊的觀點轉變訊息，我們就能在不一
致的行為發生前加以阻止。這並不表示我們要「欺騙自己的感受」，
而是如我同事所言：「確實改造你的內心狀態。」

　　以下這些範例就能說明一些自尊低落訊息及其可能潛藏的法則，
以及如何將這些訊息重新制訂為更關照全局的訊息：

56

不一致的訊息：　有人會批評我。

潛藏法則：　　　我必須隨時避免受到批評。

關照全局的訊息：有一些批評指教是無法避免的，我把別人的批評指
　　　　　　　　教當成別人給我的恩惠。

不一致的訊息：　我可能插手管這件事。

潛藏法則：　　　我必須隨時留意，不妨礙到其他人。

關照全局的訊息：就某種程度來說，插手管經常可以促成全面溝通。

不一致的訊息：　他們會認為我不好。

潛藏法則：　　　我必須隨時給人留下好印象。

關照全局的訊息：即使有人認為我不好，我還是可以活下去。

不一致的訊息：　他們會認為我不完美。

潛藏法則：　　　我必須隨時讓人覺得我是完美的。

關照全局的訊息：既然我不完美，我不必讓別人以為我是完美的。

不一致的訊息：　他們可能會離職。

潛藏法則：　　　我必須隨時維持氣氛融洽。

關照全局的訊息：我不需要大家任何時候都意見一致。

不一致的訊息：　他們可能不喜歡我。

潛藏法則：　　　我必須隨時受到大家的喜愛。

關照全局的訊息：我忠於內心感受表現自己同意與否。

不一致的訊息：　我應該假裝這件事很重要。

潛藏法則：　　　我必須隨時認真看待每件事。

關照全局的訊息：我以切合實際的方式處理實際問題。

不一致的訊息：　我或許必須改變（但是，除非我被迫改變，否則我就靜觀其變）。

潛藏法則：　　我必須隨時保持父母給我的教養。

關照全局的訊息：如果我想改變，我就能夠改變。

雖然從以上的範例看來，特定法則似乎會導致特定的因應方式，但是法則跟因應方式之間其實沒有必然關係。當法則有可能被違反時，我可以選擇採取我所偏好的防衛方式。舉例來說，當我的這項法則「他們可能認為我不完美」會被違反時，我可能出現下列反應：

- 指責：攻擊別人的缺點，讓別人認為我是完美的。
- 討好：稱讚別人很完美，期望他們會這樣回應你：「喔，你也很完美啊。」
- 超理智：設法在我的一言一行中表現完美。
- 關愛：稱讚我所愛者完美無缺，這樣就能讓別人聯想到我也很完美。
- 憎恨：讓自己看起來很完美，這樣就能對照出我所憎恨者的不完美。
- 打岔：設法扮演完美的小丑，好讓別人沒有可批評之處。

57

5.2　應付強烈感受

從狄爾（Deal）來的一位信仰療法治療師說：

「雖然痛苦不是真的，

　　但是當我坐在針上，

　　針尖刺穿我的皮膚，

那種感受我一點也不喜歡。」

——無名氏

遺憾的是，由於邁向關照全局的作為牽涉到強烈感受，所以事情未必像前述內文所示那樣容易。通常，當你情緒激動時，例如：當你覺得受到傷害、氣極敗壞或大失所望時，你很難改變你的反應方式。在此，我提出一些方法，讓你開始改變自己因應強烈感受的方式，即使你認為「痛苦不是真的」。

5.2.1 針對重要問題發表意見

不管你喜不喜歡，你的感受就是資訊的重要來源。感受是告訴你「什麼重要、什麼不重要」的一種自然方式，但是這項資訊別人無法取得，除非你自己跟他們說。沒有人知道你正坐如針氈，也沒有人知道你覺得某項設計進度落後，或者你認為自己正受到不公平的對待。

你有責任運用你自己的感受，決定哪些問題很重要必須發表意見。如果保持沉默讓你痛苦、憎恨或不開心，你就會付出極大的代價——你白白浪費時間、承受情緒上的痛苦或讓工作品質不佳——而且你會繼續付出這樣的代價，直到你終於決定發表意見為止。

從另一方面來看，你也有責任利用你的感受，決定哪些問題不重要，自己看著辦就好。如果你像發狂似地把每個瑣碎問題都說出來，別人就會把你說的話打折扣，下次當你真正遭遇緊急狀況時，別人就不會把你說的話當真。

58 5.2.2 花時間弄清楚你內心的想法

為了做出關照全局的作為，你必須制定一個發表意見的臨界點，依據

當時的人事物和情境來評量你的個人感受。在你發表意見之前，先以下列問題問自己：

- 我怎麼知道目前發生什麼事？我看到什麼和聽到什麼？
- 我對這些觀察做出怎樣的解析？
- 有其他不同的解析嗎？
- 什麼資訊能區別這些解析？
- 究竟是什麼情境讓我有此感受？
- 真正的問題為何？
- 我的立場為何？
- 我想完成什麼？
- 相關人士各自要負起什麼責任？
- 我打算做什麼？不做什麼？

5.2.3 替自己說話

一旦你問過自己這些問題，你會發現要替自己說話就更容易了。接著，請將下列表達你個人想法與感受的一致／不一致做法加以比較。

不一致：大家都想使用這種設計方法。
一　致：我想使用這種設計方法。

不一致：這是一項必要功能。
一　致：我相信這是一項必要功能。

不一致：主管認為這是一項必要功能。
一　致：我了解主管說這是一項必要功能的意思。

不一致：答應好的進度卻做不到，這事讓人無法接受。

一　致：當我無法完成答應好要完成的進度，我覺得自己沒做好這件
　　　　事。

不一致：我們不能假裝屈服於他們的要求。

一　致：我不會答應這個事，除非我相信這是可能做到的。

為自己說話，也讓別人更可能以關照全局的方式來處理問題，這樣一
來，你更有可能獲得自己可以接受的解決方案。

59　5.2.4 向適當人士表達意見

你要注意，發表意見的情境相當重要，不要透過別人幫你傳達意見，
指望別人傳話。即使別人確實幫你傳話讓你知道對方的意見，也有可
能因為傳話的關係，而讓對方的意見失真。

　　你也不要替別人發表意見，如果你自己有什麼問題，就自己說出
來。如果你相信別人出了什麼問題，就找他們一起加入討論，這樣一
來你就能弄清楚他們是否出了狀況。不過，更好的做法是，在提及他
人姓名以前先查清楚。如果他們表示有問題，卻不願意或無法提出問
題，你就不要幫他們提出問題。你反而應該協助他們，讓他們自己能
夠提出問題或作罷。

　　不要說別人的閒話：這樣做很卑鄙，是犧牲別人以便與他人建立
關係的惡劣手段，而且你以這種手段建立的關係並非良好關係。如果
你的問題跟某人有關，你又想顧及他的顏面，那就私下找此人討論，
不要讓別人在場。然後，當你們私下討論時，你就直接提出問題：

不一致的說法：我無法忍受有人遲到。

一致的說法：傑克，你老是遲到，這件事我無法忍受。

當你發出公文寫著：「我注意到有些人的遲到行為已令人無法接受。」這樣做其實並沒有關照全局。如果問題出在傑克身上，就直接找傑克談。不要透過公開討論，讓大家都被這種指責行為所波及。

5.2.5 運用公平的策略

一旦你跟適當人士面對面，就要向對方表達誠意、尊嚴與敬重，要像對待自己那樣對待對方。這樣做就能將指責、精神分析、說教、道德感化、發號施令、警告、質問、嘲笑和訓誡等不當做法排除掉。

如果你太生氣或太激動，以致於無法控制你所運用的策略，那麼你就先抽身，等到你可以掌控時再談。你可以跟對方這樣說：「我需要一點時間，我建議我們在〈特定時間〉再談。」

如果對你來說，即使這樣協商都很難做到──或許這樣做會讓你更不安──那麼你可以說：「我們似乎一時之間很難達成協議，不過我現在必須離開一會兒。我會再跟你聯絡確定何時再談。」然後你就先行離開。

5.2.6 為關照全局的作為而努力

指責、討好、超理智、愛或恨、以及打岔等態度都會讓情況變糟，讓你很難挽救已受傷害的關係。相反地，關照全局的態度卻能產生感染力。關照全局的作為讓你可以發揮創意，以對雙方都有利的新方式建立關係。所以，不管你做什麼，都要努力維持言行一致，或者在你設法做其他事來處理情況之前，要重新恢復關照全局的作為。

千萬別說：「我得先把工作做完，然後再考慮關照全局的作為。」

60

完成工作的最佳方式就是先具備關照全局的作為。關照全局的作為未必能時時奏效，卻總是比不一致的行為更有效。

5.3　向關照全局邁進

「為關照全局而努力」這件事說起來容易，但做起來卻需要花很長的時間，你也必須勤加苦練，提高你採用關照全局作為的比率。坦白跟你說，沒有人能做到百分之百的言行一致，百分之百的關照全局。這就是為什麼你必須有方法，讓你盡快且盡可能有效地重新恢復關照全局的作為。

5.3.1　注意自己是否言行不一

如果你並未察覺自己正做出不一致的行為，你就很難展開讓行為恢復一致的過程。那就是為什麼恢復關照全局作為的首要步驟就是，注意自己是否言行不一。

　　要注意自己是否言行不一的最簡單方式或許是：「傾聽個人內在訊息」，這部分詳見5.1所述。另一個發現自己言行不一的好方法是：「注意身體的感受」。你的呼吸是否短促或不規則，你的姿勢是否僵硬或不穩，或者你發現自己竭盡全力才能維持身體的平衡。身體上的疼痛就是指出言行不一的可靠線索──不管這個疼痛是因或是果。抑或是，你可能覺得反胃、頭暈或發抖──這一切都是言行不一的可靠徵兆。

　　要察覺這些身體反應並以此做為言行不一的警示，就需要持續不斷的練習。有很多人因為缺乏練習，所以無法仰賴這些身體線索做為警示。[3]情境的「邏輯」無法告訴你太多，因為言行不一主要並不是

對此時此地的情況做出回應。另一項更有用的線索可能是：別人對你的言行做出相當驚訝的反應。如果你言行不一，你可能引起別人做出不一致的反應。與其指責別人言行不一，你反而應該問問自己：「我做了什麼讓他們有這樣的反應？」接下來，我就以我的學生 Parson 的例子來說明此事。

「當時我正跟一位專案經理說，她必須交一份計畫給我，讓我看看她打算怎麼做，好讓專案趕上進度。當她把裝有這項修訂計畫的檔案夾交給我時，我注意到這份文件竟然嘎嘎作響。這個聲響引起我的注意，我心想：『這份文件怎麼發出這種聲音啊。』我開始找出原因，結果卻發現那位專案經理全身發抖，她的臉色蒼白，最後連眼眶都泛著淚光。」

「我的第一個想法是：『糟了，她生病了。』但是後來我想起課堂上所學，她可能是因為我才有這樣的反應。可是，我認為自己只是用平常的語氣跟她說話，她有這種反應似乎太荒謬了吧。不過，我決定要把這件事弄清楚。」

「我先注意到自己正緊緊抓住桌子邊緣，彷彿那是我跟大峽谷之間的安全欄桿。我認為我應該鬆開手，但是後來我才明白，我若鬆開手就可能跌倒，我的臉可能會碰到那位專案經理的臉。我一邊觀察，一邊繼續跟她討論專案計畫，後來我發現我其實在跟她咆哮，還用另一隻手握拳敲打桌子。那時，我才恍然大悟，自己正在做什麼！」

5.3.2 做出調整

不一致的行為是一成不變的行為，因為這種行為不適用於特定情況。這就是為什麼不一致的行為會破壞有效的管理。往好處看，這種一成不變行為只需要一點點小改變，就能瓦解原本受困的模式。一旦你發

現不一致行為的一些徵兆，你接下來要採取的步驟就是：開始進行一連串微妙的調整。

　　舉例來說，Parson 以為他應該把緊抓住桌子的手鬆開，但他後來明白他若鬆開手就會跌倒，所以他必須先調整姿勢讓自己站穩。姿勢改變通常是這一連串微妙調整中的第一項小調整，例如：

- 如果原本坐著，就站起來。
- 如果原本站著，就坐下來。
- 如果原本站立不動，那就動一動。
- 兩腳踏在地面上，體重平均分配到兩腳上。
- 將膝蓋稍微彎曲一下。

隨著身體出現這項小改變，一成不變的行為可能開始隨著其他微小調整而瓦解。改變你的姿勢或許讓你察覺到自己有多麼緊張，所以接下來你要做的事是「放鬆」。你可以：

- 控制你的呼吸。
- 別再緊抓著東西不放或雙手緊握。
- 放鬆緊繃的肌肉。
- 放慢速度。
- 別再說話。

然後，當你覺得自己站穩了也放鬆了，給你自己一個感恩訊息。提醒自己，你今天能在這裏實在是一個奇蹟。告訴自己，你已經做得很好，你察覺到自己言行不一，也做出這些微妙調整。記住，你需要這項感恩訊息，因為你若不敬重自己，就無法敬重對方。而且，如果你不敬重對方，那你何必在這裏？

5.3.3 *跟對方接觸*

既然你已經跟自己的內心感受搭上線，現在該是你跟對方接觸的時候了。不管對方可能說什麼，你都要密切注意他們身體發出的信號，因為肢體動作是比言語更可靠的指標。當你留意對方的話語時，別馬上邊下判斷──不論好或壞──等對方把話說清楚。在弄清楚對方言下之意的過程中，記得觀察對方肢體動作發出的信號。

　　一旦你認為自己已經了解對方的意思，你就可以從你自己的觀點對現況提出看法。你的看法應該以「我」這個字做開頭，而不是以「你」或「它」做開頭。以「你」開頭的句子聽起來帶有指責之意；以「它」開頭的句子聽起來有超理智的含意。不過，你可別假裝用「我」做開頭卻言行不一地談論起對方，例如：

不一致的說法：你總是犯同樣的錯。

假裝的說法：　我認為你總是犯同樣的錯。

更好的說法：　我在你犯這個錯誤時就很不好過。

你要持之以恒地觀察，避免邊下判斷。為了保持自己留意當下的情況，你可以使用現在式的時態。避免使用含糊不清、包含過廣的名詞，例如：「責任」、「成熟」或「考慮周到」。

不一致的說法：你不負責任。

假裝的說法：　我認為責任是達成最佳表現所不可或缺的。

更好的說法：　依據我到目前為止所聽到的事，我現在認為你在〈提供情況細節〉時，表現得很不負責任。我是不是誤解什麼事了？

不過，這個例子暗示出另一項危險：為了弄清楚情況，整個溝通就變得更冗長。記住，句子要簡潔：以簡短用語、簡短的句子、而且別說太多。你當然應該盡可能把話說清楚，但是如果你必須很努力才能把話說清楚，或者你可能一再重述你說的話，那麼你不妨試試看這樣說：

更好的說法： 這件事讓我情緒激動，很難把話說清楚。我剛才說的話，你都明白嗎？

而且，如果你無法敬重對方，就別設法跟對方接觸。先中止討論，等待更好的時機再繼續談。同樣地，如果你無法依照你喜歡的方式跟對方接觸，你也要先中止討論，等待更好的時機再繼續談。

更好的說法： 我很難說出我現在的感受，我們稍後再討論好嗎。

63　### 5.3.4 靜候對方回應

如果你可以繼續維持互動，你得留心額外的情緒波動，可能讓對方感覺受到威脅。最好的方式是控制你的情緒做出聲明，然後靜候對方回應。

如果你能設法你要說什麼，務必要在講完話後靜默許久，或是以問句向對方提問。而且，一次只問一個問題，絕對不要多問，例如：

不一致的說法：我不想冒犯任何人。

假裝的說法： 你聽懂我的意思嗎？我說得夠清楚嗎？這樣說是否回答你所說的？你要我換個說法再說一次嗎？我這樣說沒有讓你難過吧？我這樣說太過分嗎？你無法插上話嗎？

沒有人能對這一連串的討好問題做出一致的反應，所以要停下來喘口氣。讓別人從你的眼神、姿勢和語氣，得知你已經把話講完了。如果他們無法會意，你可以這樣說：「我說完了。」然後，就別再講話。

5.3.5 若有必要，重複上述過程

在一種例外情況下，你可以重複你說的話。為了讓你得以關照全局或是在情緒激動時先行離開，你可以也應該經常重複從5.3.1到5.3.4的步驟。當你一再重複這些步驟，而一切卻沒有任何改變時，你就知道你該先離開一下，把思緒整理好，日後再談。

5.3.6 利用機會加以學習

即使整個互動結果不佳，你還是可以應用這項舉世皆然的訓誡：還是可以從過程中學習。之後，你可以找一個安靜的地方坐下來，反省你做了什麼，沒做什麼——別責怪自己，也別強調你把什麼事做得很好。這樣做可以讓你更加關照全局，也能營造一個關照全局的學習組織，一次只要針對一個人和一項互動就好。

5.4 關照全局對經理人的意義何在

藉由詢問人們有何感受，就是認出關照全局作為的最簡單方式。如果這件事對你或對他們來說很難做到，那麼你可以留意他們的行為背後潛藏著哪種內部訊息。通常，不一致的訊息容易反映在一成不變的重複行為中。不過，有關自我價值的內部訊息會反映在許多不同的外在行為。自我價值（self-worth）是關照全局作為的基礎，並且讓人們有能力去承擔風險——有效的控制者若要展現艾許比的必要多樣性法

則所要求的多樣化行動，就必須承擔風險。

尤其是，自我價值讓我敢用符合我內心感受的方式來表現——因此我可以做出言行一致且關照全局的作為。關照全局並不表示我照本宣科，更不表示我是依照自己的劇本去演，而是表示：

> 當我覺得 X（X 可能是生氣、開心、難過、感激、受傷、驕傲或其他任何感受）時：
>
> 　我用我的話語表達 X。
>
> 　我用我的語氣表達 X。
>
> 　我用我的肢體語言表達 X。
>
> 　我整個身體都表達出 X。
>
> 　我跟你分享我 X 的感受。
>
> 　然後我可以選擇要求協助。
>
> 　而且我知道即便我沒有獲得我要求的協助，
>
> 　我還是可以活得好好的。

通常，不好不壞就是讓自己處於最有利狀態的唯一方式。如果你設法追求高品質，有時候你會發現你做不到。但是，如同知名爵士樂手小山米・戴維斯（Sammy Davis, Jr.）所說：「所謂專業人士就是——即便自己不想做，卻仍然把工作做好的人。」請注意，他說的是把工作做「好」，而不是「最好」或「極佳」，或「非常好」。

那就是關照全局作為的真正含意：我認為自己夠好，即使當我覺得不舒服，我還是可以跟你表達我的感受。換句話說，我認為自己夠好，可以運用所有可能行為的多樣性（如同必要多樣性法則所要求的），因此我有絕佳機會成為一位專業的軟體工程經理人。

5.5 心得與建議

1. 當你的職位愈高、權力愈大，你所做的每個評論就會被過分強調。因此，當你在管理階層中愈爬愈高，你就必須更謹言慎行且提高發言的門檻。否則，你當下的臆測會讓部屬誤解為命令而採取行動。因此，你的頭銜愈顯赫，你就必須更敏銳察覺自己的內心感受。

2. 指責行為在軟體工程經理人之間如此普遍的原因或許是：軟體工程經理職務本來就是困難重重的苦差事，因此經理人在擔心失去掌控的情況下，就採取指責行為。指責會引發恐懼，而恐懼會召喚生存法則和不一致的因應行為。在這種情況下，經理人期望員工採取討好方式因應，被指責者就會完全遵照經理人的意思去做。

   這種指責方式不全然都是壞事，如果經理人很適任，那麼他們只需要完全順從的員工。如果你很適任，你不妨考慮運用這種做法。不過，請記住，並不是每個人都喜歡用討好方式來回應指責。即使被指責者表面上並未回嘴或呆立不動，或者他們被指責時沒有勃然大怒，但是請你記住，就算最會討好的人似乎也會在心裏暗自責罵對方，只不過指責者不知道罷了。當你發覺被指責者表面上裝作順從，暗地裏卻心懷不軌，這時你才發現原來他們是這樣，一切或許為時已晚。最後，指責行為反而讓你失去你所渴望的掌控。 65

3. 一旦你成功地在大多數時間做出關照全局的作為，就有一套新的問題隨之出現。我的友人 Dan Starr 參加完我們舉辦的進階研討會「變革工作坊」（Change Shop）後寫信跟我說：

變革工作坊沒有跟我們談到關照全局溝通的一件事是：如果你把關照全局的溝通做得還可以，別人就開始要你替他們發表意見！他們會跟你這樣說：「我發現你可以跟某某人說他不想聽的事，而且某某人也沒有因為你這樣說而生氣。我知道如果我跟他（她）這樣說，一定會發生爭執。所以，你是否能幫我傳達這個訊息？」我認為這種情況倒是一個追求變革的起點，至少人們觀察到更健全的溝通有可能發生，但我希望他們可以這樣說：「我發現你可以跟某某人說他不想聽的事，而且某某人也沒有因為你這樣說而生氣。我知道如果我跟他（她）這樣說，一定會發生爭執。所以，你可以告訴我該怎麼做嗎？」（當我把這個問句改寫成這樣時，我就知道我要怎麼做才能獲得我想要的……。這不是很有趣嗎？）[4]

Starr的來信讓我明白我認為理所當然的一件事：人們注意到你的新行為並要求你替他們做出關照全局的作為。在我的顧問生涯中，這種事經常發生，而且我用各種不同的方式來處理這種情況。我同意Starr所言，我們應該把告訴別人該怎樣做到關照全局的作為當成目標，讓他們能學習怎樣做。但是，要同時讓自己和別人都做到關照全局的作為，未免也太難了吧。你進入軟體工程這一行時，不會一開始就設計整個作業系統，所以當你開始讓自己邁向關照全局的作為時，也不要一開始就從你所能想像的最艱難處境開始著手。

　有時候，我只是把情況照顧好，讓人們可以觀察到有人確實能把他們認為「不可能」的情況處理好。更常見的情況是，我同意幫忙，但條件是他們必須在場觀察、傾聽和學習。不然就是由我

指導他們——即使他們要我出面、而不是他們自己做——我會激勵他們自己試試看。我會依據他們在邁向關照全局作為的過程中已經發展到哪種狀態，決定我要採取什麼行動。

4. 要朝關照全局的作為邁進，你必須找出自己的「重心」。以下是我同事 Sue Petersen 透過 CompuServe 軟體工程管理論壇（Software Engineering Management Forum）對一群軟體工程經理人說明維持重心（centering）：「我沒有學過柔道或任何武術，但我從訓練動物和養育小孩中學會如何維持重心。我知道當某件令人氣極敗壞的事情發生時，我會維持重心，而且我可以感受到自己退一步選擇該怎樣反應，而不是任憑直覺地大發脾氣。這樣做只要花一剎那的時間，而且我利用這種做法多次解救自己脫困。我可以用這種做法對付小孩和動物，卻很難用這種做法對付我老爸或親戚。〈唉！真可惜！〉」

　　和自己的小孩相處，你可能會學著維持重心，或是大發脾氣——這真的跟管理的情境很像。

5.6　摘要

✓　新任經理人要面臨的一項重要挑戰是：學會管理自己的情緒，讓自己不會做出言行不一致的行為。

✓　每一種不一致的因應行為都是以一項生存法則為依據，因為我們會做出如同面臨生死存亡的反應。這些法則就像控制我們行為的無意識程式那般運作。

✓　我們可以從提供給自己的內部訊息，發現指出不一致行為存在的可靠信號，尤其當個人處於情緒激動時，我們就能找出這類信

號。

✓ 藉由傾聽你的內部訊息，然後以高自尊的觀點轉變訊息，我們就能在不一致的行為發生前加以阻止。

✓ 感受是告訴你「什麼重要、什麼不重要」的一種自然方式，但是這項資訊別人無法取得，除非你自己跟他們說。

✓ 為了做出關照全局的作為，你必須制定一個發表意見的臨界點，依據當時的人事物和情境來評量你的個人感受。

✓ 為自己說話，也讓別人更可能以關照全局的方式來處理問題，這樣一來，你更有可能獲得自己可以忍受的解決方案。

✓ 你要注意，發表意見的情境相當重要，不要透過別人幫你傳達意見，指望別人傳話。你也不要替別人發表意見，如果你自己有什麼問題，就自己說出來。不要說別人閒話，直接找他們提出問題。個別員工的問題就找他私下討論處理，不要發公文讓大家都被這種指責行為所波及。

✓ 一旦你跟適當人士面對面，就要向對方表達誠意、尊嚴與敬重，要像對待自己那樣對待對方。如果你太生氣或太激動，以致於無法控制你所運用的策略，那麼你就先抽身，等到你可以掌控時再談。

67 ✓ 你可以利用一個按部就班的過程，重新恢復關照全局的作為。簡單講，你必須先注意自己是否言行不一致、然後調整你的呼吸、姿勢和動作。最後，你要跟對方接觸，並且以「我」為句首進行交談，然後靜待對方的反應。在你可以做出關照全局的作為或發現當下情況不可能讓你做出這類行為之前，盡可能重複這個過程。

✓ 關照全局作為的真正含意是：我認為自己夠好，可以運用所有可

能行為的多樣性。如果你能言行一致、關照全局，你就有絕佳機會成為一位專業的軟體工程經理人。

5.7 練習

1. 選擇你言行不一的一種情境，找一位朋友一起進行這項練習。重演當時的情景，並且一次練習一個步驟，逐步邁向關照全局的作為。同一個情況至少練習三次。

2. 將你自己對於個人失敗的反應跟以下摘自《哈佛商業評論》（*Harvard Business Review*）上某篇文章的敘述加以比較。

   簡單講，由於許多專業人士一直都對自己做的事很在行，所以他們很少遭遇失敗。而且，因為他們很少失敗，所以他們從來沒有學會如何從失敗中學習。因此，每當他們的單一循環學習策略出了差錯，他們就採取防衛姿態，他們不理會別人的批評，而且把過錯怪罪到所有人身上，卻沒有怪罪自己。簡言之，就在他們最需要學習的時刻，他們卻暫停使用自己的學習能力。[5]

3. 如同 Norm Kerth 的建議：選擇一項生存法則，或許是你自己的生存法則之一，並且說明你如何利用一致與不一致的因應方式捍衛這項法則。

4. 如同 Payson Hall 的建議：觀察你欽佩敬重的資深經理人的人際互動。這位經理人有做到關照全局的作為嗎？他的作為跟本身職權相符嗎？這就是你之所以欽佩並敬重那位經理人的原因嗎？

5. 在閱讀本章時，我同事 Naomi Karten 表示：「這一章的內容我都能說明也都能理解，但是在看完內文後要實際應用卻很難。換句

話說，必須在工作坊的環境中練習，才能將本章的內容完全『了解』和吸收。如果只以書寫形式表達，很容易就搪塞過去。我從自己的背景和工作中就能夠加以運用，但是我懷疑第一次接觸的人會怎麼做。」。

68　　我認同 Karten 的看法。你必須想辦法在安全及可被接受的環境中，練習關照全局的作為。工作坊是一個理想環境；不過，你也可以找三位以上志同道合的朋友組成一個讀書會，一起進行練習並討論這本書中提出的例子。你可以從日常體驗中蒐集類似例子，然後利用角色扮演的方式針對這些例子做練習，嘗試不同做法，測試所有成員認為這些行為的一致性。嘗試新行為並向讀書會成員報告，這樣做造成怎樣的反應。

第二部
管理別人

不知如何說服他人者就會壓迫他人，在統治者與被統治者之間的   69
所有權力關係中，當能力衰微之際，篡奪侵占之事就日漸增加。

——法國作家斯塔爾夫人（Madame de Stael）

獨行俠和他「忠實的印地安夥伴」唐托（Tonto）之間的關係依舊充滿神祕。我們不知道 kimosabe 這種印地安語來自何方，也不知道其意義。我們甚至不知道印地安人對「夥伴」（companion）的認知，在英語中有何意涵。我們只知道：獨行俠和唐托似乎合作無間。他們一起進行的計畫都成功了，而且由於他們將不法之徒繩之以法，所以沒有任何商業利益受損。

如同我們所見，要有高品質的管理就必須把自己管理好；不過，光是這樣還不夠。為了建立並維護一個大規模的資訊系統，你也必須成功地管理你跟別人的關係。

管理不當並非只侷限在軟體工程界，也不是只在我們這個時代才有的情況。當經理人言行不一時，總有不當管理存在，如同斯塔爾夫人所說：「當能力衰微之際，篡奪侵占之事就日漸增加。」

　　因此，當你從技術這個焦油坑爬出，攀上管理的階梯，你自認為能力不完備的那種感受，就會讓你變成一個壓迫他人的經理人。壓迫他人的經理人或許可以獨立完成工作並發射銀彈，卻絕不可能成為獨行俠。

6
分析經理人的職責

經理人要負責下列事項： 71

✓ 決定該完成什麼事並指派人員負責完成。

✓ 傾聽不該做某件事的原因，為什麼事情應該由別人來做，或是為什麼事情應該以不同的方式，而不是依照你所指示的方式來完成。

✓ 進行跟催以了解工作是否正確完成，並傾聽未完成應完成工作者說出一些世上最差勁的藉口。

✓ 再次跟催以了解工作是否完成，結果卻發現工作不但沒完成還做錯了，但你決定最好維持現狀，因為情況已經如你預期。

✓ 不知道是否應該換掉似乎無法把工作正確完成的人，但又認 72
為接任工作者很可能跟原任職者一樣糟糕──甚至可能更糟。

✓ 考慮如果自己親自做的話，可以多快完成工作並把工作做得多好。你心想：如果你親自做這項工作，只要三十分鐘就能完成工作，但是你反而花三天的時間，設法弄清楚為什麼別人花二週的時間還把工作做錯。

──作者不詳

以上敘述引述自在美國職場至少流傳十年的一份文件。雖然這份文件語帶戲謔，但似乎有支持某些負面僵化想法之意。這份文件的作者（我希望他不是當真的）似乎擁戴通常是由單一面向挑選模型所引發的不一致管理方式。這種方式在軟體工程組織最為普及，所以我決定用這份文件做為說明經理人職責的大綱。

　　本書第一部說明了關照全局的作為，也告訴大家這種作為人人適用，不管是不是經理人。第二部則說明經理人在與他人互動時，也能做出關照全局的作為。經理人的職責就是由這些人際互動的本質所定義。因此，我在第二部的開頭這一章設法以關照全局之作為的觀點，來定義經理人的職責，並運用這個語帶戲謔的不良示範做為綱要。

6.1 決定與指派

✓　　經理人負責決定該完成什麼事並指派人員負責完成。

這個觀點說明一種階級式、獨裁式的管理作風，意即照章行事型（模式2）的做法。相較於這種模式，更為理想的把穩方向型（模式3）認為，經理人的職責是讓更多人參與，並且讓更多人參與有關什麼事要完成或正在完成的決定。

6.1.1 能力最佳者工作堆積如山

照章行事型（模式2）組織可以用這首關於前額捲髮小女孩的童謠來加以說明：

> 她乖的時候，就很乖很乖，
> 她壞的時候，就很可怕。

模式2組織的可怕之處在於，在控制方面的停擺事項太多。停擺的專　73
案似乎永無完工之日，讓公司一再地花錢也讓人充滿挫折，但卻一點
成效也沒有。

　　看到人們像老鼠逃離沉船般地設法擺脫日漸惡化的專案，就是控
制停擺的一個明確跡象。不過，人跟老鼠不一樣，大多數人其實不會
離開自己的工作崗位，不管怎樣他們都會靜待危機結束。他們會坐在
船艙邊緣不引人注目，靜靜等候情勢改變成對他們有利。關於危機後
重建，經理人必須調動這些在旁觀看者，否則就沒有足夠資源讓船不
致下沉。當然，經理人若能事先調動他們，或許就能從一開始就避免
危機發生。

　　當組織深陷危機當中，通常能力最佳者就會負荷過重。這種「能
力最佳者工作堆積如山」的傾向在處理缺陷時最為常見，因為照章行
事型（模式2）經理人不想要任何人來修改軟體最重要的部分，只想
讓能力最佳者負責這項工作。圖6-1就說明這種天真卻合理的指派政
策如何讓能力最佳者的工作負荷過重，最後造成他們心力交瘁。

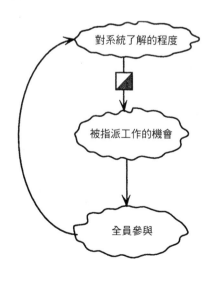

圖6-1　經理人傾向於選擇能力最佳者
　　　　負責新工作，這樣做勢必會導
　　　　致能力最佳者的工作負荷過
　　　　重，最後心力交瘁。如同圖中
　　　　的灰白相間方格所示，經理人
　　　　可以選擇不這樣做，但是他們
　　　　通常還是會這樣做。

6.1.2 逆轉這種指派政策

圖6-2建議經理人可以藉由下列方式，對抗讓能力最佳者工作堆積如山的效應：

- 選擇最不了解系統者接任工作。
- 選擇工作負荷最輕者接任工作。

74　經理人發現情況危急時，真的可以這樣做嗎？那就是關照全局之作為發揮功效的時候。首先，經理人必須有信心，雖然有些員工或許沒有經驗，但是他們確實有能力。（如果他們既沒有經驗又沒有能力，那麼他們為什麼會在那裏工作？）在一有跡象顯示危機即將出現時，經理人就該開始做他們本來就該做的事：讓新人有機會解決問題並藉此

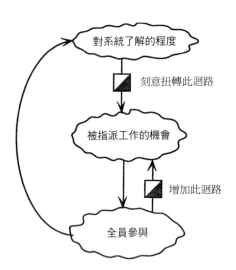

圖6-2　為避免能力最佳者工作負荷過重，也為了讓更多人得以參與，經理人在指派工作時，必須抗拒誘惑。工作必須交給對工作並非最了解和尚未全力參與者——換句話說，經理人必須選擇圖表中的灰色部分採取行動。

學習經驗。經理人必須盡早開始這項流程，也必須在指派工作時不畏縮──換句話說，不要做出討好行為。當然，經理人必須掌握進度和現況，知道有哪些工作可以指派給員工。

能力最佳者工作堆積如山，這不僅是管理的傾向，也會對每位專案成員造成影響。當工作者有問題時，他們會問自己：「我應該跟誰討論這個問題？」然後，他們會以經理人的作風來回答這個問題：「當然是找最懂的人討論。」而且，技術專家自己也很樂意被當成專家看待，所以讓這種傾向更為嚴重。這就是為什麼經理人必須建立一套結構，避免圖6-1這種正向反饋迴路的情況發生。事實上，他們必須將更有經驗者從較缺乏經驗者那裏拉出來。

6.1.3 減輕工作負荷過重的策略　75

在此列出我客戶用於協助減輕最有經驗者工作過重問題的一些行動：

- 將最有經驗者的電話封鎖，這樣他們就不必接聽來電。
- 為他們在遠離主要辦公區域之處找其他辦公室辦公，讓他們可以從裏面將門鎖上。同時在門上掛上「請勿打擾」的牌子。
- 讓經理人的辦公室鄰近最有經驗者的辦公室，並且張貼標示請員工有事請示經理人，不要打擾工作負荷過重者。經理人留意有誰違反這項指示，並且採取行動教育違反規定者。
- 指派意志堅定的助理給經驗老到的員工，由助理幫忙將所有來電轉接出去並擋掉任何干擾。優秀的助理也能幫經驗老到的員工多加留意，看看有沒有機會推掉一些工作。經理人要告知助理：「你的職責就是負責讓這個人能盡可能地不受打

擾，有更多時間專心工作。」

或許最重要的行動是：讓沒有經驗者有事可忙，但他們也不需要找專家討論，這樣一來不但可以讓專家不受打擾，也能讓沒有經驗者獲得學習機會，最後讓他們也能變成更有經驗的專家。

6.2 傾聽

✓　經理人要負責傾聽不該做某件事的原因，為什麼事情應該由別人來做，或是為什麼事情應該以不同的方式、而非依照你所指示的方式來完成。

這是對超理智型經理人的最適當說明，因為超理智型經理人傾聽卻沒有真正聽進去。這類經理人早就知道答案，他們只是等別人把話講完。這種模式表現出，經理人指示事情應該用什麼方式來完成（意即照章行事型或模式2），而不是說明想要的成果為何（意即把穩方向型或模式3）。

其實，這種超理智型經理人要面對員工的暗地指責，他們察覺這些異議都不是真的，而且事實上，大多數異議確實不是真的。任何依據規定進行管理的經理人都會聽到許多假的異議。這些異議不是針對特定規定，而是對於規定的行為表達不滿。如果經理人不是依據規定來管理，這種虛偽的異議就很少出現。

為什麼明智的經理人會採取這種不傾聽意見卻發號施令的立場？有些經理人一開始就不想擔任經理職務，這一點當然是原因之一，因為經理人還想保有在技術方面的指導權，但是除此之外，還有別的原因。有些經理人最後確實能夠放下本身對技術專業的依戀，真正用心

做好管理職務。超理智的語氣暗示出另一種情況：過多的自我涉入（ego involvement）。

作家 Tom Crum 以太過自我涉入的發明家做比喻，這種人無法相信別人在事業上的幫忙。結果，

> ……他把他的發明看得太過重要，以致於讓自己的生活變成一項祕密任務，他時時刻刻提防別人，以為別人都是潛在敵人會霸占他的計畫和構想。
>
> 這種無法跟人分享資訊的結果是，這項發明無法取得商業利益。相反地，當他學會相信別人，把別人當成他的「團隊」成員時，他就能夠將自己的才能加以延伸，也能讓自己的能力更為多樣化。當他了解支援他的人就像是他的分身時，所有資訊就得以共享。[1]

你可以將這個比喻應用到電腦程式設計師身上嗎？軟體工程經理人的一項主要工作就是，在致力於打造出成功軟體產品的所有人員中，培養一種開誠布公且彼此信任的感受。還有什麼方式會比經理人擔任表率做一位真正的傾聽者，更能促進團隊成員間的開誠布公和彼此信任呢？

6.3 跟催

✓　經理人要負責進行跟催以了解工作是否正確完成，並傾聽未完成應完成工作者說出一些世上最差勁的藉口。

「藉口」是指責型經理人的用語。進行跟催是為了協助你的部屬做好

工作，因此你必須傾聽原因，而不是把原因認定為藉口。或許部屬告訴你他們未能完成工作的原因並不正確，但是那又怎樣呢？不管他們說的原因是對是錯，原因裏面總是包含著有效經理人要把穩組織方向所需之資訊。做出以上陳述的經理人就不太了解如何獲得這類資訊。[2]

6.4 評量品質

✓　經理人要負責再次跟催以了解工作是否完成，結果卻發現工作不但沒完成還做錯了，但是你決定最好維持現狀，因為情況已經如你預期。

這項陳述說明一種全然的討好立場，這種立場會增加憤恨並降低品質。把穩方向型（模式3）的經理人並不評量品質，而是設計好流程來評量品質，不是由人來評量品質。品質保證、顧客滿意度調查和技術審查就是這類流程的一些實例。

77　　當經理人確實去評量工作的品質時，這項評量的主要目的是要協助員工發展本身的技能。在這種時候，經理人能給予員工的最重要回饋是行動，而非言語。我同事Richard Cohen告訴我這個故事：「一九八〇年時，我參與一項專案，專案結束時，專案經理給予每位成員一個『英雄獎』，而且他真心認為我們大家都是英雄。不過，另一位我更喜歡的經理，他的做法卻不一樣，當他看到我們在一個月內要加班好幾次時，他就覺得自己很失敗。」[3]

　　真正重要的是，你是為了營造一個適當的工作條件而去管理，而不是因為員工做出可接受的品質而頒給他們獎項——或許在次佳的管理條件下工作時可以這樣做。

6.5 人事決定

✓　經理人要去質疑是否應該換掉似乎無法把工作正確完成者，但又
　　認為接任工作者很可能跟原任職者一樣糟糕——甚至可能更糟。

這項說明直接源自於單一面向挑選模型，而且這項說明符合信奉二元
論的經理人之看法，他們認為好人（可能是經理人）應該留下，壞人
應該被開除掉。這正是新任經理人的典型觀點：

> 被問到擔任經理人有何意義時，幾乎所有經理人都開始討論管理
> 階層的權利與特權，而不是經理人本身的職責。他們通常一開始
> 就清楚陳述身為經理人就表示當老闆……。他們一成不變地提及
> 人事管理的決策只有二種：雇用部屬和開除部屬。[4]

對於新任經理人來說，他們完全沒有考慮到自己要指導、教導或訓練
部屬這些事。某位知名管理顧問提出的觀點正好相反：

> 中階經理人的職責是「培養人才」——而不是建立枯燥乏味的文
> 件或每天花一半時間開無聊的會。中階經理人的角色是要以傾聽
> 和協助的開放心態四處走動，並且花時間討論事情。這表示他們
> 要關切每個人的福利並促使每位同仁發揮所有潛能。[5]

即使在你相信單一面向挑選模型時，你還是必須決定誰好誰壞——是
經理人或員工。如同軍中的這句名言所說：「沒有差勁的士兵，只有
差勁的軍官。」以此類推，有人想要加入某個團隊，但是這個團隊的
管理者卻無法讓此人加入團隊，這時如果你要開除一個人，你應該開
除想要加入團隊者或開除團隊管理者？如果一個經理人無法取得能跟

團隊合作無間的成員，上述模式不是告訴我們應該把經理人給開除掉嗎？

78 6.6 管理

✓ 經理人要負責考慮如果自己親自做的話，可以多快完成工作並把工作做得多好。你心想：如果你親自做這項工作，只要三十分鐘就能完成工作，但是你反而花三天的時間，設法弄清楚為什麼別人花二週的時間還把工作做錯。

這種言行不一的經理人絕對無法搞清楚工作進度延遲、做錯的原因，就是因為管理不當。布魯克斯法則（Brook's Law）當然可以說明這種典型範例，經理人指責別人進度落後，其實一切都是他自己造成的：

> 增加人力到進度已經落後的軟體專案，只會讓專案進度更加落後。[6]

關照全局的經理人不會被困在指責行為中，部分是因為他們知道自己並非注定是布魯克斯法則中的被動受害者。接著我們就來看看，關照全局的經理人可以如何因應進度落後專案之管理。

首先，關照全局的經理人會了解布魯克斯法則的動態學，如圖6-3所示。在這個圖中，唯一的回饋循環是透過經理人本身的行動，所以唯有責怪自己才是適當的行為。但是，責怪自己並非必要，因為將這個圖加以分析後，我們找出幾個方法加快專案進度。

其中一項發現是，雖然有二個路徑會造成增加人力卻降低相關進

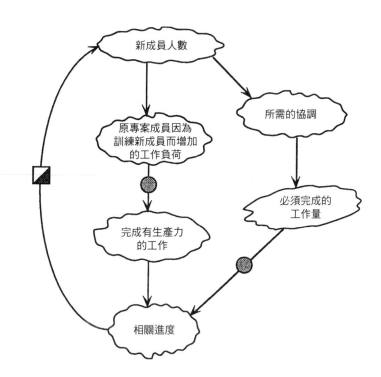

圖6-3　了解布魯克斯法則動態學的經理人知道必須怎麼做才能擊敗這項法則。

度，但是這二條路徑都不包含反饋迴路。因此，要擊敗這項法則就容易得多，而且這個圖也顯示出該怎麼做。依據這個圖，布魯克斯法則就能修正如下：

> 在軟體專案進行後期，指派新成員負責已有他人處理的工作，這樣做只會讓專案一再延後。

當經理人想要為專案增加新成員，或指派專案成員接任新工作，經理人必須指派新成員接任還沒有人做的工作。不過，由於專案進度已經出問題，所以有很多這類工作尚待處理：

- 找出潛藏在優先順序較低的軟體故障事件（Software trouble incidents，STIs）之缺陷。
- 對程式碼進行額外的獨立技術審查。
- 對測試計畫進行額外的獨立技術審查。
- 設計額外的測試案例。
- 解決優先順序較低的缺陷。
- 製作文件。
- 更新文件。
- 當有人需要上線時管理軟體的線上測試。

79　　當然，以上這些工作若有較具經驗者的協助，做起來就容易得多，不過經理人必須告知新成員，他們必須在沒有這項協助的情況下完成工作，經理人也必須告知新成員，他們為什麼必須這樣做。然而，經理人可以採取一些關照全局的步驟，改善對新進成員的訓練效率：

- 從沒有陷入危機的那些部分指派一位資深成員來帶領新成員，這樣做可以讓新成員對於工具、語言和系統有所了解，也不會影響到原本出問題的特定軟體。
- 提供新成員一位能幫他們取得資源，也比較有經驗跟組織打交道的協調管理者。
- 利用心力交瘁、無法再發揮生產力的成員跟新成員共事，讓新成員對於陷入困境的軟體開發有所了解。這樣做讓組織可以一舉二得：教導新成員並讓心力交瘁的資深員工感染新成員的熱忱。
- 安排新成員跟資深成員偶爾開個會，例如：每週一次、一次

一小時。在開會時，新成員可以備妥問題提問，獲得資深成
員的立即回饋。新成員知道有這類會議存在，能協助他們不
會陷入絕望而違反規定，也不會在其他時間打擾資深成員。 80

這種好壞立判的做法創造一個頑強的訓練制度，有些人可能無法招
架。經理人必須密切監視這些人，將那些無法以這種方式運作者撤
離，並且注意哪些人已經達到可以對更重大問題做出貢獻的程度。並
不是每個人都做不到，而且經理人希望讓那些做到者可以盡快上手。
遺憾的是，經理人或許知道誰在情緒上可以應付這種負荷，但是他們
可能無法分辨誰在技術上能應付這種負荷。

　　測試人們是否已經達到可做出技術貢獻的程度的一個好方法就
是，讓他們成為找出錯誤團隊的成員，或是定期技術審查的成員。因
為這類工作本身具有開放性質，資深技術人員可以在會議中觀察新成
員的表現。如果新成員有所貢獻，與會成員都眼見為憑，不久後新成
員就會發現，經理人要求他們自己處理一些對專案產生有利影響的
事。本系列第4卷將探討如何透過團隊進行管理。

6.7 關照全局的經理人會做什麼

為了不讓本章大綱全由對經理人職責的不一致觀點所支配，接下來我
們就來探討一個不同的模型會產生怎樣的結果。這個模型認為經理人
就是領導者，而且

　　領導是指有能力創造出一個授權給每個人，讓他們發揮創意解決
　　問題的環境。

當然，「授權」（empowered）這個字一直被濫用和貶抑，所以我想對這個字的定義做出清楚說明。在這個模型中，經理人的職責或許可以藉由唯一一項方法加以評量：被管理者的成功。請你特別注意，這個模型指的是「人們的成功」，而不是「專案的成功」。專案的成功可能是促成人們獲致成功的一項要素，但是為了讓專案成功而讓許多專案成員掛病號，讓他們家庭失和且心力交瘁，這可不是我說的「人們的成功」。

多年來，我訪談過參與數十個成功專案（這些專案當然管理得當）的人士，當我問專案成員他們的經理人對他們的成功（授權給他們）有何貢獻時，以下是我最常聽到的答案：

我們的經理人藉由下列方法對我們的成功做出貢獻：

- 提供有利的援助。
- 給予正確且清楚的指示，而且當我們不了解時，經理人總是願意把話說清楚。
- 除非必要，否則不會強迫員工。
- 讓人們充分探討可能性。
- 盡量簡化工作，但確保工作不會因此流於過分簡化。
- 制定清楚的時間表並提出制定依據。
- 留意人員的技能。
- 讓所有員工的工作負荷達到平衡。
- 確定每個人都有實際扮演的角色。
- 藉由支援員工及彼此支援來教導員工如何互相支援。
- 藉由彼此信任和信任顧客來教導員工如何信任。
- 將身為員工和被管理者的感受謹記在心。

- 正確並誠懇地回答問題以建立信任。
- 取得好的諮詢忠告並善加運用。
- 對可能出現的問題預做準備並向每個人清楚傳達此事。
- 提供組織輔導，讓有需要的員工獲得協助。
- 把事情準備好，讓人們可以體驗初期成功。
- 不會要求員工做他們不能做或不願意做的事。
- 營造一個可以開懷工作的職場環境。
- 從一開始就制定清楚明確的目標。
- 讓員工可以隨時找你談，而且讓員工可以不受時間限制地暢談。
- 了解員工為什麼犯錯並寬恕他們的過錯。
- 重視創意做法，即使這些做法跟經理人所想的不同。
- 不會強迫員工違背其個人的意願。
- 找出員工完成工作所需之資源。
- 改變計畫以符合環境變遷。
- 在專案進行中，除非絕對必要，否則抗拒改變規則的誘惑。
- 在必須改變時，向員工清楚說明原因。
- 即使會讓自己難堪，也總是向員工據實以告。
- 真心希望員工能夠成功。
- 對了，還有針對聘用與解雇部屬做出明智決策。

聽起來，這倒是我想工作的環境，而且我也希望成為以上陳述所說的經理人。

6.8 心得與建議

1.　信任與傾聽之間有一個有趣的權衡取捨：

82　……我們明白，相互了解是組織活動不可或缺的一部分，但是不可能每個人都無所不知無所不曉。這才真正是最基本的：我們必須相信彼此都能夠為自己承擔的任務負起責任。有了這種信任，才是美妙的解放。[7]

2.　由於本身的職務位階，有時經理人也會製造一些隱形成本，比方說：每當資深管理團隊更動其中一項會議時，這項改變就會對整個組織造成影響。某家電信公司是我的客戶，這家公司利用本身電子郵件系統的行事曆資料研究這項影響。副總裁更動與直屬部屬的一項會議，結果整個組織為了因應這項改變平均增加六百七十封電子郵件訊息。這項研究估計，每項訊息平均要花十二分鐘完成（包括打電話和未記錄的個人聯繫）。換句話說，副總裁更動一次會議時間，大家就要用掉 $670 \times 12 = 8,040$ 分鐘（134 小時）重新安排時間，以每小時平均成本 70 美元計算，這個小小更動總共浪費掉 9,380 美元。

3.　光靠你的個人經驗絕對不足以管理一項大型專案，因為就算你花一輩子時間，也無法獲得因應大型專案各種情況的經驗。在二十年的事業生涯期間，你可以完成多少個五年期專案？因此，要成為將大型專案管理得當的有效經理人，你必須向別人學習。如果你無法把這件事做好，你就必須好好學學怎樣跟別人學習。

4.　我同事 Dan Starr 指出，指派意志堅定的助理協助資深員工，這樣做與傳統慣例有所衝突，因為有助理是組織的「額外獎賞」，是

個人地位的象徵，怎麼可以讓職級較低的技術人員有助理可用！因此，如果你稱呼這些助理為祕書，這種做法可能行不通。諷刺的是，如果你指派技術新手（薪水是祕書的三倍）擔任資深技術人員的助理，這樣做還比較可能行得通。

5. Starr跟我的另一名同事Mark Manduke都提醒我，運動界就會將不成功團隊的經理人開除。即使經理人很喜歡以運動界的事情做比喻，但我相信他們可能會提出抗議說，這種做法對他們可不適用。

6.9 摘要

✓ 在一個具有效力的軟體組織中，經理人的職責是讓更多人參與，並且讓更多人參與有關什麼事要完成或正在完成的決定。

✓ 舉例來說，要在危機後重建，經理人必須調動這些在旁觀看者，否則就沒有足夠資源讓船不致下沉。　83

✓ 當組織深陷危機當中，通常能力最佳者就會負荷過重。經理人可能不知道這種情況是自己造成的，其實他們可以藉由採取關照全局的作為來對抗這種傾向。

✓ 在照章行事型（模式2）的組織裏，經理人指示事情應該用什麼方式來完成，而不是說明想要的成果為何（意即把穩方向型或模式3的行為）。發號施令型的經理人傾向於以超理智或指責的方式來傾聽員工的意見，但是實際上他們並沒有把員工的意見真正聽進去。

✓ 軟體工程經理人的一項重要工作是，讓所有致力於開發成功的軟體活動者，都能培養出開誠布公及彼此信任的感受。要做到這

樣，就必須真誠地傾聽。

✓ 不論是對或錯，員工提出的原因總是包含著有效經理人要把穩組織方向所需的資訊。

✓ 把穩方向型（模式3）的經理人並不評量品質，而是設計好流程來評量品質，不是由人來評量品質。當經理人確實去評量工作的品質時，這項評量的主要目的是要協助員工發展本身的技能。

✓ 相信單一面向挑選模型的經理人完全沒有考慮到自己要指導、教導或訓練部屬。

✓ 關照全局的經理人不會被困在指責行為中，部分是因為他們知道自己並非注定要當員工、主管或軟體品質動態學中的被動受害者。他們反而將這一切當成資源巧妙運用。

✓ 領導是指有能力創造出一個授權給每個人，讓他們發揮創意解決問題的環境。在這個模型中，經理人的職責或許可以藉由唯一一項方法加以評量：被管理者的成功。

6.10 練習

1. 如果你是經理人，請利用6.7所列清單，對你的部屬進行調查。問問部屬，清單上還應加列什麼事項，說明身為他們經理人的你做了什麼好事。你可以利用部屬的回應做為你日後的行為參考。

84　2. 如果你受到一位或多位經理人的督導，請你利用6.7的清單研究他們的管理作風。你會在清單上增加他們所做的哪些好事？清單上有哪些事項是他們沒有做到、但你希望他們做到的事？你打算怎麼開始讓他們做到那些事？

3. 在管理上，軟體專業知識有多重要？如同我們所見，技術經驗可

能跟任何相關領域的經驗一樣造成阻礙，因為這些經驗誘惑你做員工該做的事。如果你是一位經理人，請找跟你一樣也有深厚技術經驗的幾名經理人一起分享經驗，看看你們都用哪些策略，避免讓技術經驗妨礙你們成為一個有效經理人。

4. 以下是經理人職責的四種不同模型。經理人的職責是

    a. 親自做好工作。

    b. 做出與工作相關的決定。

    c. 雇用並訓練人員做好工作。

    d. 雇用並訓練人員做出與工作相關的決定。

    你認為以上哪一項敘述最能說明經理人的職責？

5. 有些管理教科書中提到，經理人的職責是做決定，雖然有些人認為經理人的職責是避免達成決定，例如：必須開除某人。你對這些陳述有何看法？這個問題跟軟體文化模式有什麼關係？

6. 以下是CompuServe軟體工程管理論壇成員Steve Heller的意見，請依此進行討論。

    軟體產業在挑選人員升遷為經理人這方面的記錄一直很差，這一點我相當認同。不過，這個問題有部分是因為彼德原理（Peter Principle）所導致：如果你做得很好，你就會被升遷到下一個職位，最後你就會晉升到「自己無法勝任的職位」，然後你一直留任在那個職位上。我為了不讓自己遭遇這種下場，就一直待在技術領域不擔任管理職務，即使我偶爾要做一些管理工作，也做得相當成功。[8]

    Heller的立場和事業生涯跟你相比有何不同？你曾實際經歷過彼德原理嗎？

7
認清個人的偏好差異

法律最大的平等是禁止所有人睡在橋下、在街上乞討和偷竊麵包 85
——而且貧富皆然。

——法國小說家暨評論家安納托・法朗士（Anatole France）

艾許比的必要多樣性法則（的最大平等）表示，有效經理人必須能夠因應所控制環境之行為的多樣性。在大多數經理人所處的環境中，大部分的多樣性都來自於人。效益不彰的經理人傾向於假裝這些人際關係的多樣性並不存在，然而有效經理人卻能分辨這類差異，也知道如何因應這類差異。

7.1 同樣的對待不等於公平的對待

以下這則有關效能不彰經理人的故事，是我客戶的人力資源經理告訴我的：「我正在協助一位經理人處理問題，讓他所管理的團隊能和平共事。我接到電話得知，他的團隊成員抱怨受到性別歧視。在某次會議中，雖然這位經理人帶領的團隊成員包括二名美國女性、一名巴基

86　斯坦男性和一名丹麥男性，但是，這位經理人總是以棒球用語和比喻
來跟成員溝通。最後，當這位經理人表示他們的專案計畫可以說是
『延遲的強迫取分』（delayed squeeze）時，我發現他如果能避免使用
美國職棒用語，整個溝通應該可以有所改善。當我建議他改用其他方
法處理這個情況時，這位經理人竟然自豪地回答：『我用同樣的方式
管理每位部屬。』結果，有一位團隊成員就大聲地說：『是啊，同樣
差勁。』」

　　如同法國小說家暨評論家法朗士所言，給予每個人同樣的對待，
並不表示對每個人都公平。當這位經理人說：「我用同樣的方式管理每
位部屬。」他或許是要表達：「我公平對待每個人」——這是我衷心認
同的一項管理哲學。由於公平並不表示「相同」，而且精明的經理人會
注意到人與人之間的差異，他們知道如何運用這些差異進行有效的管
理——公平的管理，而不是不公平的管理。我們以第六章列出的優良
管理行為清單中的一些項目為證，其實員工也很讚賞這種管理方式：

- 除非必要，否則不會強迫員工。
- 讓人們充分探討可能性。
- 留意人員的技能。
- 不會要求員工做他們不能做或不願意做的事。
- 重視創意做法，即使這些做法跟經理人所想的不同。
- 不會強迫員工違背其個人的意願。

7.2 偏好

即使在一切條件都很理想時，從事軟體工作還是一件苦差事，當專案

承受極大的壓力時，就是考驗軟體工程組織的時刻。舉例來說，在交期日漸迫近的壓力下，大家的情緒可能變得相當激動，以致於無法落實健全的技術實務，反而產生出不一致的因應行為。要了解如何處理這種不一致，我們就要先檢視人們在壓力不大時，會如何選擇自己的行為。

雖然我們傾向於認為所有軟體工作都很合乎邏輯，但是許多行為卻是以情緒（emotion）為依據所做的選擇。情緒的影響力可大可小。偏好（preference）就是最溫和卻也是最重要的情緒之一。認為所有情緒都強烈且「負面」的人或許不認為偏好是一種情緒。他們可以理解人們在被催促要做出跟自己偏好相反的事情時，會出現情緒化的行為（強烈且負面的情緒），但是他們或許不能了解像「喔，我比較喜歡這個，比較不喜歡那個。」這種小感受其實也是情緒的一種。

大多數人都能用任何一隻手轉開瓶蓋，但是我們會毫不考慮地選擇我們比較慣用的那隻手。當我們在這種不經大腦思考的層級上運作時，也就是我們在大多數時間的情況，我們的行為就受到個人偏好所支配。

顯然，用左手或右手轉開瓶蓋這項偏好並不是軟體工程經理人成功與否的關鍵。但是，其他偏好或許會對此事造成更大的影響，比方說，喜歡所有關鍵決策職務都由女性擔任的經理人，可能會有一種傾向：將有能力之男性的貢獻排除在外。如果這類行為讓經理人減少選擇，這種管理團隊在運用必要多樣性法則時就會碰到更多難題。

相反地，如果經理人希望所有關鍵決策職務都由男性或白人、左撇子、身高不到五呎的金髮女郎來擔任，經理人的選擇一樣會減少。不過，就算是有偏好存在，這種選擇減少的情況未必要發生，因為我們可以不必依據偏好來採取行動。即便我喜歡吃開心果口味的冰淇

淋，我也不需要只吃這種口味，不吃其他口味。舉例來說，如果我參
加一個晚宴，晚宴主人提供了香草口味和巧克力口味的冰淇淋，在這
種情況下，我可能認為堅持要吃開心果口味的冰淇淋根本就是不一
致。雖然我最喜歡吃的是開心果口味，但是晚宴主人並沒有提供那種
口味，而且當時情況也買不到那種口味的冰淇淋，因為接近午夜時分
店家都關門了。

　　同樣地，假設我比較喜歡我的管理團隊都是較年長人士，但是當
我要實際指派職務時，我也可以考慮其他因素。如果我發現某位年紀
較輕者最符合當時的條件，我就會把個人偏好擺一邊，做出更關照全
局的選擇。在此同時，我注意到自己已經違反個人偏好，所以我必須
小心提防我在不自覺的情況下，做出妨礙這位年輕經理人的行為。

7.3 梅布二氏人格類型指標（MBTI）

冰淇淋口味的偏好就像人們有成千上萬的偏好一樣，對於人事管理來
說並沒有太大的重要性。不過，梅布二氏人格類型指標（Myers-
Briggs Type Indicator，MBTI）[1]中所說的四種向度，卻是經理人應該
了解的一組偏好。這四種向度在職場中相當重要，因為它們掌握了決
定個人工作風格的四項要素。這些向度說明了人們在取得能量、獲得
資訊、做出決定和採取行動等方面的偏好。

　　個人在各個向度的偏好分別由一個字母來代表。以我為例，說明
我個人工作風格的四項要素就以INFP這四個字母縮寫代表。在梅布
二氏人格類型指標中，每個向度有二個字母可選擇：

- E（External，外向型）或I（Internal，內向型），依據我喜歡

如何取得能量。

- S（Sensing，感官型）或N（Intuitive，直覺型），依據我喜歡如何獲得資訊。

- T（Thinking，思考型）或F（Feeling，感覺型），依據我喜歡如何做出決定。

- J（Judging，判斷型）或P（Perceiving，覺察型），依據我喜歡如何採取行動。

所以，我是INFP型，換句話說，我喜歡從內在（I）取得能量，喜歡憑直覺（N）獲得資訊，喜歡依據價值觀（F）做出決定，並且喜歡為了保留可能性（P）而採取行動。相反的情況是，我喜歡從別人（E）取得我的能量，喜歡依據事實（S）取得資訊，喜歡利用邏輯做出決定（T），並且喜歡把事情解決掉而採取行動（J）。了解這種方法的經理人就找到一個寶貴方式，可以更了解自己管理的部屬和一起共事的同仁，所以他們就會成為更優秀的經理人、部屬和團隊成員。

　　請特別注意，雖然我是屬於INFP型的人格，但這並不表示我不能從外在取得能量，不能透過我的感官獲得資訊，不能依據邏輯思考做出決定，或不能採取行動減少可能性。INFP只是表示當簡單或無意識的偏好支配我的選擇時，我可能會做特定的事，不會做其他事。把這項提醒牢記在心，接下來我們就來看看偏好的四個向度。

7.4 取得能量

第一個向度說明人們喜歡如何取得能量來做事情，或如何取得能量提振自己的精神。在組織中，你可以在會議中、尤其是在會議休息時，

觀察到人們的內向型／外向型（I/E）偏好。外向型人士傾向於利用休息時間跟別人打交道，內向型人士則利用休息時間獨處休息一下。在美國，約有四分之一的人口為內向型人士，而其他四分之三人口為外向型人士，外向型人士常認為內向型人士的社交能力有問題。[2]

　　無法將內向型／外向型差異列入考量，就會導致團隊績效不彰。舉例來說，在技術審查會議時，內向型人士偏好在會前先仔細研讀資料，但是這種方式卻會讓外向型人士感到無趣。外向型人士喜歡即興發表意見，所以他們可以在團隊互動時一邊研究資料，但是內向型人士卻很難在這種公開討論中有所貢獻。

　　經理人的工作之一就是：確定會議的設計符合內向型人士和外向型人士對環境的偏好。依據隨機選擇，最平常的會議都有這二種類型的人士參與，但是當所有與會者都有同樣偏好時，也有可能出問題。我的一位同事寫信告訴我：

　　「我受邀擔任維護管理團隊某次會議的協調員，因為當時他們的會議出了問題。我以前就跟那五位經理共事過，也知道他們都是內向型人士。我觀察他們開會一小時後，我就提出說我認為他們的會議形式似乎是為外向型人士所設計——有許多腦力激盪和意見交換的互動。

　　「他們跟我說，高階主管為了『改善他們的生產力』曾派他們參加一個研討會，他們是在那個研討會上學到這種開會形式。我建議他們設計自己的開會形式，包括：大家安靜一會兒讓與會者可以準備對剛才的簡報發表意見、在會議前先發送更多的書面文件、設定中間休息時間讓與會者可以到外面閱讀會議中所發的文件。

　　「一個月後，我再去觀察他們開會時，我發現他們的會議情況跟先前截然不同——而且很有效率。我現在唯一擔心的是，如果有一位外向型人士跟他們一起開會怎麼辦。」

　　這個向度也影響到一對一的人際互動。當內向型員工無法回應有　89
關專案的一連串問題時，常會讓外向型經理人感到困惑。如果經理人
不了解外向型人士與內向型人士的差別，他們就會把內向型人士無法
當場回應，誤解為是不知道答案或設法把專案的一些問題加以掩飾。

　　當外向型員工立刻給予答案時，也常讓內向型經理人感到困惑，
因為內向型經理人本來指望員工以書面報告回覆。這時，內向型經理
人可能把迅速回答誤解為是外向型員工太過自信或不認真看待任務的
一種跡象。

7.5 獲得資訊

當我受到激勵要做某件事時，我必須取得做好此事所需的資訊。第二
個向度就說明我喜歡怎樣獲得做事所需的資訊。在組織裏，你也會在
會議中，尤其是簡報時，看到感官型（S）／直覺型（N）人士。感官
型人士想要事實依據，而且愈多愈好，然而直覺型人士卻想要全盤的
看法。

　　當感官型人士提供事實時，直覺型人士就覺得無聊至極。當直覺
型人士說明全盤觀點時，感官型人士卻想知道一些實際數據，例如像
圖 7-1 列出的百分比。

向度	%
內向型／外向型	25/75
感官型／直覺型	75/25
思考型／感覺型	50/50
判斷型／覺察型	50/50

圖 7-1　在美國，MBTI 偏好的大略分布，以各向度的百分比表示。[3]

感官型人士會研究圖 7-1，然而直覺型人士可能只看一下就認定這「只不過是資料罷了」。感官型人士可能有興趣知道他們占美國四分之三的人口，而直覺型人士卻沒有興趣探討此事，除非要他們針對這種分布情況提出一些意見。

　　我們建議跟員工有「溝通問題」的經理人好好探討這個向度的差異，因為這可能是溝通出問題的癥結所在。為感官型經理人做事的直覺型人士可能認為經理人管太多了，他們認為經理人應該

- 預先設想問題的狀況，並向大家清楚傳達。

90　為直覺型經理人做事的感官型人士似乎無法理解為什麼經理人要求他們做那些事。他們認為經理人應該

- 提供清楚明確的指示，並且在部屬不清楚經理人的指示時，經理人隨時願意說清楚。

在組織裏，我們很容易發現感官型／直覺型差異的實際例子，而且其中有些相當戲劇性，彷彿是奇蹟似的。正如最近參加梅布二氏人格類型指標工作坊的一位經理人所述：

　　「我帶領的資訊系統團隊跟人力資源主管開會，討論向人力資源部門提出的新資訊系統提案。資訊系統團隊的設計人員梅莉莎針對新系統做了大略說明，大家都對她的簡報表示贊同——除了人力資源部門副總裁諾里斯以外。當其他人繼續稱讚梅莉莎和她的設計時，諾里斯雙手交叉在胸前、雙唇緊閉地坐著，看起來一臉困惑也不太高興。

　　「梅莉莎顯然注意到副總裁的反應，因為她開始想討好諾里斯，但是她再怎麼努力，只是讓諾里斯看起來更困惑。我想起最近參加的工作坊，所以先讓會議暫停，讓大家休息一下。我找梅莉莎私下談

談，我只跟她說：『諾里斯是感官型人士，』梅莉莎就恍然大悟！

「當其他人走出會議室外伸展筋骨之際，梅莉莎迅速製作五張投影片，提供相當明確（雖然全都是假設狀況）的例子，說明新設計如何處理跟特定員工有關的業務。當會議重新開始時，梅莉莎以這些投影片做簡報，並各自舉出一個例子做說明。諾里斯顯然安心不少也面露喜色。當梅莉莎關掉投影機時，諾里斯面帶微笑並打破沉默地說：『看起來好極了！我們就這麼做吧！』

「三個月後，我剛好參加一場資深主管會議，諾里斯在會議中簡報這套新系統，我很訝異地發現，他整個簡報內容就是梅莉莎當初提出的那五個例子，而且他還一字不漏地把梅莉莎的簡報再說一遍，只不過他請圖形藝術部門幫忙做了一些包裝，看起來有主管架勢罷了。」

7.6 做出決定

當我懷抱動機並取得了做某件事所需的資訊後，接下來我必須做出決定。梅布二氏人格類型指標的第三向度說明我喜歡如何做出決定：是運用邏輯（思考，T）或價值觀（感覺，F）。偵探小說家雷蒙・錢德勒（Raymond Chandler）就將思考型／感覺型的區別做出極佳的詮釋：

> 真理有二種：一種指點迷津，一種溫暖人心。第一種真理是科學，第二種真理是藝術。二者互相依賴也同樣重要。沒有藝術，科學會像水電工人手中的鉗子那樣無用；沒有科學，藝術會俗不可耐，只是情緒上的大肆吹噓。藝術的真理讓科學不致於毫無人性，而科學的真理則讓藝術不致於荒謬可笑。

雖然錢德勒表示，這二種真理要並存才有用，但是，思考型人士和感

覺型人士通常無法忍受對方偏好的作風。在組織裏，你可以在決策時發現思考型人士和感覺型人士所偏好的行動。這二種類型的人都想做出明智的決定，但是他們讓決策明智的屬性卻不同。思考型人士要的是客觀、邏輯和非個人性；然而感覺型人士要的卻是人性、價值觀和合作。在做出決定時，這二種類型的人並不會反對考慮彼此的屬性，只不過他們將這些屬性視為優先順序較低的因素來考慮。

在美國，雖然思考型人士和感覺型人士在整體人口中各占一半，但是在美國的教育體制裏，低年級（大多數的教師都是感覺型人士）比較偏向感覺型的教育，而隨著年級增加，越來越強調思考型的教育。到大專院校的層級，大多數教師都是思考型人士。在組織裏，這種曲解可能讓感覺型人士享有一種巧妙的優勢，因為大多數人都被訓練要依據思考來做出決定，然而感覺型人士比思考型人士更有機會將這二種風格加以平衡，而思考型人士從未接受過如何運用感覺做出決定的訓練。

以下是某次管理訓練會議中提出的一項實例，說明針對看似相同的問題時，思考型人士和感覺型人士的差異如何導致截然不同的解決方案。在這個名為「我最頭痛的問題」的討論中，卡莉和丹尼斯都選擇「處理顧客對於系統修改的要求」，做為他們最頭痛的問題。不過，經過更進一步的分析發現，他們二人雖然選擇同樣的答案，原因卻截然不同。

卡莉對於顧客要求的反應是基於她自己對於思考型的偏好，外加上她相當內向。她不知道如何拒絕別人的要求，在她同意顧客的要求以前，需要時間思考這項要求是否合理，所以她無法在電話中馬上回覆顧客。然而，顧客卻希望她在電話上回覆，不肯掛電話。卡莉不知道如何處理這類顧客。

　　丹尼斯的情況剛好相反，他很外向，而且他憑感覺做出決定。他很擅長處理顧客在電話上提出要求，但卻無法應付顧客以電子郵件提出要求。丹尼斯認為這些電子郵件中有許多要求並不適當，但是他通常還是答應顧客。他的苦惱在於，他想跟顧客面對面接洽，說明他為什麼得拒絕顧客要求，以及他的想法是什麼。

　　這兩個問題的共同點都出在環境無法配合他們的偏好。卡莉喜歡花多一點時間思考系統修改是否合理，所以我們教她請顧客以書面文件申請系統修改。如果顧客拒絕提出書面文件，她大可以拒絕顧客，因為缺乏文件就是一項明顯證據（卡莉這麼想），表示顧客沒有把他們的要求想清楚（這是最可惡的罪行）。

　　丹尼斯喜歡跟顧客直接談，因為對他來說，不讓別人誤會或錯怪是很重要的。他可以藉由面對面會議回應顧客要求來解決他的問題，但是對卡莉來說，這種人際互動情況卻是最可怕的夢魘。

　　許多管理上的問題，可以藉由設計一個適當的環境方便員工工作而獲得解決。這對某些經理人來說會覺得困難，因為他必須願意且能夠為每一個人打造適合的工作環境，他得要了解他所帶的人才行。

7.7　採取行動

梅布二氏人格類型指標的第四向度說明個人採取行動的偏好模式。判斷型（J）人士喜歡把事情解決掉，然而覺察型（P）人士喜歡讓自己保有選擇的可能性，在有更多資訊的情況下，選擇也可能會改變。

　　這個向度的用語似乎會造成許多困惑。判斷並不表示有不客觀判定的傾向，而是有做決定的偏好（因此用判斷〔judging〕一詞，但我認為用決定〔deciding〕一詞來表達更好）。覺察並不表示跟感覺敏銳

有關，而是有取得資訊的偏好（因此用覺察〔perceiving〕一詞）。以我的後見之明，我會以「尋求終結」（closure-seeking）一詞來取代「判斷」，以「尋求資訊」（information-seeking）一詞來取代「覺察」。不過，我們從事軟體工程這一行，對於運用令人困惑的術語可是有豐富的經驗。反正這麼多年來我們都已經忍受浮點（floating point）和定點（fixed point）這種說法，所以我們可以忍受判斷型和覺察型這種說法。

以下是判斷型人士用來描述覺察型人士的一種說法：「我有一位朋友這樣形容他的同事：『他很擅長跑九十五碼』。我可不能接受這種說法。最後五碼不跑了，前面跑得再好也沒用，等於是前功盡棄。」[4]

當我把這項敘述拿給我一位覺察型的友人看時，他笑了笑，然後這樣形容判斷型人士：「他們努力衝刺百碼，偶爾竟然會把方向跑對了呢。」

判斷型人士和覺察型人士的差異往往就是重大衝突的癥結，卻也可能是強烈吸引力的來源，因為這兩種人彼此需要。舉例來說，很多夫妻都是判斷型人士和覺察型人士的結合。從工作的觀點來看，沒有判斷型人士的團隊有可能一事無成，然而沒有覺察型人士的團隊即使完成了工作，可能事後才發現工作根本沒有完成，因為他們忽略了某些因素。

單憑觀察人們的作為，未必能區別他們是判斷型或覺察型，因為他們可能藉由不同的偏好做出同樣的行動。我們用一個例子來說明：軟體沒有經過足夠的測試就交給顧客。

93　　判斷型軟體開發人員可能迅速完工，因為他們要的就是把工作完成。覺察型軟體開發人員也可能迅速完工，因為他們想要進行另一個

更有趣也更具挑戰性的模組。

這些行動和結果都一樣——迅速敷衍了事的測試——但是動機卻不一樣，所以這二種情況應以不同的方式管理。舉例來說，如果經理人說清楚在軟體開發人員可以證明舊模組已完全測試完畢前，不能開始進行任何新模組，那麼覺察型軟體開發人員的行為可能有所改變。如果經理人提出相當明確的標準，例如：在案子結束前必須符合測試覆蓋率，那麼判斷型軟體開發人員的行為可能有所改變。

我同事Lynne Nix以一個有趣方式，說明判斷型／覺察型向度跟軟體文化模式的關係。[5]她將軟體文化模式置於一個從混亂狀態（覺察型）到官僚制度（判斷型）的量表上，如圖7-2所示。變化無常型（模式1）的組織喜歡完全混亂的狀態，然而照章行事型（模式2）的組織卻喜歡完全官僚的狀態。把穩方向型（模式3）的組織則往左邊移動以彌補模式2對於慣例的過度熱中，但是整體看來還是有些偏左。防範未然型（模式4）的組織則往右移動，卻對混亂的可能性過度反應。全面關照型（模式5）的組織移到中間點，因它具有視情況所需做出關照全局回應的能力，而在混亂和官僚間達到適當的平衡。

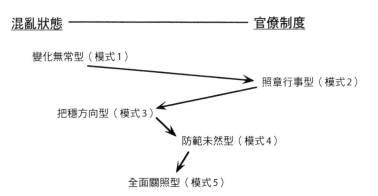

圖7-2　Lynne Nix說明判斷型／覺察型向度跟五種軟體文化模式的關係。

依據這個模型，在其他條件都一樣的情況下，覺察型人士比較適合在模式1和模式3的組織工作，判斷型人士比較適合在模式2和模式4的組織工作。這或許可以說明為什麼我發現模式1的組織比較容易轉變成模式3的組織。當我在模式1的組織中說明模式2時，覺察型人士就不寒而慄。至於在模式1的組織中倖存的判斷型人士，至少會認為模式3的組織比他們目前忍受的徹底混亂組織要好得多。

94　7.8 為什麼要用梅布二氏人格類型指標？

我同事Naomi Karten寫過幾本十分創新的著作，我認為我們是好友也是好同事。我們互相幫忙閱讀各自的書稿，也因為彼此的差異受惠。我相信以梅布二氏人格類型指標來說，Karten是INTJ型，而我是INFP型，我們有二個相同向度，二個不同向度。我們之間的互動正好說明梅布二氏人格類型指標所說的差異之利弊。

薩提爾說過，我們透過彼此之間的相同點而互相接觸，而且我們透過彼此之間的差異而獲得成長。我自己一直設法透過一種方式獲得成長，那就是設法更了解思考型人士的世界，而Karten在評論本章原稿時，剛好提供我一個寶貴啟示。她跟我說：「我不喜歡用左手做事。我是左撇子，所以我常用左手。但事實上，我比較喜歡用右手做許多事。因為這樣一來，我在這個以右撇子為主的世界裏，就不需要做太多的調整。」

她的意見教導我更加了解像我這種感覺型人士跟她那種思考型人士之間的不同。對我來說，偏好（就理想上來說）是由情緒反應所決定，然而對她來說，偏好卻是由邏輯決定。我的這項學習證實，如果將思考型和感覺型的差異加以適當管理，就能讓團隊獲得龐大資源，

而不是讓這項差異成為引發衝突或誤解的根源。

　　不過，Karten繼續提到：「如果想都沒想，那就是潛意識層次。但是，偏好是屬於意識層次。」雖然字詞定義的偏好也適用於意識和無意識的決定，但是我們每個人都傾向於使用自己的偏好（Karten，我這樣說沒關係吧？）。不過，Karten跟我都同意，在理想世界中，選擇應該是在意識層次。事實上，對於偏好的學習重點就是要協助將偏好提升到意識層次，Karten跟我都希望經理人在這方面多花一點時間研究，否則的話就會如Karten所說：「經理人在做事時就不會考慮到其他替代方案，只因為他們不知道有替代方案可供選擇。」

　　那正是我提出梅布二氏人格類型指標模型的原因：要讓你在跟別人互動時，更清楚你正在選擇的一些重要向度。我相信多了解這種意識，能讓你成為一位更優秀的經理人。當然，就像利用任何模型一樣，利用梅布二氏人格類型指標模型也有風險。我之所以選擇這個模型，而不選擇其他說明人格的模型，是因為以此模型用在人事管理上的風險最小。這是一種每個人可以自我描述的方式，不需要心理健康專業人士進行解讀。雖然其他許多人格模型也試圖找出個人究竟哪裏有問題，但是梅布二氏人格類型指標模型的設計宗旨卻是發現每個人都很特別，只是天賦有所不同。不過，這個模型雖然立意良善，卻可能淪為心胸狹隘者或無知者濫用的工具。

　　我無法保護自己不受心胸狹隘者所危害，但是無知卻是可以矯正之事。在此要特別提醒大家的是，本章內容及書中的其他討論僅對梅布二氏人格類型指標模型做了簡介，並從十六種人格類型中的一種類型（我是INFP型）的觀點來做介紹。我那些屬於思考型的同事們就很反對我用這種方式介紹這項主題，他們當然有權反對。我們每個人必須以自己的方式，探討我們自己的人格。

　　對我而言，我為了發現自己的人格類型並了解其意含，做了許多研究和實驗。當我剛開始接觸梅布二氏人格類型指標這套方法時，我以為我是ENTP型人格（外向、直覺、思考、覺察類型者）。經過一年左右的研究和練習，我明白我是ENFP型人格，但是後來再更深入的了解後，我相信我其實是INFP型人格。這幾年來，我一直都認為我屬於這種人格類型。但是誰知道，搞不好日後的自我發現最後讓我明白我是哪一種人格類型。如果我對自己的人格類型都可能出錯，你就知道要濫用梅布二氏人格類型指標有多麼容易。如果你認為這項工具很不錯，請花心思進行更深入的研究。以下是INFP人格類型者會做的事：

- 先拿自己做練習，而不是拿別人做練習。
- 當你準備好找別人練習時，找一位跟你有一個或二個不同向度的夥伴做練習（我就找Karten和其他許多好友做練習）。
- 跟夥伴一起探討彼此之間的差異時，也以彼此之間的共同點進行接觸。
- 把你自己的天賦跟夥伴分享，也讓夥伴教導你那些你比較不熟悉的天賦。
- 用更多的幽默進行這項練習，而不是以判斷的眼光進行這項練習。

7.9 心得與建議

1. 管理情緒是經理人可以充分利用的一項手段，因為依我所見，大多數人和組織只花10%的時間和精力在以理性解決問題上。其他

時間和精力則用在實體維護和情緒事項上。如果情緒事項要花掉人們和組織50%的時間和精力，那麼只要在這方面減少10%，就能讓花在理性解決問題的時間和精力增加50%。花在處理情緒事項上的時間和精力增加10%，就會讓以理性解決問題的時間和精力減少50%。

2. 我們覺察感受的一個基本法則是，我們傾向於忽略小差異（同化的傾向），卻誇大可察覺的差異（比較的傾向）。因此，我們的感受讓世界變得比真實世界更為不同，而且，我們並沒有我們所想的那樣不一樣，我們其實很相似。

3. 千萬別忘記，梅布二氏人格類型指標的字母表示偏好，而不是技能或才能。在本章提出圖7-2模型的Lynne Nix就是說明此事的一個好例子。如果我記得沒錯，Nix是感官型人士，但她剛好很擅長處理抽象模型。我不知道她是否跟我（這種直覺型人士）一樣喜歡抽象模型，但她當然知道如何運用抽象模型。

7.10　摘要

✓ 效益不彰的經理人傾向於假裝這些人際關係的多樣性並不存在，然而有效經理人卻能分辨這類差異，也知道如何因應這類差異。　96

✓ 給予每個人同樣的對待，並不表示對每個人都公平。精明的經理人會注意到人與人之間的差異，他們知道如何運用這些差異進行有效的管理——公平的管理，而不是不公平的管理。

✓ 雖然我們傾向於認為所有軟體工作都很合乎邏輯，但是許多行為卻是以情緒為依據所做的選擇。偏好就是最溫和卻也是最重要的情緒之一。

✓ 當無意識的偏好讓我們減少選擇時，我們在運用必要多樣性法則時就會碰到更多難題。不過，就算是有偏好存在，這種選擇減少的情況未必要發生，因為我們可以不必依據偏好來採取行動。

✓ 梅布二氏人格類型指標的四個向度在職場中相當重要，因為它們掌握了決定個人工作風格的四項要素。

✓ 在梅布二氏人格類型指標中，每個向度有二個字母可選擇：

- E（External，外向型）或 I（Internal，內向型），依據我喜歡如何取得能量。
- S（Sensing，感官型）或 N（Intuitive，直覺型），依據我喜歡如何獲得資訊。
- T（Thinking，思考型）或 F（Feeling，感覺型），依據我喜歡如何做出決定。
- J（Judging，判斷型）或 P（Perceiving，覺察型），依據我喜歡如何採取行動。

✓ 無法將內向型／外向型差異列入考量，就會導致團隊績效不彰。經理人的工作之一就是：確定會議的設計符合內向型人士和外向型人士對環境的偏好。

✓ 感官型人士想要事實依據，而且愈多愈好，然而直覺型人士卻想要全盤看法。跟員工有溝通問題的經理人要好好探討這個向度的差異，因為這可能是溝通出問題的癥結。

✓ 思考型人士和感覺型人士通常無法忍受對方偏好的作風。在組織裏，你可以在決策時發現思考型人士和感覺型人士所偏好的行動。這二種類型的人都想做出明智的決定，但是他們讓決策明智的屬性卻不同。許多思考型／感覺型的問題可以藉由設計出關於

97

決策的正確環境來解決。

✓　判斷型人士喜歡把事情解決掉，然而覺察型人士喜歡讓自己保有選擇的可能性，在有更多資訊的情況下，選擇也可能會改變。判斷型人士和覺察型人士的差異往往就是重大衝突的癥結，卻也可能是強烈吸引力的來源，因為這兩種人彼此需要。

7.11　練習

1.　先從了解自己的偏好開始著手，比方說：以下是我這個INFP型人士對於在不同軟體文化模式的組織中工作的感受：

變化無常型（模式1）：如果我不考慮較大的格局，我會喜歡這種模式，因為很有趣。

照章行事型（模式2）：我不喜歡這種模式，因為太僵化了。

把穩方向型（模式3）：我會喜歡這種模式，因為團隊合作很有趣，但是當我被質疑時，我可能會不耐煩。

防範未然型（模式4）：我會喜歡在這種組織裏工作的挑戰。

全面關照型（模式5）：如果我想做一些別人沒做過的事，就像我參與水星計畫（Project Mercury）和太空追蹤網路時做的事，我會喜歡這種環境。

你對於不同模式的偏好為何？你可以看出你的偏好可能如何影響你為達到特定模式所做的努力嗎？

2.　你可以運用一些方法發現你自己的梅布二氏人格類型指標偏好。

你或許從閱讀本章就知道自己屬於哪一種人格類型，不過更可能的情況是你自己必須探討一下。其中一個方式就是進行自我測驗，你可以在《*Please Understand Me*》[7]這本書中找到這個測驗。或者，你可以參加有關梅布二氏人格類型指標的研討會，在會中進行測驗並學習更多實務應用。找出適合你的方式並實際去做。

3. 一旦你知道自己屬於梅布二氏人格類型指標中的哪一種類型，接下來你就從周遭朋友中開始學習其他類型。你可以依照我在本章中依據我本身INFP類型的建議去做，或自行設計你要怎麼做。

8
氣質的差異

忍者大師就說：「為設計作業系統寫出一百萬行程式碼，這件事很　98
容易；要改變一個人的氣質卻難得多。」[1]

——美國資深程式設計師暨作家Geoffrey James

對於經理人來說，梅布二氏人格類型指標模型的向度確實很有
用，不過將這四個向度加以組合後，就產生十六種可識別的人
格類型。柯爾塞（David Kiersey）和貝茲（Marilyn Bates）以十六種典
型職業來代表這十六種人格類型，在此列出如下，讓讀者更容易記得
這些類型（編按：可以參考www.keirsey.com中The Four Temperaments
部分）。[2]

INTP（建築師型）	ESFJ（供應者型）
ENTP（發明家型）	ISFJ（保護者型）
INTJ（科學家型、策畫者型）	ESFP（藝人型）
ENTJ（陸軍元帥型）	ISFP（藝術家型）
INFP（追求者型、治療者型）	ESTJ（管理者型）
ENFP（記者型、奮鬥者型）	ISTJ（檢查員型）

INFJ（作家型、輔導者型） ESTP（創辦者型）

ENFJ（教育家型） ISTP（工匠型）

99 如果你不要太認真看待這些職業，那麼這種比喻可能有幫助；不過，
對經理人來說，遇到狀況時要想起這十六種人格類型，實在太瑣碎
了。比較實用的做法是運用柯爾塞與貝茲將十六種人格類型分類為四
種「氣質」（temperaments）：NT（有遠見者，Visionary）、NF（促成
者，Catalyst）、SJ（組織者，Organizer）、SP（解決問題者，Trouble-
shooter）。[3] 本章將說明這些氣質與軟體控制的工作有何關係。

8.1 四種控制類型

當我們談到軟體開發的控制時，為了方便起見，我們會將其分為四種
不同的控制：

- 智力的控制
- 實體環境的控制
- 緊急事件的控制
- 情緒的控制

8.1.1 智力的控制

通常，我們認為智力的控制就是軟體控制的重心所在，如同這項聲明
「軟體完全是智力活動的產物」所言。在軟體方面的大多數重要創
新，一直是在改善智力控制這個範疇——例如：高階語言、結構化程
式設計、提供程式設計的各種圖形輔助工具、關聯式資料庫、以及物
件導向設計。雖然你或許不認同這些創新算是軟體方面的重要創新，

至少它們最受矚目。

8.1.2　實體環境的控制

由於知識分子居住在混亂的現實世界裏，因此實體環境的控制是有必要的。最後，實體世界讓「軟體完全是智力活動的產物」這種幻想破滅掉，比方說：有人刪除掉程式原始碼的唯一版本；有人更動「一行命令」，因為打錯字最後造成數百萬美元的損失；有人偷竊某項重要產品的程式原始碼，讓坊間出現具競爭力的同類產品；火災讓系統文件的所有副本都付之一炬。

　　軟體界引進實體環境的控制，藉由預防、偵測或修正，來處理現實世界與「軟體完全是智力活動之產物」這種模型之間的偏差。實體控制的例子包括：組態管理系統；原始碼與資料之安全、備份與軟體儲存庫等程序；錯誤偵測與修正機制。請注意，這些領域的創新通常不像智力方面的創新那樣受到矚目。不過，「容錯能力」（fault toler-ance）這項硬體主題卻是例外，因為有些系統一直受到高度關注。

100

8.1.3　緊急事件的控制

儘管把最聰明的人找來一起為軟體開發而努力，並且在實體控制方面做到最好，有時候難免會發生意外。在軟體開發方面，由於進展速度可能很慢，通常需要拆解程式，以免因為一個缺陷而讓整個專案進度停擺一個月。然而在軟體維護方面，由於講究時效，通常必須採取必要手段讓程式盡快運作，比方說：當顧客在電話上大吼大叫，要求程式設計師趕快解決問題，讓薪資作業系統可以正常運作。

　　我們在改善控制軟體事業之實體部分與智力部分的能力時，卻會遇到一個矛盾。有愈來愈多情況依照常規處理，甚至採取自動化作業

來處理，讓我們的生產力得以提升。換句話說，我們可以運用同樣的
資源處理更多的工作，但是更多的工作意謂的是，有更多情況是常規
無法解決的。所以，當我們設計例常程序來處理智力問題和實體問題
時，我們發現我們的管理能力跟處理例常情況的能力無關，而跟處理
例外情況的能力有關；換句話說，就跟我們處理緊急情況的能力有關。

8.1.4 情緒的控制

在一個完全理性的世界裏——或許在那種世界裏，可以完全靠機器來
開發及支援軟體——智力的控制、實體的控制和緊急事件的控制大概
就足夠了。過去四十年來，我一直聽到許多專家預測，完全自動化的
軟體開發（軟體專家通常不會提到軟體支援這件事）再過幾年就會成
真。不過，我從來沒有看到這方面出現什麼重大進展，所以我把這類
「預測」當成一廂情願的想法。

　　這些預測人士究竟想實現什麼願望？我相信，他們想達成「完
美」這個願望，所以才會希望人類最後從軟體產業中消失，因為人不
完美，也不可能變成完美。事實上，人不是完美的思考者，也不可能
毫無錯誤地完成例行工作。在緊急狀況時，人的缺點還可能被放大。
更糟的是，有時候根本沒有意外發生，只是實體環境和智力方面出問
題，人們還是無法順利完成工作。

　　這種不完美的表現可以找到許多理由解釋：

* 他缺乏動力。
* 她很沮喪。
* 他們擔心那樣做不好。
* 他很固執。

- 她分心了。

101

- 他們不認真。

每一項解釋——動力、沮喪、擔心、固執、分心、不認真——都跟情緒系統有關。這就是為什麼，其他三種控制都跟情緒控制有關。在強烈情緒的影響下，人們無法清楚且理智地思考，無法遵照簡單的程序，無法發揮創意來解決緊急問題。強烈的情緒讓人傾向於採取一成不變的行為，因此減少行為的多樣性。當負責控制系統的經理人成為情緒的犧牲者，無法利用充分的選擇採取行動，怎麼可能做到有效的控制？更別說要達到完美的控制。

　　情緒的控制並不表示要去除情緒，就像實體環境的控制並不表示要去除實體世界一樣。那是不可能的事。情緒的控制也不表示要壓抑情緒，或是假裝情緒不存在。情緒的控制表示擁有情緒，承認情緒傳達的資訊，並且以一致的行為因應情緒。

8.2 了解人的四種氣質

柯爾塞與貝茲所提出的四種氣質，每一種都會以特定方式跟失控的情況產生關聯。我們也可以依據每一種氣質所落入的陷阱來說明其特性；通常，人們將本身氣質的最大優勢發揮過頭，反而會讓自己落入陷阱。接下來，我們就依序檢視這四種氣質，並談談各種氣質經理人的作風與偏好。

8.2.1 NT 有遠見者

有遠見者（簡稱NT，也就是梅布二氏人格類型指標中的直覺思考者）

喜歡依著構想來工作，他們對設計最感興趣，對實際執行比較不感興趣。用這句話就能說明他們的優點：「成熟的構想最危險不過。」對於既定規則來說，NT有遠見者相當危險，因為他們帶領大家脫離小世界，邁向美麗新世界。沒有他們，我們還困在洞穴裏發抖，等著別人發明如何生火。

用「掌握本質」（capture the essence）這句話就能讓NT有遠見者落入陷阱，因為他們很容易將複雜的細節過度簡化為一致的理論。換句話說，「當你只有構想而別無他物時，就最危險不過。」

依據第六章列出的關照全局經理人會採取的行為清單，NT有遠見者可能表現並重視這些事：

102

- 除非必要，否則不會強迫員工。
- 讓人們充分探討可能性。
- 制定清楚的時間表並提出制定依據。
- 盡量簡化工作，但確保工作不會因此流於過分簡化。（NT有遠見者的簡化構想當然有可能跟你的想法不合。）
- 對可能出現的問題預做準備並向每個人清楚傳達此事。
- 重視創意做法，即使這些做法跟經理人所想的不同。
- 在必須改變時，向員工清楚說明原因。

雖然NT有遠見者只占美國人口的12%，[4]但是這群人可說是軟體業的代表。以我的客戶群為例，其中有許多組織就以技術人員占大多數。儘管技術人員的貢獻很大，但是在我了解這項特定氣質以前，跟他們共處一室總是讓我吃盡苦頭。我總認為，NT有遠見者老是堅持己見，只愛討論。一旦我明白那只是因為我透過自己INFP型的觀點來看他們，我就真的開始喜歡他們並感謝他們，不僅因為他們的貢獻，

也因為他們的人格特質。

8.2.2 NF促成者

促成者（簡稱NF，也就是梅布二氏人格類型指標中的直覺感覺者）喜歡與人共事，協助人們成長，但是他們關切的是不讓人受苦（這就是為什麼我無法忍受看著NT有遠見者「爭論不休」）。為了讓大家在艱困時期同心協力，在情緒波動時互相扶持，NF促成者就必須存在。

你可以用這句話讓NF促成者落入陷阱：「務必確定每個人都同意，」因為促成者重視和諧勝過一切。我聽過幾位NF促成者這麼問：「有誰反對我們休息一下、上洗手間？」

這個問題充分表達出最常見也最具破壞性的NF管理者過失。如果有人不想休息一下、上洗手間，難道大家就只好忍受痛苦折磨繼續坐著？NF促成者滿腔熱忱要照顧每個人，通常卻因為過度專注於拯救某個人，而傷害到大多數人。舉例來說，低階經理人被控有虐待行為，NF型經理人卻可能拼命保護此人，但這樣根本是矯枉過正。NF促成者保護這名低階經理人，就等於允許許多員工繼續受到虐待。

依據第六章列出的關照全局經理人會採取的行為清單，NF促成者可能贊同這些事：

- 提供有利的援助。
- 留意人員的技能。
- 確定每個人都有實際扮演的角色。
- 藉由支援員工及彼此支援來教導員工如何互相支援。
- 藉由彼此信任和信任顧客來教導員工如何信任。
- 將身為員工和被管理者的感受謹記在心。

103

- 正確並誠懇地回答問題以建立信任。
- 不會要求員工做他們不能做或不願意做的事。
- 了解員工為什麼犯錯並寬恕他們的過錯。
- 即使會讓自己難堪，也總是向員工據實以告。
- 真心希望員工能夠成功。

8.2.3 SJ組織者

組織者（簡稱SJ，也就是梅布二氏人格類型指標中的感官判斷者）喜歡井然有序和制度。對於SJ組織者來說，重要的不只是做事，還有把事情做對。大多數SJ組織者非常認同這句口號：「值得做的事就值得做對。」

　　你可以用以下的說法讓SJ組織者落入陷阱：「把事情做對」或「準時完成」，因為他們重視順序勝過一切。他們很難理解另一句口號：「不值得做的事，就不值得做對。」在許多情況下，當事情不必井然有序時，SJ組織者卻很難認清真相。舉例來說，一名被指派報告策略規畫會議結論的SJ組織者，將會議通過的企業願景聲明項目依照字母順序排列。NT有遠見者指控這位SJ組織者沒有認真看待他們的工作，他們無法了解這位SJ組織者已經盡可能將這份名單處理好。

　　依據第六章列出的關照全局經理人會採取的行為清單，SJ組織者可能贊同這些事：

- 給予正確且清楚的指示，而且當我們不了解時，經理人總是願意把話說清楚。
- 盡量簡化工作，但確保工作不會因此流於過分簡化。
- 制定清楚的時間表並提出制定依據。

- 讓所有員工的工作負荷達到平衡。
- 正確並誠懇地回答問題以建立信任。
- 取得好的諮詢忠告並善加運用。
- 提供組織輔導，讓有需要的員工獲得協助。
- 不會要求員工做他們不能做或不願意做的事。
- 從一開始就制定清楚明確的目標。
- 讓員工可以隨時找你談，而且讓員工可以不受時間限制地暢談。
- 不會強迫員工違背其個人的意願。

104

- 找出員工完成工作所需之資源。
- 在專案進行中，除非絕對必要，否則抗拒改變規則的誘惑。

請注意，上述事項中的某些事項也出現在NT有遠見者的清單，即使NT有遠見者和SJ組織者通常對彼此都很不滿。舉例來說，兩者都認同這種說法「制定清楚的時間表並提出制定依據」，但是理由卻可能截然不同。SJ組織者喜歡制定清楚的目標，所以他們藉由有計畫的行動來達成目標。他們認同「制定清楚的時間表」這種說法。NT有遠見者其實並不在意有沒有清楚的時間表，他們在意的是依據什麼來制定時間表，而且他們替自己規畫時間表，只不過這個時間表未必跟別人認定的時間表相同。

　　SJ組織者可能是這四種氣質中最不被欣賞的一種氣質，他們只處理事情，不管自己喜歡與否，而且他們做得很好，好到讓人很難注意到他們的存在，除非他們做過頭了，想幫每個人做每件事。

8.2.4 SP 解決問題者

解決問題者（簡稱 SP，也就是梅布二氏人格類型指標中的感官覺察者）喜歡把事情完成和迅速解決問題，不喜歡精心推敲計畫。他們會這樣說：「如果東西沒壞，就不要修理它。」他們也會這樣說：「如果連我都不會修理，東西就沒壞。」

　　認出 SP 解決問題者的方式就是要求取得急就章的解決方案，因為 SP 解決問題者重視結果勝過一切。在某些情況下，SP 解決問題者的急就章解決方案雖然快，品質卻糟透了，後續必須花時間善後。說到軟體，SP 解決問題者最偏好的字眼似乎是「清空部分內容或全部內容」（zap），而且他們通常將組態管理系統視為邪惡的發明。

　　依據第六章列出的關照全局經理人會採取的行為清單，SP 解決問題者可能贊同這些事：

- 除非必要，否則不會強迫員工。
- 確定每個人都有實際扮演的角色。
- 把事情準備好，讓人們可以體驗初期成功。
- 營造一個可以開懷工作的職場環境。
- 了解員工為什麼犯錯並寬恕他們的過錯。
- 改變計畫以符合環境變遷。

　　同樣地，SP 解決問題者也認同其他氣質類型所認同的一些陳述，只不過所持的理由不同。當 NT 有遠見者稱讚某位經理人「除非必要，否則不會強迫員工」，他們在意的是，不讓想法受到限制；而 SP 解決問題者比較關心的是，不讓行動受到限制。

　　NF 促成者重視經理人要「了解員工為什麼犯錯並寬恕他們的過

錯」，因為那是善待他人之道。SP解決問題者重視同樣的特質，卻基於不同的原因：不讓他們犯錯，就像是把他們的雙手綁在背後似的。

　　不同氣質類型者可能採取同樣的行動，動機卻各不相同。我的夥伴Dani跟我提到她在工作坊發生的一件事：「當時我正在教導四種氣質類型，我跟大家說SP解決問題者是只為了好玩就去跳傘的那種人。我們班上的學員柯拉就是SP解決問題者，她不停地點頭表示贊同，所以我請她跟我們分享她的經驗。她說她自己就這樣做過，『她只是想知道跳傘究竟是怎麼一回事』。我問她會不會再做一次，她說：『可能不會。那樣做很好玩，不過現在我已經知道是怎麼一回事了。』」

　　「我一直很得意自己說得好，結果傑瑞詢問班上其他學員有沒有跳傘經驗。讓我懊惱的是，班上的另一名學員史都亞特，他是SJ組織者類型，竟然舉手表示他有跳傘的經驗，這似乎跟我的理論互相矛盾。我設法裝出滿意的表情並問史都亞特為什麼跳傘。他用SJ組織者那種直截了當的口氣回答說：『因為士官命令我這樣做。』」

8.3 氣質之具體呈現

行動就是氣質的最佳展現——也就是人們處理情況時所偏好的方式。這些偏好的影響範圍包括：人們設法控制情況的方式、人們自認為最舒適的狀態類型、以及人們認為不舒適、甚至無法容忍的狀態。

8.3.1 控制類型

四種氣質跟四種不同的控制——智力、實體環境、緊急事件和情緒——兩者之間有一個顯而易見的關係。NT有遠見者當然傾向於用腦

思考來控制情況；不過，NF促成者卻偏好處理情緒層面；SJ組織者喜歡把每件事系統化，從實體環境的控制下手；而SP解決問題者喜歡處理緊急事件，他們甚至會製造緊急事件來滿足自己。我跟SP解決問題者相處過，那次經驗讓我大開眼界。

　　當時，我正在幫某家航空公司進行一項系統設計專案，那家公司的訂位系統在天候異常時就會出問題。基於專案需要，我到這家公司其中一個轉機中心參訪，當地接待我的就是那些穿著金色或紅色夾克的人員，他們在機場內協助錯過班機、遺失行李、小孩走失或需要其他服務的乘客。在那次參訪後，我很感謝接待人員的幫忙，他熱情地握起我的手說：「沒問題，不過，下次暴風雪來襲時，請你務必再來。這裏天候異常時的情況實在很有趣，因為電腦系統老是當機！」106 如果這些話被SJ組織者聽到，他們可能會認為SP解決問題者「不負責任」。

　　由於氣質類型只能指出偏好，未必能引導個人挑選出最適合當時情況的控制類型。因此，經理人的工作就是擺脫簡單類型的偏好，有意識地考量所有可能的控制。如果有時間的話，經理人要做到這件事的一個做法是：先向四種氣質類型的人請益，再去決定處理情況的最佳方式。雖然偏好跟能力未必劃上等號——還是會有一些殘酷的NF促成者和雜亂無章的SJ組織者；不過，每一種氣質類型不論個人經驗是好是壞，確實對於本身偏好的控制類型比較在行。

8.3.2 文化模式

由於每一種軟體文化模式偏好不同的控制類型，因此每一種氣質類型會對各種軟體文化模式，做出不同的反應。

　　在變化無常（模式1）的組織中，NT有遠見者盡情地享受自己的

獨立自主；NF促成者設法組成一些小團隊；SJ組織者覺得自己快抓狂了；而SP解決問題者簡直樂翻了。

在照章行事（模式2）的組織中，NF促成者盡全力保護大家避免受到無情管理階層的抨擊；SP解決問題者負責支援服務或自願參與完全整合專家資源團隊（Totally Integrated Groups of Expert Resources，簡稱為TIGER Team），以解決軟體中的許多缺陷；SJ組織者盡情地沉溺於對控制的幻想，導致NT有遠見者群起反抗——或晉升為管理階層。

在把穩方向（模式3）的組織中，NF促成者藉由提供人們意見及取得人們的意見，開心地把穩方向；NT有遠見者負責規畫工作，他們為NF促成者籌畫新的目標；SP解決問題者在大多數情況下都不太開心，因為他們可以解決的故障或緊急事件愈來愈少；SJ組織者雖然開心卻焦躁不安，因為他們不知道為什麼一切如此井然有序，也不清楚規則為何；他們非常享受團隊合作的感覺，只是會去想團隊如果成功的話該由誰獲得獎勵。

8.3.3 成本超過、進度落後

軟體專案的實際成本和時程通常會超出預期，團隊成員通常會把責任歸咎到某人或某件事。不過，由於專案是由許多人共同參與，而且每個人的氣質類型會在未受遏止的情況下，以獨特的方式讓專案的成本和時程超過預期，因此責任不可能只怪罪給某一個人或某一件事。

NT有遠見者會忽略細節，沒有考慮到做某件事要付出怎樣的代價。若不是他們有辦法忽略細節，他們的願景可能早就沒用了；不過重要的是，他們的估計可能把必要工作給遺漏了，因此對專案成本和時程的低估，最後反而像是成本超過和時程超過。要彌補這種傾向的

一種方式是，讓SJ組織者檢查NT有遠見者的估計，只不過這樣做會讓NT有遠見者勃然大怒。

107　　NF促成者對於尋求共識的著迷，這種傾向會讓專案因為不合理或不切實際的異議而延緩進度。彌補這種傾向的好方法是，讓NF促成者在為任何特定人士著想以前，先認同合理的決策流程。然後，專案成員必須遵照這些流程做事，這樣也提醒NF促成者自己先前已經同意這樣做。

　　SJ組織者關切的是大家必須嚴格遵守程序，這種傾向讓他們把時間浪費在程序上，然而在特定情況下，其實未必需要這些程序。要抵制這種傾向，就要確保所有明訂的程序文件不但必須清楚記載內容，也要清楚記載何時使用程序。要讓SJ組織者注意到額外的成本和時間上的延誤。請不必擔心，這樣做並不會造成什麼困擾。

　　SP解決問題者喜歡急就章的解決方案，這種傾向可能造成品質問題，後續反而要花許多時間解決。為了彌補這種傾向，必須堅持進行變更控制（change control），並且針對所有變更進行技術審查。不過，要小心的是：SP解決問題者可能既有魅力又有說服力。

8.3.4 對於錯誤的反應

各種氣質類型人士都會對錯誤產生反應，只不過反應各有不同。經理人可以利用這些反應，激勵各種氣質類型人士，以預防錯誤的發生。

　　NT有遠見者討厭任何錯誤，因為他們希望他們的願景可以完美無缺地實現。當他們對細節感到不耐煩時，就拿這件事來提醒他們。

　　NF促成者討厭錯誤，因為他們不希望有人因為系統的缺陷而受苦。當他們不想指出錯誤，擔心傷害任何人時，就拿這件事來提醒他們。

　　SJ組織者將失敗視為浪費。他們可能是你對抗錯誤的最重要盟友，但是他們有時候會犯了「見樹不見林」的毛病。你必須提醒他們，預防錯誤不只是糾正細節，太注意細節可能會讓他們遺漏真正貴重的東西。

　　SP解決問題者不像其他氣質類型者那樣被錯誤所妨礙。他們把錯誤當成（短期內）要解決的問題，這種觀點是可以接受的，只不過要小心SP解決問題者是否粗心大意。你要提醒他們，跟解決錯誤相比，預防錯誤才是更明智的做法；況且解決一再出現的重複錯誤，實在沒有什麼樂趣可言。讓SP解決問題者跟SJ組織者一起共事，就能讓SP解決問題者不會那麼鹵莽行事，但是你可別指望他們喜歡這樣做。

8.3.5 *觀察*

　　這套書的第二卷《第一級評量》以「觀察是控制的先決條件」為主題，卻沒有討論觀察者的性格會對專案控制產生什麼影響。接下來，我們就來探討這個部分。

　　在梅布二氏人格類型指標的所有向度中，感官型／直覺型這個向度顯然對觀察方式的影響最大。感官型人士想要可以直接觀察或量測的事實；直覺型人士要的是原則，讓他們不必費心去觀察或量測任何事。在爭論時，這兩種人會對證據的構成要素提出截然不同的想法，但是他們必須學習容忍對方的想法。

　　這套書的第二卷也探討觀察者的立場。每當你扮演觀察者的角色時，你可以選擇要以什麼觀點進行觀察：以自我的立場觀察、以別人的立場觀察、或以情境的立場觀察。顯然，關照全局的立場並非這三種立場的任何一種，而是必須依據情況需要，變換不同的立場。然

而，每種氣質類型卻偏好採用特定的立場。

SJ組織者和SP解決問題者很容易會採取自我的立場，從內往外看（局內人的立場）。這種立場讓他們有能力了解自己的興趣為何，行為舉止的原因何在，對於情況有何貢獻。不過，從這種立場來看，SJ組織者或SP解決問題者可能無法注意到別人可能如何涉入，也無法留意整體的情勢。

NF促成者很容易採取別人的立場，從別人的觀點做觀察（別人的立場或移情作用的立場）。這種立場讓他們有能力了解別人為何有此反應。不過，NF促成者通常無法注意到他們其實不是真正了解別人的觀點，只是想像自己了解別人的觀點罷了。他們可能「自以為明白」別人要什麼，結果反而自找麻煩。

NT有遠見者偏好情境的立場，以旁觀者的觀點檢視別人和自己（旁觀者的立場）。這種立場讓他們有能力了解事態的時空關係。不過，從這種疏離的觀點來看，他們可能忘記地平面上的那些小點就是人類。

8.3.6 人際互動

氣質也能說明人際互動的一些獨特方式。這套書第二卷以薩提爾人際互動模型（圖8-1），做為探討人們如何觀察和採取行動的整體結構。[5]這四種氣質類型每一種都會讓人們在互動時，犯下特別類型的錯誤。

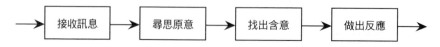

圖8-1　薩提爾人際互動模型的四大部分

NT有遠見者和NF促成者都是直覺型人士，他們很快就略過接收訊息這個步驟。畢竟，他們相信「那只是資料罷了」。NT有遠見者通常馬上就跳到「尋思原意」這個步驟，而NF促成者則馬上跳到「找出含意」這個步驟。發現一個設計缺陷時，NT有遠見者可能會大叫說：「這個行不通，」讓其他人心想「這個」是什麼東西。NF促成者發現同樣的缺陷時，會用預告的語氣說：「我們有很多麻煩了，」讓其他人，就連其他NF促成者也一頭霧水。為了抑制省略觀察及遽下斷語這些傾向，經理人可以利用詢問資料可信度的方式，例如：「你看到什麼或聽到什麼，讓你做出這個結論？」[6]

　　不過，感官型人士的反應則相當不同。SJ組織者通常會花太多時間「接收訊息」，取得一項又一項的事實，他們早就蒐集足夠的資料可以做出切合實際的結論（至少對我們直覺型人士來說，這些資料已經足以做出結論）。你或許能藉由這種方法來協助SJ組織者——制定有時間限制的查核點並提問：「我們從目前擁有的資料可以做出什麼結論？」

　　SP解決問題者其實將整個人際互動流程運用得很好，但通常因為處理速度太快，讓別人以為他們馬上就跳到「做出反應」這個步驟。而且，當別人要求SP解決問題者說明做出反應之前的步驟，他們可能會感到不耐煩。在這種情況下，你可以懇請他們展現機智，要求他們教你怎麼做。

8.4 以氣質做為了解的工具

接下來，我就用我的同事Dan Starr提出的一些建議，將氣質這方面的討論摘要如下。以Dan的話來說，任何「類型」體系的主要價值觀

（不只是梅布二氏人格類型指標模型及柯爾塞與貝茲的氣質系統）都可以摘要如下：

- 提醒我每個人都不一樣——在許多方面都有所不同。
- 提供我一些模型，讓我得知人是不一樣的。
- 要求我問問自己偏好哪些領域——並讓我更了解自己偏好的領域。
- 當我難以理解別人時提醒我，或許因為我們偏好以不同的觀點看這個世界，所以難以了解彼此。
- 提供我一些看世界的模型，讓我可以解決溝通問題。
- 提醒我，我還可以利用其他方式處理眼前的問題。

Dan以這句話做為結論：「我設法以氣質類型這個模型，做為了解自己並影響自己的工具，而不是用這個模型將人加以分類。」如果我們都以Dan為榜樣，相信我們都會很成功。

8.5 心得與建議

1. 雖然了解人格和氣質很有用，但是請不要濫用這種方式。舉例來說，我們在變化無常型（模式1）組織和照章行事型（模式2）組織中所看到的高度戲劇性，會吸引某些人，也會引起其他人的反感。有部分原因可能跟人格有關；不過，還有其他重要因素存在。那些受到職場中戲劇化情況吸引者，通常跟外界的關聯較少，興趣也不多。你大概可以從談話中認出這種人，在日常生活中，他們只對軟體開發的戲劇性有興趣。

2. 我屬於INFP型人格，我看到NT有遠見者和SJ組織者太認真看待

事情時，就想逗他們。NF促成者知道怎樣逗人，不過我們逗弄
人的方式，對NT有遠見者和SJ組織者來說，可能很殘酷。我的
同事Judy Noe看過這章的初稿後，跟我說她很失望，我並沒有對
NT有遠見者做出公平的陳述。她認為身為NT有遠見者，她很難
代表自己發言，希望藉由我這位NF促成者替她發言。於是，我
修改本章的內容，我希望我對NT有遠見者的滑稽描述，讓大家
認為NT有遠見者也蠻討人喜歡的。不過，有些人認為NT有遠見
者既頑固又冷漠。其實，有時我們不妨把他們當成是披著狼皮的
羊，也有感性的一面，這樣反而更有幫助。

3. 我同事Dan Starr建議我們這些NF促成者，以另一種方式運用別
   人的立場進行觀察：有時候，當我很難解決看似直截了當的問題
   時，我設法採取另一種氣質類型——比方說，當我必須迅速處理
   眼前某個問題時，我會問自己：「SP解決問題者會怎麼做？」這
   種方式很有效，而且最後我還想出意想不到的解決方案，如果我
   還是以自己「偏好的」NF促成者的觀點去想，就無法想出這種解
   決方案。

4. 許多人開始了解人格與氣質時，就想知道柯爾塞和貝茲為什麼挑
   選這四種組合。想找出解答，最好參考柯爾塞和貝茲的著作。不
   過，在此我可以說明，為何我認為他們做了最好的選擇。當我看
   到這四種氣質類型時，我馬上發現它們剛好符合我提出的成功領
   導模型[7]，我認為成功的技術領導者（technical leader）要善用動
   機—組織—資訊這種模型（motivation, organization, information,
   簡稱為MOI模型）。談到領導行為，NF促成者講究激勵，SJ組
   織者偏好組織，而NT有遠見者利用資訊獲得成功。柯爾塞和貝
   茲也讓我看出，我遺漏了一項要素：SP解決問題者所扮演的角

色。從那時候起，我發現在了解個人與團體的行為舉止時，這個
模型總是很有用。

8.6 摘要

✓ 將梅布二氏人格類型指標的不同向度加以組合，就產生十六種可
識別的人格類型。次組合也創造出其他實用的人格觀點，例如：
柯爾塞和貝茲的四種氣質類型。

✓ 跟軟體開發之控制有關的四種不同控制分別是：智力的控制、實
體環境的控制、緊急事件的控制、以及情緒的控制，這些控制也
跟四種氣質類型有關。

111 ✓ 軟體方面的大多數重要創新，一直是在改善智力控制這個範疇，
至少這類創新最受矚目。

✓ 軟體界引進實體環境的控制，藉由預防、偵測或修正，來處理現
實世界與「軟體完全是智力活動之產物」這種模型之間的偏差。

✓ 當我們設計例常程序來處理智力問題和實體問題時，我們發現我
們的管理能力跟處理例常情況的能力無關，而跟處理例外情況的
能力有關。

✓ 有時候根本沒有意外發生，只是實體環境和智力方面出問題，人
們還是無法順利完成工作。只要跟人有關係，如果沒有把情緒控
制處理好，其他三種控制就沒有意義。

✓ 強烈情緒讓人傾向於採取一成不變的行為，因此減少行為的多樣
性。會減少多樣性的事，就會降低經理人的控制能力。

✓ NT有遠見者喜歡依著構想來工作；NF促成者喜歡跟人共事，協
助人們成長，而且他們關切的是，不讓人們受苦。SJ組織者喜歡

一切井然有序；SP 解決問題者喜歡完成工作。由於每一種軟體
文化模式偏好不同的控制類型，因此每一種氣質類型會對各種軟
體文化模式，做出不同的反應。每個人的氣質類型會在未受遏止
的情況下，以獨特的方式讓專案的成本和時程超過預期。

✓ 各種氣質類型人士都會對錯誤產生反應，只不過反應各有不同。
經理人可以利用這些反應，激勵各種氣質類型人士，以預防錯誤
的發生。

✓ 在進行觀察時，SJ 組織者和 SP 解決問題者很容易採取自我的立
場；NF 促成者很容易採取別人的立場；而 NT 有遠見者偏好情境
的立場。

✓ 在跟別人互動時，NT 有遠見者傾向於跳過「接收訊息」這個步
驟，馬上跳到「尋思原意」這個步驟，而 NF 促成者通常馬上跳
到「找出含意」這個步驟。SJ 組織者常會花太多時間在「接收訊
息」這個步驟，蒐集太多事實；而 SP 解決問題者其實將整個人
際互動流程運用得很好，但通常因為處理速度太快，讓別人以為
他們馬上就跳到「做出反應」這個步驟。

8.7 練習

1. 本章的敘述完全出自我這位 INFP 型人格者的觀點，因此只涵蓋　112
   氣質類型整體敘述的一小部分。請你依據你的觀點敘述氣質類
   型，然後跟各種氣質類型的朋友分享你的敘述。如果你沒有各種
   氣質類型的朋友，就去交一些朋友吧。

2. 從你最近解決（或無法解決）的問題中挑選一些問題，嘗試以其
   他三種氣質類型（非你所屬的氣質類型）的觀點來檢視這些問

題。

3.　顧問Payson Hall建議：依據本章的簡單說明，你認為哪一種氣質類型跟你的性格最一致？請記住，這些說明只是歸納結果和傾向，試著判斷哪一種氣質類型跟你最像，然後將結果跟梅布二氏人格類型指標做比較。

4.　顧問Payson Hall提出另一個建議：找一位你信任的同事閱讀本章內容。請同事告知哪一種氣質類型跟你最像。

9

差異就是資產

追求男女平等的女人缺乏雄心壯志，真正有野心的女人永遠渴望　113
超越男人。

——藥物心理學家 *Timothy Leary*

梅布二氏人格類型指標（MBTI）模型的向度指出了人與人之間的重要差異，讓經理人可以了解並處理這些差異；不過，還有一些人性差異也一樣重要。事實上，任何差異都可能很重要，需要經理人加以了解、接受或妥善處理。本章將探討會影響經理人進行有效控制的其他差異向度。

在此要先聲明，本章探討的每一種差異都值得以專書闡述，在此因篇幅有限，只做摘要說明。如果你想深入了解這些主題，請參考本章內容提及的相關書籍。

9.1　差異為什麼是資產

艾許比的必要多樣性法則認為，經理人要進行有效的控制，就必須具

備多樣性。這個法則並未提及控制必須有階級性。軟體企業相當複
114 雜，不可能藉由經理人告知技術人員實際上該怎麼做，就能達到有效
的控制。軟體企業要做到有效的控制，每一位相關人員都必須做好自
我控制，而且這些人當中通常必須有許多差異存在。所以，經理人通
常想要回答這二個問題：「這個工作適合由哪種人來做？」以及「哪
些差異會影響績效？」

　　心理類型協會（Association for Psychological Type）[1]是取得梅布
二氏人格類型指標模型之資訊的主要資源中心。他們發行的《心理類
型期刊》（*Journal of Psychological Type*）定期發表研究論文，其中有
許多論文是針對不同職業團體之類型分布所做的研究。我從這些研究
學到一件事：「這個工作適合由哪種人來做？」這個問題通常沒有適
當的答案。

　　這些論文中的表格通常顯示出，每一種人格類型雖然有各自偏好
的特定類型工作，卻幾乎可以從事任何一種工作。只有探討報稅服務
公司 H&R 報稅員這篇論文例外，三十一位報稅員全都是 ISTJ 型人
格，也就是「信託者」這種類型。依據我對報稅員這項工作的看法，
ISTJ 型信託者確實很適合這項工作，這種人想要幫我報稅，而我也想
讓這種人幫我報稅。

　　我自己就很討厭報稅這件事，更別說要幫好幾百人報稅。不過，
我知道有人喜歡這項工作，我也很開心有這種人存在。否則，我就得
自己報稅，而且我知道我做不來，並不是因為我沒有能力，而是因為
我討厭這項工作。

　　軟體企業的情況也一樣，雖然軟體工作似乎比報稅更富有變化，
至少就我的認知來說是這樣，或許是因為我對軟體工作的了解勝過報
稅。由於軟體工作是由許多不同工作所組成，不可能只由同一類型、

同一套技能或同一種觀點，就適用所有軟體工作。因此，我們需要各式各樣的軟體人員，不管這些差異可能讓軟體工程經理人感到多麼頭痛。

為了解「如何利用不同軟體工作者之差異，增加經理人有效控制的能力」，我們先探討下面這二種大不相同的模型，說明經理人可以如何運用多樣性：「藉由挑選模型進行管理」、以及「藉由系統化改善模型進行管理」。

9.2　藉由挑選模型進行管理

藉由挑選模型（Selection Model）進行管理是一種降低多樣性的做法，將單一面向挑選模型應用在技術人員身上。這種做法會產生二項錯誤的假定：

- 程式設計師（分析師、測試人員、撰寫人員或其他相關人員）是天生的，不是後天養成的。
- 技術人員可以依據單一面向的職級加以評等。　　　　115

以下就是這種模型的應用方式：

1. 找出績效不佳的程式設計師（或其他技術工作者）。
2. 砍掉其中最差的人。
3. 重複這項流程，每次你這樣做，就會提高團隊的平均能力。

依據圖9-1顯示的動態學，這種挑選流程可能有效。如果程式設計人員的平均素質太低，除掉一些績效不佳者，就能提高平均素質。

不過，這種流程要花很多時間才能顯示改善成效。為了要讓這種

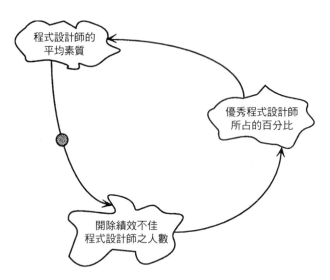

圖 9-1　藉由挑選模型進行管理來改善技術能力所依據的動態學。

做法運作得當，必須有足夠時間讓執行工作者展現出自己適不適任。

116　另一個問題是，這樣做結果只是差強人意，因為除非你另聘新的程式設計師，否則你無法讓平均績效超過原團隊中最優秀程式設計師之績效。

　　還有另一個問題是，你必須繼續招募新的程式設計師，而且新人當中至少有些人的能力要在目前的平均能力之上。從某方面來看，人們會見賢思齊，只要持續開除績效不佳者，就可能提振團隊的士氣。不過，當你繼續應用這種方式，可能會讓所屬的組織招致連好人都開除的惡名，讓應徵者愈來愈少。而且，這樣做也可能讓最優秀的程式設計師萌生辭職的念頭，因為他們的表現並未受到重視。在這種情況下，這種方式可能減少程式設計師在績效方面的差異，實際上並沒有提高平均績效。圖 9-2 所示就是將這類效應列入考量後，更為完整的動態圖。

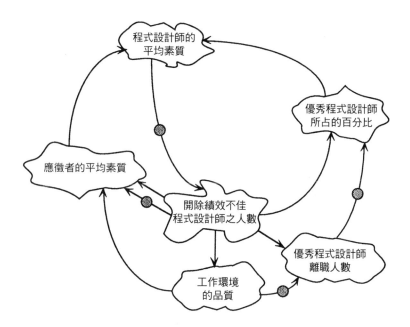

圖9-2　藉由挑選模型進行管理可能獲得的改善，卻可能因為二階效應而減少。

對組織來說，開除績效不佳者未必不好。如果對團隊來說，某人確實是一大危害，其他團隊成員會樂見此人被開除。不過，突然有人被開除——不管大家多麼樂見此事或這件事做得多麼公平——都會讓留任者心生恐懼，他們不免心想：「我會是下一個被開除的人嗎？」

由圖9-2可知，在不打擾組織其他成員的情況下開除績效最差者，這時挑選模型的成效最好，但是這是很難做到的事。能夠開除員工而不影響組織其他成員的經理人，一定有能力運用更好的模型來改善技術品質。

9.3 藉由系統化改善模型進行管理

挑選模型認為，技術人員可以依據單一面向的職級加以評等。相反地，藉由系統化改善模型（Systematic Improvement Model）進行管理，卻是以多重面向的思考為基礎：

- 在許多可能影響績效的面向上，人們各有不同。
- 程式設計師（分析人員、測試人員、撰寫人員或其他相關人員）都可以學習。

以下就是這種模型的應用方式：

- 找出績效優異的程式設計師（或其他技術工作者）。
- 分析最優秀程式設計師的績效，判斷他們績效優異的原因。
- 設計一套系統（訓練、技術審查、團隊、指導或模型化），將這些最優秀的流程傳遞給大多數人。

圖9-3所示即為藉由系統化改善模型進行管理的基本動態學。跟先前的模型一樣，這種方式也是依據挑選模型，只不過是以流程的挑選為主、而不是以人員的挑選為主。而且，這種方式是以溝通和學習為基礎，而且是一個持續變動的模型，不是僵化死板的模型。

　　這個模型認為：

1. 關注流程就能讓大家察覺怎麼做才有效。
2. 訓練能增進既有有效流程的普及。
3. 找到了有效流程，最後能讓大家捨棄無效流程。

你當然可以採取各式各樣的訓練，來教導大家運用有效的流程。首

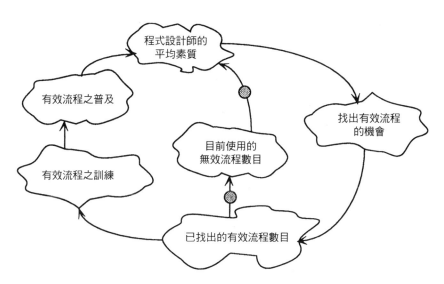

圖9-3　系統化改善模型是以流程的挑選為基礎，不是以人員的挑選為基礎。

先，光是做完確認有效流程這件事，就會讓相關人員都接受到訓練，因此團隊全員參與此事會比指派特定專家小組的成效更好。其次，大多數訓練是無形的，就好像許多無效流程在被找出來後，只是消失不見那樣。再者，如果訓練是安全的，尤其是不以訓練做為找出「績效不佳者」及做為怪罪或開除的藉口時，訓練的效果就會更好。

　　舉例來說，有些人認為，技術審查的目的是把做錯事的人揪出來，但是，技術審查的最大利益其實是找出把事情做好的人。如果我正在審查你的工作並且看到你把某件事做得很好，我就可以放心把你的工作跟我的工作結合，不必坦承自己做得不好。

　　在運用系統化改善模型這種做法時，創造並維持這種放心進行技術審查、人事審查及其他各種正式活動的氣氛，就是經理人最重要的職責之一。尤其是經理人必須創造一種氛圍，讓大家可以安心地展現各自的差異。

9.4 文化差異

我在紐約市聯合國辦公室的對街工作過好幾年。那時候，我會拎著午餐到聯合國公園邊曬太陽邊吃午餐，置身於各種不同文化的人士之中，讓我覺得很有趣。最近，我注意到我在軟體業的一些客戶，就展現出類似的文化多樣性。當今的軟體工程界已經打破國界的藩籬，我有一些客戶還將軟體產品出口到一百多個國家。他們也從這些國家引進軟體工程師和產品經理，大幅增加整個工作環境的文化豐富性。

對經理人來說，這種文化豐富性未必是好事。有一位經理人因為不知道該如何管理從香港來的軟體開發人員周先生，而向我請教。「不管我做什麼或說什麼，周先生就是不肯做我指派給他的工作。我很可能以不服命令為由開除他。」

「你跟他說你打算這樣做嗎？」我問這名經理人。

「當然囉，但是就算說了好像也沒有什麼不同。我當了十二年的經理人，從來沒有碰過像他這種人。」

或許因為我跟身為人類學家的妻子生活了三十多年，所以我注意到「像他這種人」一詞。我安排周先生跟我面談，雖然我不太了解中國文化[2]，對香港的中國文化更不了解[3]。以下是身為美國人的我，當時盡全力跟周先生溝通的情況：

周先生原本在一所頂尖大學唸博士班，卻因為財務因素休學。他跟許多在海外工作的香港人一樣，必須把大部分的薪水寄回家，家裏人會把錢存起來，等到一九九七年中國接管香港後，如果他們想移民就有錢可用。

周先生真的想繼續自己的學業，最後成為一名教授，但是他必須先負起對家庭的責任。即使目前家裏已經存夠了錢，在必要時可以移

民，但是他沒辦法向家人開口說，他想離職回學校繼續完成學業。家人當然會支持他這麼做，因為他成為學者也能光耀門楣。不過，他認為不能負起家庭責任是個人恥辱，所以他進退兩難——這一點讓他的美籍經理人難以理解。

周先生不肯做經理指派的工作，其實是希望經理可以開除他。然後，他就可以寫信告訴家人，因為自己沒有博士學位所以被公司開除。對美國人來說，這樣做實在很荒謬。不過，周先生的家人知道，沒有人可以命令學者做他不想做的事，也沒有人可以因為拒絕這種命令而開除他。周先生認為如果他被開除了，他就可以名正言順地回學校取得博士學位，是因為想光宗耀祖，而不是基於自私的理由才這樣做。

周先生的美籍經理人對於周先生的「理由」訝異不已。這名經理人對此事有一些了解後，就想出一個兩全其美之計，讓周先生可以利用公司提供的學費補助方案，一邊兼職工作一邊繼續學業，三年內就可拿到博士學位，而且利用跟公司有關的工作做為論文主題。後來，周先生成為公司的模範員工，也樂意以他獨特的文化觀點繼續貢獻心力。

9.5 性別差異

你本身的文化通常會阻礙你成為有效經理人。以美國文化為例，以下這二項價值觀陳述就會減少個人反應的多樣性：

- 理性、邏輯、數字、功用和務實都是好事。
- 感受、直覺、定性判斷和樂趣都是壞事。

在將上述價值觀陳述跟美國文化的另外二項價值觀結合時，情況就更有害：

- 男人應該講究理性、邏輯、數字、功用和務實。
- 女人應該講究感受、直覺、定性判斷和樂趣。

120　贊同這些文化價值觀的經理人可能會發現，自己把一半的最佳資訊和點子隔絕在外。從另一方面來看，假裝這些不是美國文化觀念的經理人，就無法察覺那些秉持這些價值觀做事的人。不管原因為何，大多數文化裏的男性和女性通常在某些方面有不同的做法。

舉例來說，美國男性用語和女性用語就不太一樣。最近，我負責處理一項難解的紛爭，幾位經理共同負責為報價建立一個分散式網路，但是這幾個人之間出現衝突。在我到達現場前，Adrian已經指控Opal和Harriet講另一名團隊成員的閒話（gossip）。後來我到現場跟大家開會時，Adrian正在說明顧客的一些缺點。Harriet突然很生氣地說：「剛才我因為想更了解那位同事才談論到他，結果你說我講那位同事的閒話。那麼，你現在又在做什麼？你不是在顧客背後說他的壞話嗎？」

Adrian聳聳肩膀，好像在說：「我還能怎麼做？」然後看著我，要我幫他脫困。我設法掩飾自己的困惑，引用尼采的名言說：「上帝創造世界後又創造女人，真是一錯再錯。」身為男性，我跟Adrian一樣困惑。我想起我看過的一本書——《男人懂女人什麼》（*Everything That Men Know About Women*）。問題是，那本書每一頁都是空白！

幾個月後，我正在閱讀Deborah Tannen的著作《男女親密對話：兩性如何進行成熟的語言溝通》（*You Just Don't Understand: Women and Men in Conversation*）。那本書可不是由空白頁所組成，在此我引

述書中的一段內容：

> 談論個人生活瑣事或他人生活瑣事究竟是好是壞，會依據個人對
> 講閒話一事的觀點而異。有一位男性表示，他跟我對閒話的定義
> 似乎不同。他說：「對妳來說，閒話是討論某人的個人瑣事。對
> 男人來說，閒話是討論某人的缺點、個性缺陷和失敗，所以參與
> 這種談話讓人覺得自己比較優秀。這樣做似乎很卑鄙，所以講人
> 閒話並不好。」[4]

Tannen 繼續說明講閒話（talking-about）──這是跟不在場者建立關係
的一種方式──以及講壞話（talking-against）──這是彌補權力失衡
的一種方式──兩者之間的差異。Opal 和 Harriet 覺得他們只是談論某
位團隊成員，但是 Adrian 卻認為她們在說那位團隊成員的壞話。對於
Adrian 來說，貶低某個傲慢自大的蠢蛋沒什麼大不了──他自己就把
顧客的缺點講得頭頭是道；但是，他認為不該講團隊成員的壞話。相
反地，Opal 和 Harriet 這二位女性眼見 Adrian 講顧客的不是，她們無法
容忍這種閒話，也無法容忍 Adrian 這麼偽善。

　　要是我早幾個月看到 Tannen 寫的那本書，我或許能夠應用她的睿
智建言：

> 那麼，如果女人和男人因為講閒話這件事互相反目，就像他們在
> 討論其他事情時那樣，這時應該如何解決？我們要怎樣讓雙方開
> 始溝通？對男人和女人來說，答案就是設法了解彼此的觀點，而
> 不是將某一群人的標準套用在別人的行為上。這可不是一件「理
> 所當然」的事，因為我們通常認為做事的「適當」方式只有一
> 種。[5]

121

如果你遵照這項建言，一定會很成功，甚至還能讓具備不同文化的二群人接納這項建言。不過，要做到這樣，你必須學習其他的文化，這可要花許多時間。光看這一章的內容，當然無法讓你學到所有必須知道的事。其實，這些章節討論的主題至少值得專書論述，而且性別差異這個主題更值得以系列叢書論述。

9.6 其他顯著差異

獨立宣言是我們美國人擁有的重要文化珍寶之一，獨立宣言陳述：「人人生而平等（all men are created equal，現在包括女性和奴隸的後代在內）。」這並不表示所有人生而相同。同前所述，經理人的職責是利用人們的差異，讓眼前的工作獲得最大優勢，同時公平對待所有人並尊重所有人。

9.6.1 感官模式的差異

這套書第二卷探討到人們以一些不同的方式運用腦力和感官能力。舉例來說，人們在神經語言程式學（Neurolinguistic programming）所稱的「策略」方面，有很大的差異。人們在解決問題時，會利用這些程式下令接收資訊的方式——藉由內在和外在的圖像、聲音、嗅覺、味覺和感受來接收資訊。

　　有些策略在某種情況奏效，在另一種情況卻沒有效。舉例來說，程式設計師通常依據個人偏好的順序來找出程式的缺陷。我就拿自己的例子做說明：

1.　首先，我先大略看一下整支程式，看看有沒有哪些模式有問題。

2. 如果沒有找到問題，接著我會想像自己在電腦上執行這支程式並感覺一下。

3. 如果步驟1和步驟2都無法找出問題所在，我就會把覺得可疑的部分大聲唸出來。

如果這些步驟都不奏效，我通常會向別人求助；不過，我通常對找出程式缺陷很在行（不過，我對預防程式缺陷卻不那麼在行）。

現在，假設我是一位想要指引別人如何有效找出程式缺陷的經理人。我的策略會對別人奏效嗎？大概不可能，因為每個人都不一樣。不過，經理人通常會不知不覺地把自己的策略加諸在程式設計師的身上。對於程式設計師而言，他們根本不熟悉那些策略，又怎麼能讓策略奏效呢？

比較有利的管理做法是，了解策略的差異[6]，然後應用這項知識判斷別人正在採用什麼策略。如果這樣做也不奏效，經理人可以建議稍微修改策略以因應現況。

9.6.2 能力的差異

另一種差異就是能力的差異。大多數軟體人員都這樣認為：如果人們有不同的能力，就可以受到不同的對待。但是，我們知道怎樣辨識能力嗎？舉例來說，經理人通常想要雇用超級程式設計師，但是他們知道如何辨認他們嗎？我同事 Tom Bragg 對於我在這套書第一卷中有關超級程式設計師的一些陳述提出疑問[7]，在此我設法提出更正確的陳述：

會在挑選超級程式設計師上犯錯的軟體部門（通常是變化無常或模式1的組織），是因為下面幾項原因（以下我用男性主格，因為這

種事幾乎從未發生在女性身上）：

1. 某人聲稱自己是超級程式設計師，而且沒有證據證明此事（因為他才剛加入這個組織），經理人急於相信任何跟自己認定的事實沒有直接矛盾的事。

2. 某人在其他專案上表現優異（通常這些專案的規模較小，表現優異可能是運氣好），經理人急於相信任何跟自己認定的事實沒有直接矛盾的事。

3. 某人確實在一些類似的專案上持續有優異的表現，也很有責任感（或能以同理心對待參與專案的人員）。這是得以奏效的一種方式，不過要注意的是，超級程式設計師不會接受自己真的無法做到的事。有能力拒絕真正沒有希望的專案，就是超級程式設計師所擁有的好本事之一（通常這種事很少被注意到）。通常，這種能力來自於早期的心力交瘁或因為失去某些人的痛苦經驗，比方說：因為專案忙到家庭失和而導致離婚（三十幾年前，這種事就發生在我身上，那次教訓我絕對不會忘記）。

在變化無常型（模式1）的組織中，這種超級程式設計師的做法確實奏效，但是卻有幾個問題存在，其中最常見的二個問題如下：

123　1. 沒有人知道如何培養出超級程式設計師，已經培養出來的超級程式設計師卻是付出相當大的代價，現在才有一身好本領（通常個人必須付出相當的代價，而且是讓人不想再提的傷心往事；我可以跟你保證，沒有哪一個專案值得讓人失去小孩）。所以，這種方式未必能輕易擴大適用到大多數人身上；只不過在提供良好環境和優渥薪資的情況下，有些組織還真能保有幾位超級程式設計

師。

2. 人紅難免會受到排擠，超級程式設計師可能會陸續被小人所逼而離職。我們需要一個新的類別——極致程式設計師（ultra-super-programmer）——說明那些更罕見的人才，他們是超級程式設計師，卻能以受眾人喜愛的方式工作，因為他們樂於教導別人，讓別人跟他們學習。（他們幾乎受到所有人的喜愛，至於嫉妒則各有不同。）

9.6.3 身體的差異

現在，殘障（handicapped）一詞已經不合時宜，人們偏好的正確說法是優勢不同（differently advantaged）。這樣說未必失言，卻點出一個重要事實。這些年來，我跟一些視障或聽障的程式設計師和經理人共事過，而且毫無例外地，他們每個人不但讓我大開眼界，也讓我學到不少東西。

　　我也注意到，團隊中若有聽障人士或視障人士，反而溝通得更好，因為這些優勢不同者迫使團隊成員進行清楚的溝通。同樣地，當團隊中有成員為肢體障礙者時，大家就會更關切整個流程的實體層面，結果就連肢體沒有障礙的成員也變得更有效率。

9.6.4 年齡的差異

我們都說歧視殘障人士是不對的事。但是，我們真的有遵照這項信念行事嗎？在我共事過的許多變化無常型（模式1）組織中——尤其是軟體新創企業——每天工作十四個小時、每週工作七天就是這類公司的企業文化。對於身強體健的年輕人來說，這樣做當然沒問題，但是對於年長者或沒有那麼健康的人來說，這樣做會怎樣呢？這種文化是

不是歧視他們呢？

　　其實，各年齡層人士有各自的優勢。年輕人有活力，年長者有經驗。我邁入六十歲大關後，我發現要我整晚寫程式實在很累人，不過我已經學會一些事，讓我可以在正常工作時間內寫出品質更好的程式碼。當然，經驗即良師，但是笨學生可能跟良師學不到什麼東西。同樣地，雖然年輕人有活力，卻未必把活力用在創造高品質的程式碼。

124　　通常，不同年齡層會帶來不同的危機，經理人寧可不要處理這些危機。二十歲的男性可能把所有時間花在跟辦公室裏的同事談情說愛。三十歲的男性可能因為單身而苦惱，或是因為老婆的職場表現比他好而心煩。因為中年危機悶悶不樂的四十歲男性，可能在上班時做白日夢，幻想自己拋下工作到斐濟去寫小說，或是穿著法蘭絨材質的襯衫住在森林裏。

　　不過，能夠處理年齡相關情況的員工，有可能讓言行不一致的經理人更為苦惱。舉例來說，科幻小說作家娥蘇拉・勒瑰恩（Ursula LeGuin）在她的一本著作中提到：「年長女性跟別人不一樣，她們想到什麼就說什麼。」[8]對於言行不一致的經理人來說，想到什麼就說什麼，並不是一項值得嘉獎的員工特質，而且這些經理人可能發現，這種特質會隨著年紀增長而增加，甚至出現在某些男性身上。通常，年紀較長的員工不會容忍年輕的員工能夠忍受的事，這一點有好有壞，就看你的管理作風而定。

9.7 心得與建議

1.　如果你不太了解其他文化，你可以用很多方式了解其他文化。旅行當然很有幫助，不過坐在觀光巴士裏聽制式說明可沒有用。你

最好花一、二個晚上，閱讀一本寫給不同文化旅遊者的指南，這樣做還比較有用。[9]

2. 如果你沒有那麼幸運，團體成員中沒有不同優勢者，你可以藉由輪流讓團隊成員從聽障、視障、肢障等觀點來獲得一些優勢。花一天的時間，讓團隊成員被蒙住眼睛、裝上耳塞、或租一台輪椅來體驗一下。我保證你們會從中學到一些重要事項，你們會把工作做得更好，團隊也會更有向心力。

3. 有些經理人幻想著，當他們只要應付跟他們一樣的人時，日子會好過一些，因為這樣就不必應付各式各樣的人。不過，目前對智能的觀點是，每個人都有很多個自我，而且這些自我各不相同，就像不同個體各不相同那樣[10]。所以，察覺自己的多重智能就能協助你了解如何處理工作人員的多樣性。

4. 在挑選共事者應具有的特質時，請把這一點牢記在心：聰明很好，但是個性好更重要。

5. 制定一些隱藏個別差異的單一面向評等制度，這是我們在社會上時常看到的做法。智力測驗、訓練課程的評分、以及人員職等就是最常見的三個例子，這些做法都會對組織實現改善品質的目標產生不利影響。

6. 本書初稿審閱者 Wayne Bailey 要大家注意，圖9-2中「工作環境的品質」並不是單指實體工作環境。「組織提供你有窗戶的個人辦公室，並且因為你愈努力工作、工時愈長而給予獎勵，不過這種做法等於是減少管理作風的多樣性。以往我們常說，組織把軟體開發人員當成『會寫程式的一群牛』對待。如果你的產量不好，就會被淘汰。」

　　或許，你會因為程式寫得不好，就變成經理人開除的對象。

9.8 摘要

- ✓ 任何差異都可能很重要，需要經理人加以了解、接受或妥善處理。

- ✓ 軟體企業相當複雜，不可能藉由經理人告知技術人員實際上該怎麼做，就能達到有效的控制。軟體企業要做到有效的控制，每一位相關人員都必須做好自我控制，而且這些人當中通常必須有許多差異存在。

- ✓ 我從刊登在《心理類型期刊》（*Journal of Psychological Type*）跟梅布二氏人格類型指標有關的研究論文中，學到一件事：「這個工作適合由哪種人來做？」這個問題通常沒有適當的答案。這些論文通常顯示出，所有人格類型雖然有各自偏好的特定類型工作，卻幾乎可以從事任何工作。

- ✓ 由於軟體工作是由許多不同工作所組成，不可能只由同一類型、同一套技能或同一種觀點，就適任所有軟體工作。因此，我們需要各式各樣的軟體人員。

- ✓ 藉由挑選模型進行管理是一種降低多樣性的做法，將單一面向挑選模型應用在技術人員身上。這種做法建議經理人找出「績效不佳」的程式設計師（或其他技術人員），開除績效最差者，並且重複這個流程以提高技術人員平均能力。

126 ✓ 這種挑選方式要花很多時間才能顯示改善成效，而且結果只是差強人意。還有另一個問題是，必須繼續招募新的程式設計師，並且可能讓組織招致蓄意開除的惡名，讓應徵者望之卻步。況且，這樣做也可能讓最優秀的程式設計師萌生辭職的念頭，因為他們的表現並未受到重視。

✓ 藉由系統化改善模型進行管理，是以多重面向的思考為基礎。這種模型的應用方式為：找出績效優異的程式設計師（或其他技術工作者），分析最優秀程式設計師的績效，並判斷他們績效優異的原因，並且設計一套系統（訓練、技術審查、團隊、指導或模型化），將這些最優秀的流程傳遞給大多數人。

✓ 系統化的改善做法認為：關注流程就能讓大家察覺怎麼做才有效，訓練能增進既有有效流程的普及，並且找出有效流程，最後就能讓大家捨棄無效流程。

✓ 從其他文化引進技術人員和經理人才的組織，可大幅增加整個工作環境的文化豐富性。不過，對於處理文化差異毫無所悉或缺乏經驗的經理人來說，這種文化豐富性未必是好事。

✓ 不管原因為何，大多數文化的男性和女性通常在某些方面有不同的做法。偏好「男性」價值觀或「女性」價值觀的經理人，可能會發現自己把一半的最佳資訊和點子摒除在外。

✓ 人們在神經語言程式學所稱的「策略」方面，有很大的差異。人們在解決問題時，利用這些程式下令接收資訊的方式——藉由內在和外在的圖像、聲音、嗅覺、味覺和感受來接收資訊。集結不同的策略，可能是軟體工作不同層面的重大資產。

✓ 大多數軟體人員都這樣認為：如果人們有不同的能力，就可以受到不同的對待；但是他們不知道怎樣辨識能力。大多數人也認為要公平對待殘障人士，卻無法利用機會向殘障人士學習。最後，年齡歧視（不論是偏好年輕人或年長者）這種情況在軟體界相當常見，只是我們很少察覺到這一點，更別想要利用年齡差異帶給我們的啟示。

9.9 練習

1. 以下是美國文化中可能減少個人反應多樣性的一些想法：

   • 幻想和反省都是浪費時間，甚至是瘋狂之舉。

   • 只有小孩子才會嬉鬧。

   • 管理乃嚴肅之事，開玩笑是不當之舉。

   • 科學思考、訓練或金錢就能解決任何問題。

   • 愈快愈好，時間就是金錢。

   • 每一個問題只有一個解決方案。

   • 每一個問題只有二個面向──不是三個面向，而且這些面向
     彼此沒有重疊。

   從這些影響個人管理作風的文化「規則」中挑選一項，找一位來
   自不同文化的人士，跟你一起分享他對這些文化規則的看法。

2. 在某個組織中，高階管理者針對一組生產力因素給予不同權重，
   制定出五種不同的評等方式，並依這五種方式評量每位工作者。
   在年度績效考核時，每位工作者就以這五種評等方式中的最低分
   數計算排名。討論一下，你認為經理人想要達成什麼目標，以及
   這樣做可能做到什麼。試想，如果運用不同的方式，同時具備五
   種不同的評等方式，你認為有好處嗎？

3. 討論一下，為了設計出更有效的政策提升技術品質，你打算如何
   將挑選模型和系統化改善模型加以結合。

4. 美國人很有一套，可以接納各式各樣的人種、工藝品和工作方
   法，卻無法察覺那些東西根本不是美國土生土長之物。舉例來
   說，住在鹽湖城的友人 Lee Copeland 寫信跟我說：「有一天晚上
   在家時，我忍不住得意地笑了起來。我的女兒在印度出生，她身

上穿著非洲生產的運動衫，一邊吃著中國菜，一邊練習西班牙文。」

Lee會這樣得意地笑，大概是因為發現了平常不為人所察覺的多元文化起源。現在，請你環顧四周，你可以認出多少人、多少工藝品和工作方法是來自其他文化、不是美國文化的產物。

5. 我同事Bill Pardee審閱完本章內容後，寫下他的看法：「由於我們只解決我們知道的問題，所以我們不知道的問題反而最可能失控。對於軟體開發團隊或書籍審閱者來說，多樣性有助於減少一些沒有被認出的問題。活動的多樣性，比方說週末不工作，也有助於發現問題與機會。觀察工具的多樣性（螢幕、文件、目錄、大綱）也有幫助。」

請你試著增加個人活動的多樣性，比方說：如果你習慣週末工作，那就改變習慣，別在週末工作；如果你習慣週末不工作，那就改成週末要工作。把你先前沒有發現、在改變習慣後才發現的問題記下來，也把先前不知道的解決方案記下來。

10
不一致的模式

為什麼我們永遠找不出時間用對的方法來做事，卻總是有時間把 128
它重做一遍？

——無名氏

許多軟體公司的牆上都貼著這句話，好像「時間不夠用」是我們
這一行的特性一樣。如果技術人員老是覺得時間不夠用，管理
階層勢必也是。在許多組織中，經理人因為無法以關照全局的方式因
應別人的不一致，所以總是疲於奔命跟時間賽跑。不同文化模式的不
一致性各有不同，所以在不同模式中經理人承受的負荷也不一樣。

10.1 時間跑哪裏去了？

作家 Linda Hill 針對新手經理人所做的精彩研究指出，每位新手經理
人的時間似乎都不夠用：

> 最重要的是，他們都被過多的工作量和身為經理人的步調給嚇壞

129　　了。在被問到會給經理人人選什麼忠告時，其中一名經理人表示：「這項工作比你所想的還要難。工作比技術人員還多40%到50%！誰想過情況會是這樣？」[1]

另外，Hill還引述許多研究證明我們大家都察覺到的現象：時間不夠用不是新手經理人的特權，有經驗的經理人似乎也一樣。在許多軟體公司，管理階層時間不夠用這種現象，讓原本時間就卡得很緊的軟體開發時程雪上加霜。

　　我在這套書第一卷中提出「控制者的謬誤」（Controller Fallacy）[2]，根據控制者的謬誤，很忙碌的經理人通常未必是很優秀的控制者。如果他們沒有把工作做好，那麼時間都跑哪裏去了？

　　為了發揮效能，經理人或控制者不僅要蒐集資料，也要考慮所有接收的訊息，做出某種決定並且採取行動。只要每位組織成員都負責控制某樣東西，我們就可以透過人們獨特的決策方式，評量組織是否健全。這是因為人們的內在感受會轉譯成獨特的因應方式，然後又轉譯成有效或無效的控制者行動。

　　因為不一致而產生的無效行動，讓問題沒有被解決掉，因此不一致會產生的一項影響就是：個人必須處理的問題數目變多。因此，有更多不一致，就要花更多時間解決問題或處理緊急事件（詳見圖10-1）。最近，Yarbrough Group of consultants and mediators總裁Elaine Yarbrough跟我聊到，她們公司的客戶經理人跟她報告，他們花在解決衝突的時間就占總工作時數的四分之一以上，其中牽涉到的問題大多是原本以為解決掉了，後來卻一再出現的問題。[3]

130　　你或許認為，這類問題就本質上來說一定不是技術問題，但是事實未必如此。以程式除錯這項專門技術為例，大多數人都認為本質上

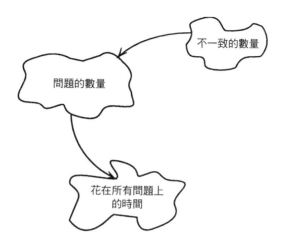

圖10-1　會對花在特定問題類型的時間量產生影響的一個因素就是：這類問
　　　　題有多常出現。對某些問題來說，則直接取決於不一致因應的數量。

是技術問題，但是訓練有素的觀察家 T.R. Riedl 及其研究同伴就在最
近的軟體工程協會（SEI）會議中提出報告：

> 我們很訝異，原來程式除錯這項技術牽涉到那麼多的社交知識和
> 心理知識。而且，軟體開發人員很可能將這種技能用於其他方
> 面、而非程式除錯上。程式除錯需要人際互動技能，因為軟體系
> 統就是社交的產物。在軟體系統的規模和複雜度日漸增加的情況
> 下，這些技能就變得更不可或缺。[4]

軟體工程經理人的一項重要職責是：協助組織成員培養本身的社交技
能，當人們更懂得禮節，職場氣氛就更好，況且社交技能也日漸影響
到技術能力的功效。因此，培養技術人員的社交技能，就等於是為解
決問題進行一項投資，更重要的是這樣做還能預防問題的發生。一旦
組織學會了時常關照全局，花在處理不一致的時間量就會減少（參見

圖10-2）。

　　圖10-3的自我強化迴路顯示出，組織或個人如何被不一致的行為模式所困。不過，同樣的迴路也能說明，組織如何一再地表現出一致的行為模式。其中的差別就在於經理人的決策品質，決策品質會表現在經理人的行為中——其他人會以此做為仿效的依據。

131　　這種自我強化迴路在各行各業都看得到，只不過在軟體業更為盛行，因為軟體業對於品質和時程的嚴格要求，兩者間會產生衝突而引發這種循環。經理人在無法犧牲品質或時程目標的情況下，通常傾向於犧牲人際互動的品質，結果卻適得其反，很快就讓品質和時程付出代價。

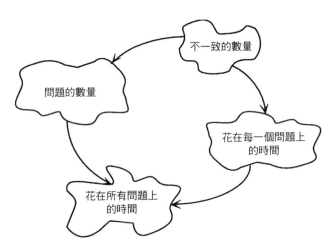

圖10-2　我們在因應某種類型的問題時，如果言行愈不一致，就要花愈多時間在每個問題上，我們要解決的問題也會愈來愈多。所以，在這兩種因素的加乘影響下，我們花在解決問題的時間就會激增。

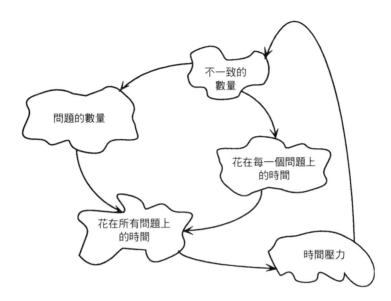

圖 10-3　當時間壓力愈來愈大，不一致的行為就會增加，導致更多問題有待
　　　　解決，也要花更多時間處理每一個問題，結果時間壓力就更大，也
　　　　形成一個自我強化的迴路。

10.2 討好的模式

為了符合以下要求，經理人做了很多事，而且他們知道這些事是有害
的。為了討好顧客，他們允許程式設計師運用違反所有最佳實務標準
的捷徑。程式設計師可能懇求經理人讓他們省略技術審查、測試和其
他品質程序，經理人也樂於對此讓步，藉此討好程式設計師。這種討
好模式在變化無常型（模式1）組織特別常見，也正好說明這類組織
的文化模式為何被稱為「變化無常」。

　　討好當然不是一種有意識的選擇，而是經理人在面對顧客和程式
設計師時，覺得自尊低落而產生的一種行為。不過，只憑察覺這種討
好行為，是無法把討好模式根除掉的。研究圖10-4的動態圖就能了

解，這樣做為什麼無法根除討好模式。

132　　　當專案進度稍微落後時，經理人要承受雙重壓力，一則是顧客希望專案如期完成，一則是程式設計師想用急就章的解決方案讓專案如期完成。在這個時候，技術審查似乎無法為專案增加太多價值，甚至可能找出問題而延緩專案進度。這種想法通常會讓經理人允許程式設計師省略產品的初次審查，或讓初審未通過的產品不必接受複審，況且程式設計師懇求這樣做以便趕上進度。現在，專案似乎趕上進度了，因此也讓經理人更加相信討好程式設計師和顧客確實有效。不過，長久下來，卻會出現更多功能失常（failures），結果程式設計師

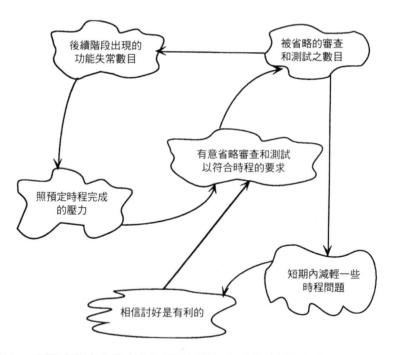

圖10-4　經理人藉由省略審查和測試以討好程式設計師和顧客後，就會強化他們的信念，認為審查和測試只會延誤專案的時程，所以日後就省略更多的審查和測試，長久下來反而導致專案時程出現更多問題。

更難找出缺陷所在，也更難解決這些缺陷，結果專案進度就更加落後。

　　起初，經理人知道最好不要省略審查。不過，在每次省略審查讓進度趕上後，經理人就愈來愈難以抗拒這種誘惑，所以就重施故技，況且專案進度落後會降低經理人的自我價值感。最後，審查制度不是被擺到一邊、不然就是名存實亡。在缺乏有效審查制度的情況下，大家到最後階段才發現專案有缺陷，結果反而浪費更多時間，對專案時程造成最大的影響。經理人利用專案進度落後，做為省略進一步審查和測試的正當藉口，結果卻讓進度一再地落後，也讓他們對自己更為不滿，造成自我價值感日漸低落。

10.3 指責鏈

在討好模式引發這種不良後果時，經理人可能採取的一種反應就是「將討好改為指責」：經理人對員工惡言相向，希望這樣能讓員工有更好的表現。這種不自覺的假推論，就是組織想要從變化無常型（模式1）文化，邁向照章行事型（模式2）文化的最常見動機。找到一種所有專案都適用的慣用做法，一旦事情出差錯，就更容易找出是誰把事情搞砸：只要找出誰不遵守慣例即可。圖10-5所示即為運用指責行為設法修理員工所產生的動態學，這正是許多照章行事型（模式2）組織的特徵。

　　當員工或團體犯錯或無法趕上預定進度，經理人就必須解決額外的問題。經理人若是屈服於指責犯錯者這種誘惑，很快就會因為被指責者設法避免指責，而讓經理人付出更多心力。被指責者會找出更多方式讓自己被罵也無動於衷，甚至故意對那位指責他的經理人不利，

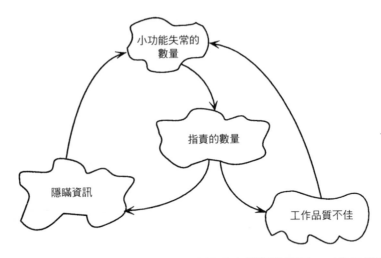

圖10-5 功能失常會引發指責，指責會導致人們隱瞞資訊，工作品質也不
　　　　佳，這樣做或許是刻意要逃避辱罵，或者擺明了要對罵人的經理人
　　　　不利。

最後引發更多功能失常。[5]

　　　既然指責沒有用，聰明的經理人為什麼還要繼續指責員工？有一
種可能是，經理人對於圖10-5所示的動態學毫無所知，但是這種情況
只占一小部分。更常見的情況是，經理人因為圖10-6這種動態學，所
以繼續指責員工。

134　　　起初，這種想指責員工的誘惑也許不大，可能是因為經理人並不
相信指責的功效有多好。不過，在每次指責員工就達到「預期效果」
後，經理人就更加相信這樣做是有效的，也更禁不起對員工惡言相向
的誘惑。最後，每個人都平白無故地被經理人痛罵一頓，通常是因為
別人犯錯卻害他們被罵。雖然這樣做在剛開始時可以提高生產力，最
後卻會因為有更多人遭受不當指責，而讓生產力一路下滑。一旦這種
循環啟動了，生產力就持續下降，直到經理人大發脾氣、徹底失控。

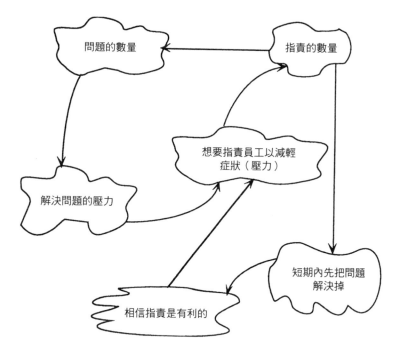

圖10-6　經理人剛開始運用指責員工這種方式達到目的後，就更相信這種管理方式的功效。長久下來，經理人跟員工的溝通就會出現更多問題，最後就引發更多的指責。

10.4 成癮週期

請注意，圖10-4和圖10-6這二個動態結構有相似之處，在此以圖10-7表示，其運作方式如下：

1.　短期週期——採取X行為在短期內減輕症狀（壓力）。

2.　長期週期——採取X行為長久下來反而讓那些症狀更加惡化。

3.　成癮的短期週期影響到人們認為採取X行為是有效的，因此更頻 135
　　繁地採取X行為，以為這樣做愈有效，只不過以長期週期來看，

最後會導致情況更加惡化。

不論X行為是指藉由省略流程來討好或是指責員工、抽菸、或注射毒品，短期週期和長期週期的組合就產生這種成癮週期。

在圖10-7底部的雲狀圖形其全名應該是「相信採取X行為是減輕症狀的唯一方式」。基本上，成癮就是一種信念，相信做某件事只有一種方式，而且必須只用那種方式做才可以。如果你了解成癮的這項關鍵，你就能輕易地認出成癮行為，也讓你找到一項治療成癮行為的線索。我會在第十一章將人類行為的各種模型集結成一個統一模型，

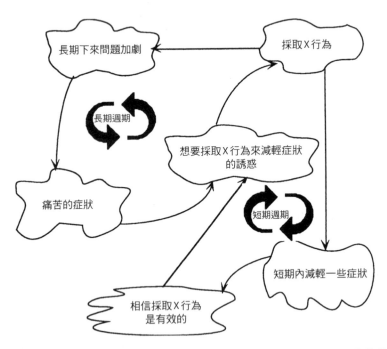

圖10-7　一般來說，成癮週期由二種作用組成，一個是短期減輕症狀的作用，一個是長期症狀加劇的作用。二種作用交互影響產生一項錯誤的信念，讓人以為成癮行為就是減輕症狀的唯一方式。

並在後續章節應用這個統一模型，治療經理人對於各種不一致因應方式的成癮習性。

10.5 心得與建議

136

1. 由於在照章行事型（模式2）組織中，沒有人能確實無誤地遵照慣例，因此你總是可以找到理由，隨便找個人為專案出錯負責。因此，傾聽代罪羔羊的心聲，就是確認此模式的一個方法。這也讓經理人找到一個藉口，以遂行個人偏見，繼續怪罪他人。

2. 我同事Phil Fuhrer提醒我，指責在各種文化模式中會以不同的形式呈現。通常，變化無常型（模式1）組織和照章行事型（模式2）組織會把過錯歸咎到個人身上，不過有些模式2的組織比較高竿，他們將過錯歸咎到「一項根本原因」上。請記住：名稱是什麼不重要，不一致的因應方式才是引發指責行為的主因。

10.6 摘要

✓ 在許多組織中，經理人因為無法以關照全局的方式因應別人的不一致，所以總是疲於奔命跟時間賽跑。不同文化模式的不一致性各有不同，所以在不同模式中，經理人承受的負荷也不一樣。

✓ 因為不一致而產生的無效行動，讓問題沒有被解決掉，因此不一致會產生的一項影響就是：個人必須處理的問題數量變多。因此，有更多不一致，就要花更多時間解決問題或處理緊急事件。

✓ 軟體工程經理人的一項重要職責是：協助組織成員培養本身的社交技能。當人們更懂得禮節，職場氣氛會更好，況且社交技能已

變成是技術能力能否發揮功效的基礎。

- ✓ 組織通常會被不一致的行為模式所困；不然就是一再表現出一致的行為模式。其中的差別就在於經理人的決策品質，決策品質會影響經理人的行為，經理人的行為則是其他人仿效的依據。

- ✓ 經理人在無法犧牲品質或時程目標的情況下，通常傾向於犧牲人際互動的品質，結果卻適得其反，很快就讓品質和時程付出代價。

- ✓ 這種討好模式在變化無常型（模式1）組織特別常見，也正好說明這類型組織的文化模式為何被稱為「變化無常」。舉例來說，專案缺乏有效的審查制度，到最後階段才發現缺陷，結果反而浪費更多時間，對專案時程影響最大。或是，經理人利用專案進度落後，做為省略進一步審查和測試的正當藉口。

137

- ✓ 在指責的文化中，尤其是在照章行事型（模式2）組織中，經理人屈服於處罰出錯者這種誘惑，不久就會讓自己必須付出更多心力解決問題，因為被指責者會想盡辦法避免被罵。從另一方面來看，工作者也會愈來愈討厭對員工惡言相向的經理人，並且想辦法讓自己被罵也無動於衷，甚至故意對指責他的經理人不利，最後引發更多功能失常。

- ✓ 成癮週期的運作方式如下：成癮週期包含短期週期和長期週期。短期週期是採取X行為在短期內減輕症狀，長期週期是採取X行為長久下來卻讓症狀加劇。成癮的短期週期影響到人們認為採取X行為是有效的，因此更頻繁地採取X行為，以為這樣做愈有效，只不過以長期週期來看，最後會導致情況更加惡化。

- ✓ 基本上，成癮就是一種信念，相信做某件事只有一種方式，而且必須只用那種方式做才可以。

10.7 練習

1. 在指責的文化中，批評未必有效，這樣做只會刺激人們避免受到批評，也就是別被抓到把柄！請你回想一下，當經理人用指責的方式對你進行評價，那時你有什麼反應。也請你回想一下，你指責別人時，你知道別人會做何反應嗎？如果你不知道對方會有何反應，你可以猜想一下嗎？如果你想不出對方會有何反應，你能夠詢問對方嗎？如果可以，就問問對方，然後看看你可以從中學到什麼。

2. 我同事Dan Starr建議：指責型組織和討好型組織的成癮動態學，也可以延伸到許多對生產力不利的行為上，比方說：英雄心態。請討論對英雄主義上癮，並依據你自己的經驗舉例說明。你自己有觀察到其他成癮行為嗎？

3. Dan Starr提出另一項建議：成癮動態學可能跟「第一級評量」的概念有關。想想看在哪些情形下，我們比較擅長評量成癮行為在短期內減輕多少痛苦，卻不太擅長評量成癮行為長期所造成的危害？

11
人類行為這項技術

我在五歲時就決定，長大後要當一個偵探，幫兒童探查父母究竟　138
在想些什麼。當時我還不明白自己想要尋找什麼，不過我明白家
庭裏發生很多事是肉眼無法看見的。有很多事情讓我感到困惑，
我不知道如何搞懂這些事。[1]

——薩提爾

为了成為關照全局的經理人，你需要一張地圖來指引你。圖11-1
所示的控制論模型，就能提供這類地圖。

要控制系統，你必須從「深呼吸一下、直接回應」到「延遲回
應」這些所有可能採取的行動中，選擇出適當的行動。你必須觀察自
己身體對於職場情況的反應，也必須觀察別人出乎意料的反應。這時
候，你可以運用人類行為的幾種模型來處理這些資訊，並察覺出潛藏
在組織內部的許多行為。

為了與人共事，經理人就像家庭治療師一樣，需要一個處理模
型，而且這個模型不是由毫不相關的模型拼湊而成。本章會把跟人類
行為有關的模型集結成一個較大的模型，做為經理人達成關照全局管

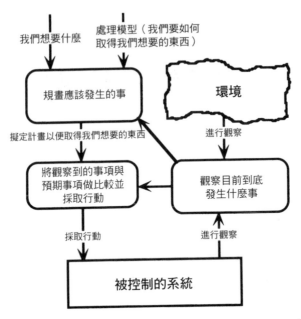

圖11-1 「為了控制一個系統必須做到什麼」這種控制論模型，也可做為達成
關照全局管理的一項準則。

理的日常準則。接著在第三部各個章節中，我們會將這個模型應用到
軟體工程管理階層常見的許多狀況上。

139　11.1　尋找一個適用的模型

不管我們選擇從事哪一個行業，我們都跟薩提爾一樣，想搞懂孩提時
代所不懂的事。有些好奇者從八卦報紙尋求解答，有些人從自己的家
庭尋求解答。大多數人每天在工作上尋求解答，雖然每個人做的工作
不同，但是我們同樣在追尋。

　　我跟大家談談我自己的追尋，我學到的事就跟其他電腦從業人員
學到的差不多。當我還是毛頭小子時，電腦率先出現在大眾媒體上。

當時，電腦常常被人稱為「巨型大腦」（giant brains）或「思考機器」。雖然大家一直認為我年輕有為，但我卻不開心。家人總是對我做出不公平、不合理又完全出乎意料的事。對我來說，電腦似乎簡單得多。我心想，或許我該先學習了解電腦，然後這項學習就能幫助我了解人們的行為舉止為何如此難以理解。當時，我還不知道「程式設計師或分析師」這種說法，但我決定日後要從事這種職業，我要先了解巨型大腦，再了解人類。

這就是我從電腦業開始做起、後來精通電腦程式設計的原因。後來我發現，就算我對巨型大腦相當了解，卻對於了解人腦運作沒什麼幫助。最後，我鼓起勇氣開始向一些精通人類行為的專家請益，這些專家包括：艾許比、Anatol Rapoport、Ron Lippitt、Doug McGregor、Kenneth Boulding、以及這本書中提及的其他人類行為專家。最後，當我遇到家庭治療師薩提爾（Virginia Satir）時，我們開始一起當偵探，一起分享我們找到的線索和模型。我跟她共事五年學到的東西，比跟機器共事四十年學到的還要多。

不過，我對電腦的熱愛並未減退。電腦協助我將許多學習結果模型化，這些模型已經協助我解開人類行為的一些奧祕——也讓我更了解自己。我認為運用這類模型的能力，讓我們這些從事軟體工程的人掌握了解人類系統的優勢，這個優勢剛好彌補我們缺乏與人共事的經驗。不過，為了善用這個優勢，我們確實必須知道這個優勢本身也有極限。[2]

雖然還有很多事有待說明，但我現在要跟大家介紹有關人類行為的一個適用模型，利用這個模型就能知道人類行為舉止背後的成因。如果你願意將電腦技術先擺到一邊，開放心胸研究有趣的人腦技術，我相信這個模型會對你有幫助。

140

11.2　薩提爾人際互動模型

我依據薩提爾人際互動模型[3]發展出人類行為或反應之成因的模型。圖11-2即為薩提爾人際互動模型的主要架構。在這套書第二卷中已詳述這個架構的前三個部分。由於這本書（第三卷）的主題是關照全局的作為，所以在此將探討「做出反應」這個部分，也就是我們選擇採取什麼行動。不過，為了了解人們做出反應的原因，我也會更深入探討其他三個部分。

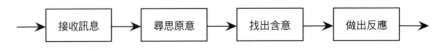

圖11-2　薩提爾人際互動模型的四大部分

11.2.1　接收訊息

要了解薩提爾人際互動模型就要先知道這件事：雖然「做出反應」是這個模型的最後步驟，但是並沒有限制這個步驟一定最後出現。以我個人接收訊息的方式，就不僅只是被動觀察、傾聽和感受。我會拿一些資料，然後做出以下反應：決定是不是要蒐集更多資料，或是藉由過濾來縮小資料量，或是從已經取得的資料中尋思原意。圖11-3就是將「接收訊息」這個步驟當成一個反應流程的更完整圖形。

　　為了了解這項流程的實際運作，下次你跟別人談話卻發現對方沒有在聽你說話時，你就注意一下當時發生什麼事。然後你可以轉移到完全不同的話題，或是藉由碰觸改變語氣，或者開始唱歌、站起來畫一個圖形，然後注意一下當你把輸入訊息改變時，聽者有什麼反應。

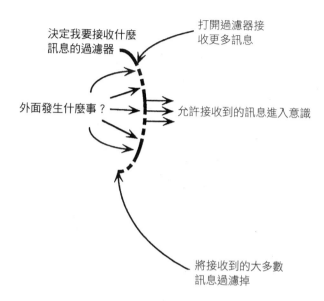

決定我要接收什麼
訊息的過濾器

打開過濾器接
收更多訊息

外面發生什麼事？

允許接收到的訊息進入意識

將接收到的大多數
訊息過濾掉

圖 11-3　接收資訊是一個主動反應的流程，將發生的一些情況過濾掉，允許
　　　　其他事件進入意識。

11.2.2　尋思原意

141

「尋思原意」這個步驟也包含一項反應。我可以從接收訊息尋思原
意，這些意思可以分成四大類別以解答這項問題：「我接收到的這項
訊息是什麼意思？」這些類別會引發如圖 11-4 所示的一般反應，對每
個人來說這種反應有部分跟大家一樣，有部分卻很獨特。對我而言，
可能的反應大概是這樣：

- 「我不知道這項訊息的意思」，所以我需要更多訊息來弄清
  楚。

- 「這項訊息無關緊要」，於是我將接收到的訊息淘汰一部分，
  將注意力轉移到其他地方。

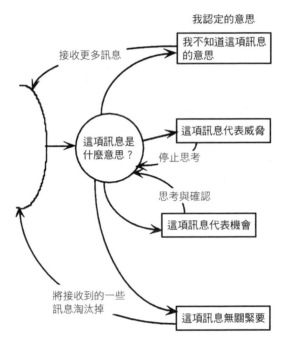

圖11-4　第二個步驟「尋思原意」也是一個反應流程。我利用一些可能的反
　　　　應，控制自己是否要接收更多訊息。

- 「這項訊息代表威脅，」起初會讓我停止思考，讓我陷入自
  動模式，無法有意識地控制個人反應。
- 「這項訊息代表機會，」讓我更進一步地思考，弄清楚接下
  來我應該做出的外部反應。

每個人對於上述四大類別的反應都不一樣。有的人在「不知道訊息的
意思」時，就停止接收訊息。你可以從我的反應得知我很「好奇」，
因為我不懂的事都能引起我的注意。

142　　　我對「這項訊息代表威脅」的反應是「停止思考」，但是這並不
是我重視的個人特質。我寧可因為「這項訊息代表威脅」，讓我接收

更多訊息，做更明確的思考；但是我一開始的直覺反應是暫時停止思考。我不認為我可以改變自己的基本模式，但我藉由縮短停止思考的時間來改變我的反應。從外表看來，我好像馬上開始接收更多訊息並清楚地思考；但是事實上，我在內心已先掙扎過，只是表面上看不出來。

11.2.3 找出含意

我們可以用「對個人可能產生的後果」這種觀點，來找出每一種可能意思背後的真正含意，如圖11-5所示。我所舉的例子，當然是將我察

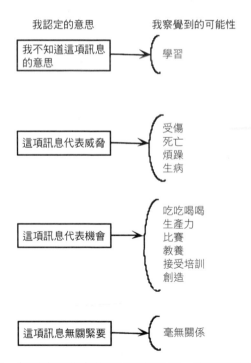

圖11-5　對我來說，每種意思代表某種可能的後果，我利用這些後果來決定
　　　　訊息的含意。

覺到的幾千種可能結果加以簡化，但是我在這個階段的第一個反應是，先把這些意思分成幾個重要類別，說明這種人際互動可能對我造成怎樣的後果，例如：學習、死亡、生病、比賽、創造、毫無關係等類別。我選擇採用這些類別，決定我個人常見的反應模式。

143　*11.2.4　誰負責做出反應？*

人腦技術如此複雜的原因之一在於：人腦的運作方式似乎不是以單一心智運作，而是以多元心智或心智團隊運作。[4]如果我因應得很好，那是因為我運用許多不同的心智，負責處理不同的情況。這正好符合艾許比的必要多樣性法則之要求：如果我打算有效控制複雜的系統，我就必須運用許多種不同的心智，處理不同的情況。這項決定有時候是意識的產物，有時卻是不自覺的結果。

　　薩提爾協助人們透過一種名為「角色派對」（Parts Party）[5]的練習，利用本身不同的心智，參與者可以想像真實或虛構的人物，並且對他們產生強烈的情緒反應——在選擇角色時，有一半的角色是讓參與者產生正面的情緒反應，另一半的角色讓參與者產生負面的情緒反應。舉例來說，在某次角色派對中，我挑選物理學家愛因斯坦、登山家希勒瑞（Sir Edmund Hillary）、電影主角藍波、納粹首領希特勒（Adolf Hitler）、歌劇家威爾第（Verdi）劇作中患有肺結核的女主角咪咪（Mimi）、拉斯普汀（Rasputin，有「瘋狂僧侶」之稱，是末代沙皇的寵臣，讓沙皇不受人民擁戴而遭到推翻）、網球女將比莉‧珍‧
144　金恩（Billie Jean King）、電影導演暨演員伍迪‧艾倫（Woody Allen）、道德崇高的德蕾莎修女（Mother Teresa）、詩人白朗寧夫人（Elizabeth Barrett Browning）、化學家居禮夫人（Madame Curie）和講究禮節的禮儀小姐（Miss Manners）。

　　角色派對所依據的構想是，我對某個角色有強烈的情緒反應，它跟我自己的其中一個角色產生共鳴。如果這個角色是我接受並重視的角色，我就會產生正面的反應；如果這個角色是我拒絕和輕視的角色，我就會產生負面的反應。因此，如果我本身的人格特質跟希特勒的人格特質沒有產生共鳴，我就不會對希特勒這個角色產生強烈的情緒反應。我透過自己的角色派對從中得知，我被外在事物激怒，想擺脫這種惱人事物時，就會出現希特勒角色，比方說：我會拍打蒼蠅。一般說來，我的希特勒角色根本不關心蒼蠅的感受，當激怒我的對象是蒼蠅時，這樣做當然沒問題；不過，當激怒我的對象是人時，情況可就不妙。

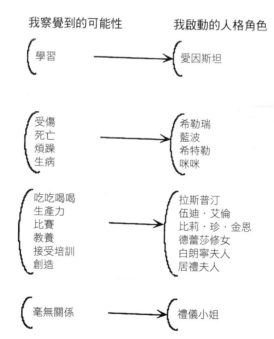

圖 11-6　每種可能性啟動一個不同的角色，也就是我自己的次人格（sub-personality）。

　　圖11-6所示為圖11-5中我所察覺的可能後果，會啟動哪些角色。每種角色會產生一種特殊作風或人格，來處理每種可能的後果。有些跟我往來的人只察覺到我的部分人格，如果我突然表現出另一種人格，可能會把他們嚇到。有的人只知道我的愛因斯坦角色，當他們看到我出現希特勒的角色拍打蒼蠅或在電話上拒絕商品推銷員時，可能會大吃一驚。不過，這兩種角色都是我的人格，如果你跟我共事夠久，就會看到這些角色，也會看到我的其他角色。

145　11.3　意義是如何發展出來的

這些驅動我進行人際互動的意義究竟是打哪兒來的？要回答這個問題，請想像一下，有一棵樹，樹枝指向特定情況下各種可能的意義（參見圖11-7）。

　　這棵樹的根部就是我的自我——是不可或缺的部分，是我跟周遭世界連結的方式。有些宗教將這個部分稱為靈魂或內在之光，或稱為精神體。有時候，我們會遇到這部分似乎相當缺乏的人，那是因為樹枝太茂密把根部埋得太深了。

圖11-7　這棵樹的根部和靠近根部的樹枝引導出讓我在特定情況下形成的意義。

　　樹幹主要是由我的渴望所組成──也就是將自我轉變為各種行動，那種與生俱來的能力。以下就是一些常見的渴望：

- 渴望繁衍後代。
- 渴望個人存活。
- 渴望被愛。
- 渴望被照顧和被教養。
- 渴望健康。
- 渴望與自然和諧共處。
- 渴望受到重視。
- 渴望成為一個完整的人。

從每一個渴望會分枝出一項以上的期望──將普遍性的渴望轉變成特定的想法，這些想法是跟這個世界如何產生或壓抑所渴望之物有關。舉例來說，大家都想要受到重視，但是大家可能以不同的方式來滿足這種渴望：

- 努力工作並服從命令。
- 扮演丑角來娛樂大家。
- 生育並教養許多小孩。
- 想出一些別人從未想過的事。
- 獲得很多錢。

期望通常以規則（rule）[6]的形式出現，以我自己為例，鞭策我寫書的　146
一項規則就是：

　　如果我想出一些別人從未想過的事，我就會受到重視。

規則表達出我期望世界要如何運作。期望將我的察覺和文化背景加以結合，進而產生意義（參見圖11-8）。假設我想到了很多別人從未想過的事，可是你卻告訴我，你不喜歡我的這些想法。我可能會解讀你的意見，認為你的意思是：

- 你不重視我，所以一定是我想得不夠多。
- 你不重視我，所以我想出的點子可能不夠具有原創性。
- 你是一個壞傢伙，你根本不按照規則行事。

請注意，我從來沒有想到，我的規則可能在這種情況下不適用。我的規則包含了我以往為了達成最深切的渴望，從生存經驗中獲得的寶貴資訊。難怪我無法輕易放棄這些規則。[7]

　　我們在所屬文化中學到的事就跟規則一樣，已經根深柢固很少受到質疑，並且會影響我們形成意義。我老婆Dani的親身經歷就能說明此事，她住在瑞士阿爾卑斯山時，有一天看著友人瑪格麗特正在打一件粉紅色毛衣，是要給她即將出世的曾孫穿的，Dani問瑪格麗特：

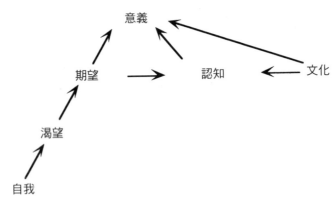

圖11-8　期望和文化會影響認知，這三者結合起來就會在特定情況下形成意義。

「這毛衣是打給曾孫女穿的嗎？」瑪格麗特一臉困惑，所以Dani解釋粉紅色是女生穿的顏色。「不是，」瑪格麗特這樣回答，「粉紅色是給男生穿的，藍色是給女生穿的。」當Dani解釋在美國文化中，這些顏色所代表的意義恰好相反——粉紅色是給女生穿的，藍色是給男生穿的——瑪格麗特回答說：「真的嗎？那實在太好笑了。」

　　不過，我跟蘇族（Sioux，北美印第安人的一族）血統的友人Ben Brown參加一場研討會時碰到的情況，卻比較嚴重。有些成員抱怨Ben根本沒聽他們說話，因為他們說話時，Ben都沒有看著他們。Ben向大家解釋，他們族人認為在那種情況下看著對方，就表示有敵意，等於挑釁對方開戰。

147

11.4　風格 vs.意圖

Ben避免目光交會的做法，也不符合我個人的文化期望，我認為真正傾聽對方說話，就要看著對方。即使我了解Ben跟我的文化差異，Ben這樣做還是會讓我生氣。我在這套書第二卷中探討過，感受是一個資訊系統，告訴我個人期望與認知是否相符的含意。感受驅使我採取行動，所以，如果你可以打動我內在的感受，你就有機會改變我對你的反應。

　　不過，我的個人風格（參見圖11-9）會妨礙你認清那些感受，讓你更無法了解潛藏在內、更深層的感受。我的風格包括：

- 當我自尊低落時，我通常採取的一連串因應方式。
- 我的偏好，尤其是我的人格偏好。
- 我的刻意學習（例如：技術知識或對他人的了解）。

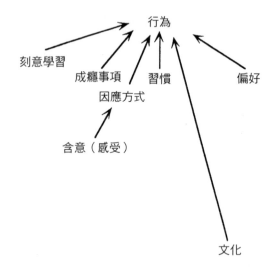

圖11-9　我真正想要什麼，其實隱藏在一種表面風格之下，這種風格包括：
　　　　我自己的刻意學習、我的因應方式、以及一些比較不自覺的學習，
　　　　例如偏好、習慣和成癮事項。

- 我的習慣，例如：我常有的姿勢或口頭禪。
- 我的上癮事項，例如：虐待行為。
- 我的文化，這一點可能對上述所有事項產生影響。

148　　由於風格有這些潛藏面貌，所以具有同樣意圖者可能產生截然不同的行為，甚至具有同樣意圖的同一個人也可能在不同時間產生不一樣的行為。假設我的意圖是幫忙同事Sue學會自己解決技術問題。當她要求我協助解決一項問題時，我可能以不同的風格表達同樣的意圖：

A：「別拿你的蠢問題來煩我！」
B：「學生準備好的時候，老師自然會出現。」

C：「你認為答案是什麼呢？」

D：「我想起我在柏克萊唸研究所時，我拿一個問題問教授Clausen博士，我相信他是半自動宇宙射線分析器的發明人。他總是很忙——他以為自己的發明可以拿到諾貝爾獎，但卻事與願違……。」（繼續講個不停。）

E：「Sue，如果你知道自己怎樣解決這個問題，這樣不但對你比較好，也讓我可以輕鬆多了。如果我現在回答這個問題，你就沒辦法學到東西。你願意坐下來跟我一起好好想想，該怎麼解決這個問題嗎？」

很明顯地，在其中有些情況下，除非Sue願意跟我互動，否則她根本無法從我的風格推測我的意圖。不過，在某些情況下，Sue可能很容易推測我的意圖，但是每種情況的困難點各有不同。如果我說：「別拿你的蠢問題來煩我！」Sue可能很難為情，無法繼續站在那裏跟我互動。如果我開始長篇大論地說起某個故事，就像狀況（D）那樣，她可能必須想辦法打斷我的話，直接切入重點，要我幫忙解決問題。唯有當我做出合理且一致的因應（狀況E加上適當的非口語暗示），才能讓Sue的工作順利進行，因為我的風格跟我的意圖相符。

11.5 訓練有素的人類行為技術專家

當我言行不一致時，為了解開我的風格和意圖之間的糾葛不清，Sue必須是一位訓練有素的人類行為技術專家。或者，如果我想讓Sue的工作順利進行，我也必須精通同樣的技術，並且將這項技術應用到工作上，讓自己的言行更為一致。

人類行為這項技術遠比軟體技術複雜許多倍。工程師有時表現出對研究人類行為的鄙視，認為人類行為屬於人文科學，不像電機工程或電腦科學這類自然科學。軟體可能是一項困難的技術，但是人類行為卻是一項難懂的技術。跟身為人類的你我相比，作業系統根本是微不足道的事。

以我身為經理人與人互動的經驗為例，當我想要了解或影響另一個人時，我等於是在修改那個人的人腦程式，或是刺激那支程式以取得我想要的特定反應，而不是其他反應。對於長大成人並保住工作的人來說，這些人的人腦程式有99%都正常運作。不過，不管其他方面的管理做得多好，只要有一小部分出了差錯，就可能引起大多數功能或全部功能通通失常，讓軟體專案遭到破壞。因此，問題不在於經理人控制干預的規模大小，而在於控制的準確度。

為了能夠進行準確的干預，我必須對圖11-10的各個階層有所了解，並且有辦法解決各個階層的問題。這樣做需要實際練習，不能只靠理論知識。為了處理第N層的問題，我必須深入了解第N-1層和第N-2層，以及之前的各個階層。舉例來說，偏好和因應方式會對行為產生強烈的影響，而偏好和因應方式通常會以語言做掩飾。因此，我必須了解語言習慣，才能了解因應方式和偏好。當我能夠看穿這些階層，進入更深入的階層，我就能達到一種更完整的一致性，並且可以在最不費力也最不混亂的情況下，管理自己與他人。

在本書第三部將探討隱藏在行為之下的一些階層，為你開始邁向訓練有素的人類行為技術專家揭開序幕。

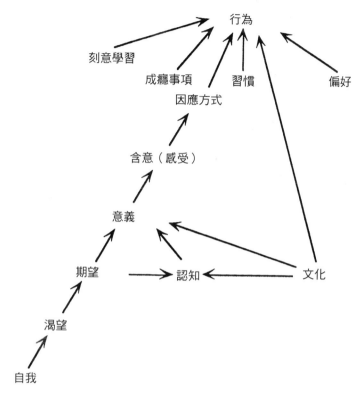

圖 11-10　潛藏在行為之下有許多層結構，而且每一層都有它自己的技術，經理人想要發揮效能，就必須精通這些技術。

11.6　心得與建議

1.　在設法解開某項令人困惑的人際互動時，你可以設想那是一支輸出資料有問題的程式，然後設法加以解決。你可以從輸出資料開始下手（扮演希特勒或愛因斯坦的角色），然後往前追溯，你也可以從被隱藏部分（感受）的表面開始下手，逐漸追根究柢，找出問題的根源。

2. 你在探查人際互動時，請記住這一點：自尊低落通常是不一致行為的根源。但是，千萬別把自尊跟自負混為一談。自負的行為——例如：主張主管享有特權、預定時間要開會卻讓別人等你開會、到最後才臨時取消會議、或者以「訓練課程要教的東西我都知道」為由拒絕參加領導訓練——通常就是自尊低落的一種症狀。這是指責型會採取的一種掩飾——我是老大，你什麼也不是——這樣做其實只是在掩飾自認為毫無價值的感受。

3. 角色派對的主要目的是：認清並接受自己的所有人格，發現自己的「不好」人格也有有用的一面，並且察覺出自己的「良好」人格也有危險的一面，然後學會如何運用所有人格來支援自己。角色派對必須經過實際練習才能達成這些目的，不過你可以藉由開發角色派對的賓客名單，並跟別人一起分享你的想法，開始進行練習（詳見11.8的說明）。

11.7 摘要

✓ 為了與人共事，經理人需要一個處理模型，做為經理人達成關照全局管理的日常準則。

✓ 在薩提爾人際互動模型中，「做出反應」是這個模型的最後步驟，但是並沒有限制這個步驟一定最後出現。以我個人接收訊息的方式為例，就不僅只是被動觀察、傾聽和感受。我會拿一些資料，然後做出以下反應：決定是不是要蒐集更多資料，或是藉由過濾來縮小資料量，或是從已經取得的資料中尋思原意。

✓ 「尋思原意」這個步驟也包含一項反應。在將接收到的訊息分成重要類別後，我會依據個人風格，開放、關閉或修改接收資訊的

流程，以符合我察覺到的意義。

✓ 我們可以用這二種觀點——對個人可能產生的後果，以及我選擇　151
什麼可能性來決定我個人常見的反應模式——來找出每一種可能
意思背後的真正含意。

✓ 人腦似乎不是以單一心智運作，而是以多元心智或心智團隊運
作。如果我因應得很好，那是因為我運用許多不同的心智，負責
處理不同的情況。這正好符合艾許比的必要多樣性法則之要求：
如果我打算有效控制複雜的系統，我就必須運用許多不同的心
智，處理不同的情況。

✓ 我可以把自己想像成由各種不同人格組成的一個「團隊」，並且
將這些人格以知名人士命名。所有角色（人格）不論好壞，都是
我的一部分，如果你跟我共事夠久，最後你會看過我所扮演的大
多數角色。

✓ 薩提爾人際互動模型是依據一個樹狀結構，這個結構的樹狀分枝
指向個人在特定情況可能形成的不同意義。樹根代表自我，樹幹
是由我的渴望所組成，每一個樹枝代表一個或多個期望。

✓ 期望是將渴望轉變成特定想法，這些想法是跟這個世界如何產生
或壓抑所渴望之物有關。

✓ 期望通常以規則的形式出現，規則表達出我期望世界要如何運
作。即使目前的狀況可能不適用某項規則，我卻不容易放棄這項
規則，因為它包含我以往為了達成最深切的渴望，從生存經驗中
獲得的寶貴資訊。

✓ 我的個人風格會妨礙你認清我在某項人際互動中的意圖。我真正
想要什麼，其實隱藏在一種表面風格之下，這種風格是由我的因
應方式、我的偏好、我的刻意學習、習慣、成癮事項和文化所形

成。要了解我的意圖，你可以使用人類行為的一個模型，洞察我的風格並發現潛藏於我個人風格下的感受。

✓　人類行為這項技術遠比軟體技術複雜許多倍。當我能夠看穿這些階層，進入更深入的階層，我就能達到一種更完整的一致性，並且可以在最不費力也最不混亂的情況下，管理自己與他人。我建議大家成為訓練有素的人類行為技術專家，就是這個意思。

11.8　練習

1. 以圖 11-2 至 11-6 為依據，自己設計出一些類似圖形，說明你如何啟動自己的不同角色。至少跟三個人說明這些圖形，也請他們設計自己的圖形並跟你說明。

152
2. 設計一個像圖 11-10 的圖形，顯示你依據什麼從事件中尋思原意。至少跟三個人說明這個圖形，也請他們設計自己的圖形並跟你說明。

3. 將我對於 Sue 的五種反應（狀況 A 到狀況 E）跟我提出的人際互動模型結合。設法弄清楚是哪個角色做出反應，並回溯出可能的感受與意義。

4. 為你自己的角色派對準備一張賓客名單。找出八到十個讓你有強烈反應的角色，記住讓你有正面情緒和負面情緒的角色各占一半。接下來，為每一個角色找一個形容詞來說明，比方說：我會用「感受敏銳」和「充滿愛意」來形容白朗寧夫人，用「強壯有力」和「魯莽粗俗」來形容藍波。跟一些朋友討論你的賓客名單，問問他們是否看過你的這些角色，他們認為你扮演這些角色時想表達什麼意思。

第三部
達成關照全局的管理

保持你善良的個性……不管你發現什麼……生活不是你創造的，　153
所以不管生活怎麼對待你，都不是你的過錯；也不要去指責別人。

——美國詩人 *Hugh Mearns*

在《獨行俠》（*Lone Ranger*）這部影集中，鎮民們說起：「那個蒙面人是誰？」他們從不知道獨行俠是誰，不過影迷們知道獨行俠是因為一場悲劇而開始蒙面，行俠仗義。他和他的同伴德州騎兵隊（Texas Rangers）遭受一群不法之徒的埋伏襲擊，最後只有他逃出生還。經歷這種傷痛，他可以在餘生中繼續怨天尤人，但他卻沒有那樣做，他反而為自己創造一個更有意義的新角色。至於後續發展，歷史（或野史）都有記載：這正是美國西部拓荒的傳奇。

獨行俠並沒有什麼祕密武器，他可以運用的技術跟那些壞人沒有兩樣。唯一的差別是，他運用技術的方式與眾不同。通常，壞人只用一種方式來解決控制問題——就是把某人給槍斃。不過，在這部影集中，我們很少看到獨行俠開槍，就算他真的開槍了，也不是為了殺人，而是要讓對手沒辦法用槍。

　　獨行俠在這場正邪之戰中獲得勝利，因為他可以隨意運用許多行為。他很聰明，槍術極為精湛又令人信服，最重要的是，他總是關照全局。他從來沒有因為生氣、憎恨或為了報復而開槍。

　　軟體工程的發展史也有同樣的情節：成千上萬的人們在遭遇失敗後，有些人開始怨天尤人，有些人開始武裝自己或攻擊別人。只有少數人能夠做出關照全局的反應，為自己創造出更有意義的新角色，發揮西部拓荒般的精神。

12
治療對言行不一致的
成癮症

大家都知道成癮是很難治療的，因為大多數人剛開始沒有察覺成癮行為，後來又無法了解整件事的變化。後來人們相信可以運用幾種方法來治療成癮，卻反而事倍功半。本章將審視為何這些治療方法無法奏效，並且提出一個治療成癮的有效做法。

12.1 強迫成癮者戒癮

治療成癮的最簡單方法就是：因為 X 行為會讓人上癮，所以要停止 X 行為。其實，X 行為不會讓人上癮，而是成癮動態學讓人上癮。我們知道這是事實，因為並非每一個採取 X 行為者都上癮了。以嗎啡為例，許多人在醫院裏接觸到嗎啡，卻沒有因此成癮，因為他們有其他

156　方式來應付生活中的各種苦惱。唯有那些因為個人因素、經濟因素、文化因素或其他因素，易於相信只有一種神奇方式可以治療生活中諸多問題的人，才會對嗎啡上癮。

　　同樣的道理也適用在對「省略技術審查以趕上進度」上癮的人。只有那些不了解審查的真正用意，又缺乏有效替代方案應付進度落後的經理人，才會對這種做法上癮。

　　目前沒有任何證據顯示強迫戒癮會有效，倒是有許多證據顯示這樣做根本無效。有時候是因為強迫禁止是不可能做到的，所以無故，美國在一九二〇年代實施禁酒令，結果反而滋生私酒和罪行問題。如圖12-1所示，禁止反而讓成癮者更想採取X行為。如果禁止的效果夠強，成癮者可能無法成功地採取X行為，但是他們相信採取X行為能減輕短期痛苦，這種信念依舊沒有改變。換句話說，成癮者還有癮頭，只要禁令有破綻出現，他們就會再採取X行為。

　　所以，禁止無法戒癮，至多只能避免未成癮者淪為成癮者。儘管如此，在工作環境中，我們或許不在乎某人或某些人是否對某項行為成癮，只要他們無法採取那項行為就好。舉例來說，利用一個適當的組態管理系統，公司就可以強制執行禁止修補程式碼。公司剛開始引進這類系統時，原先對修補程式碼上癮的人一定會找出各種巧妙方式來規避這類系統。如果系統有缺陷，一定會被他們找到。如果系統沒有缺陷，他們最後會發現自己還是可以利用系統工作，只不過他們很不甘願。不過，他們的信念體系依舊沒有改變，只要有任何機會，他們馬上故態復萌。

　　由於成癮者會更努力要打敗禁令，因此用這種方式阻止某種行為的代價至少是：增加取締活動，結果卻讓整體情勢日漸惡化。儘管如此，在利用組態管理禁止修補程式碼的情況下，就算要付出這樣的代

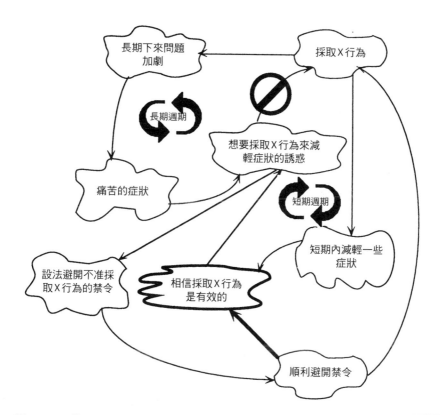

圖12-1　要阻止對X行為上癮的最簡單做法就是，禁止採取X行為。這樣做
　　　　可能成功，也可能失敗；不過，總會讓成癮者更費心才能採取X行
　　　　為，因為長期痛苦並沒有被解決掉。如果這種禁止方式奏效了，成
　　　　癮症狀或許不會更嚴重，但也不會減輕。如果這種禁止方式不奏
　　　　效，成癮症狀就會更嚴重，成癮者也會學到新方法去採取X行為。

價，還是很值得。

　　不過，在其他情況下，根本不可能做到這種全面禁止的情況。舉
例來說，許多軟體工程師的另一項成癮行為是：把玩軟體工具，讓工
作生產力因此受到影響。然而，他們並沒有對這些工具上癮，而是對
濫用工具上癮。但是，軟體工具是程式設計的必需品，管理階層找不

到可行辦法，能讓軟體工程師們戒除這種濫用工具的行為。

　　用禁止的方式戒除某項成癮行為，在最壞的情況下就是造就出一群人協助成癮者打破禁令，也讓這群人從中謀利。因為有利可圖，所以這種人愈來愈多，也招募成癮者加入他們的行列。工具供應商就是這方面的實例，他們有合法的身分推銷工具，卻不擇手段地利用工具成癮症大肆推銷他們的工具。我們發現買來的軟體工具有70%無法發揮生產力，但是願意接受顧客退還工具並退錢給顧客的供應商卻少之又少。

157　12.2　以處罰方式戒癮

有些人認為，他們可以藉由成癮者每次採取X行為時就加以處罰，以治療成癮行為。舉例來說，高階主管可能會批評中階主管虐待員工。在這種情況下，高階主管當然不能以虐待的方式來處罰中階主管，以免強化高階主管想要阻止的虐待行為。如果高階主管用虐待方式來處罰中階主管，只是讓中階主管更加相信虐待行為的效力，之後就更加虐待員工。下次，施虐者只會更加小心不被逮到，私下虐待員工並威158　脅員工不得向高階主管告狀。另一種方式是將怨氣往其他處發洩，比方說回家虐待妻小或寵物。

　　如果每次出現成癮行為時，就予以處罰，整個動態學就如圖12-2所示。成癮者每次採取X行為，就給予處罰（負向強化）Y，處罰會造成痛苦，所以採取X行為會造成痛苦症狀增加。不過，由於成癮者認定採取X行為減輕痛苦的功效，所以為了減輕目前的痛苦，成癮者就會想再採取X行為。施虐的中階主管會繼續虐待員工，即使他們口頭上說：「我不知道我究竟是怎麼搞的。我就是沒辦法控制自己，不

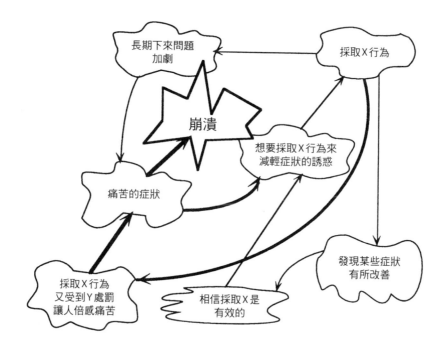

圖 12-2　另一種設法治療成癮行為的方式是：每次成癮行為（X）出現時，
　　　　就給予處罰（Y，負向強化）。在這種情況下，成癮症狀不會更加嚴
　　　　重，卻也不會減輕，因為成癮者相信如果我可以規避處罰，採取 X
　　　　行為還是能減輕我的痛苦。而且，如果處罰令人痛苦，這樣做只是
　　　　讓成癮者處於更悲慘的狀況，因此會讓成癮者更想採取 X 行為，最
　　　　後在承受不了痛苦的情況下引發崩潰。

過下次我會更努力不讓自己失控。」

　　中階主管繼續虐待員工，因此會受到高階主管的處罰。痛苦的短
期週期持續增加，直到某件事或某人出狀況為止。最後，高階主管可
能放棄，採取打岔型的因應方式，並且開除那位中階主管。不然就
是，高階主管停止處罰，採取超理智型的因應方式說：「有些人就是
那樣。況且，那樣也不會太糟糕，反正我們還是把事情完成了。」

159　　　如果高階主管堅持要用處罰方式，中階主管的虐待行為就會更嚴重，後來的情況可能是：受虐員工全都離職，工作也停擺。不過，更可能的情況是，只有一些受虐員工離職，大多數留任的受虐員工只是繼續私底下抵制施虐的中階主管。最後，中階主管將會因為生理、心理或社交上的某種問題所苦，例如：得到胃潰瘍或心臟病發作、精神狀況出了問題或是突然離職。

12.3 以救助方式戒癮

由於在這個動態學中，成癮者的痛苦是最顯而易見的部分，有些人相信可以藉由減輕痛苦，例如運用討好策略或救助策略來幫助成癮者戒癮。遺憾的是，不管當初成癮者為什麼對 X 行為上癮，因為成癮行為本身會造成痛苦，這種救助策略只是治標不治本的做法。救助者試圖減輕成癮者的症狀，只有在救助者的力量比長期週期的成癮更具威力時，這種做法才能成功。

160　　　有時候，我們確實可以創造一個更有威力的救助動態學。舉例來說，十九世紀時，我們以海洛英來「治療」嗎啡成癮症。由於海洛英的效果比嗎啡更強，所以只要能夠取得海洛英，就能夠成功地戒除嗎啡癮。後來的情況當然是，從對嗎啡上癮，改變成對海洛英上癮，所以情況並沒有太大的改善。這種取代的動態學在二十世紀又重新上演，這次人們利用美沙冬（methadone）來治療海洛英成癮症。那麼當初人們為什麼會對嗎啡上癮呢？因為那時候人們以嗎啡來「治療」鴉片癮。

　　　在軟體界，就用 FORTRAN 來治療組合語言成癮症，用 COBOL來減少對程式設計師的依賴，讓企業主管可以自己寫程式碼。後來則

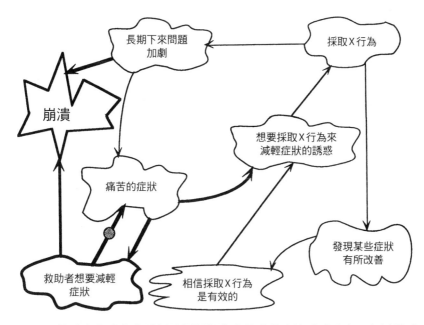

圖12-3 救助者設法藉由減輕長期週期產生的痛苦來協助成癮者。如果救助
　　　者動態學比長期週期動態學更有威力，這種干預就能成功；但是，
　　　後來成癮者可能變成對救助者上癮。不過，通常救助者或成癮者在
　　　戒癮成功之前就先崩潰了，因為救助者無法繼續跟長期週期產生的
　　　日漸擴大的痛苦相抗衡。

以試算表來取代COBOL，現在許多主管花更多時間處理試算表，卻
沒有時間做好主管真正該做的工作。說實在的，個人電腦不就治療人
們對電腦主機的依賴？

　　不過，在許多情況下，由於救助者無法發展出一個較具威力的救
助動態學，因此無法產生取代。救助者只是試圖減輕短期的痛苦症
狀，但是要幫成癮者戒癮卻要付出更多心力才行。最後，可能是成癮
者或救助者出了狀況，或是整個系統出了差錯。以幫酗酒者戒酒為
例，這種結果就相當常見，配偶可能比酗酒者更早崩潰。

12.4 共同依賴或共同成癮

如果救助者很有影響力，成癮者可能以對救助者的依賴，取代成癮行為 X。要發生這種情況，救助者勢必困在一種成癮動態學中，那就是：對救助成癮者這種事上癮了。配偶忍受虐待，在車禍時向警方謊稱自己才是駕駛，在酗酒者宿醉時還給予照顧。在短期內，配偶為救助酗酒者付出的這些努力，會讓配偶獲得報答，因為酗酒者會向配偶懺悔並表達感激。不過，長久下來，這樣做只會導致更多虐待、更嚴重的意外，讓救助者被困在這種長期和短期的動態學中。研究酗酒的文獻把這種關係稱為「共同依賴」（co-dependency），其實這種關係根本是「共同成癮」（co-addiction）。

　　共同成癮這種關係在職場上相當常見，尤其是經理人和員工很容易形成這種關係，不過在同事之間也很常見。經理人在虐待員工後通常會跟受虐員工道歉，並且親切對待受虐員工。對某些人來說，他們把這種親切跟尊重和善意對待混為一談。他們很容易跟施虐經理人一起困在共同成癮的情況中——這是指責者與討好者的典型互動。管理高層無法了解為什麼會出現這種關係，經理人如此虐待員工，員工不但不抱怨卻還幫經理人說好話。

　　通常，同事之間的共同成癮關係是這樣發展出來的：某位工作者無法做到某項工作時，另一位員工藉由掩飾和代為完成工作幫同事解危。救助者因為這種行為而獲得同事的感激，被救助者卻不必改善本身的工作績效。我經常發現程式設計師一個人做二個人的工作，最後等到其中一個人職務調動時，經理人才發現這種情況。不了解這種動態學的經理人可能認為，這是團隊合作無法避免的後果。事實上，團隊合作（將於本書第四部再做討論）並不是以一種成癮動態學為依

161

據，而是以真正解決長期問題的行為做依據，不是只減輕短期的症狀。

12.5 成功治療成癮行為

運用加法原則（Principle of Addition）是治療成癮行為的另一種方式。如果你提供替代解決方法（Z），效果比 X 更好，難道不會讓人輕易放棄 X，開始使用 Z 嗎？這種做法可以避免成癮，但是本身卻無法戒除癮頭，因為成癮行為是以根深柢固的信念為依據。要改變成癮行為，你必須運用比邏輯更有效的東西。你必須建立另一個更強有力的信念。換句話說，針對不當的軟體工程管理實務說教，只是治標不治本的另一種形式，結果就跟運用其他戒癮方式差不多。

　　為了讓成癮者接受替代方式，你必須對成癮動態學做三件事（圖12-4）：

1.　禁止採取 X 行為。
2.　提供真正有效的替代解決方案（Z）。
3.　必要的話，減輕短期的痛苦，但不是以採取 X 行為來減輕痛苦。

這個策略能夠奏效的原因是：禁止採取 X 行為以打破成癮動態學的短期週期和長期週期，因此成癮症狀不會更加嚴重。提供真正有效的替代解決方案 Z，可以創造二個新週期，因為替代解決方案 Z 長久下來不會讓問題惡化，反而能夠減輕問題。

　　為了爭取多一點時間，讓採取替代解決方案 Z 的做法最後能獲得成功，就有必要減輕短期的痛苦。事實上，採用替代解決方案 Z 確實能夠減輕短期的痛苦，因為成癮者暫時獲得解救。你會發現，為

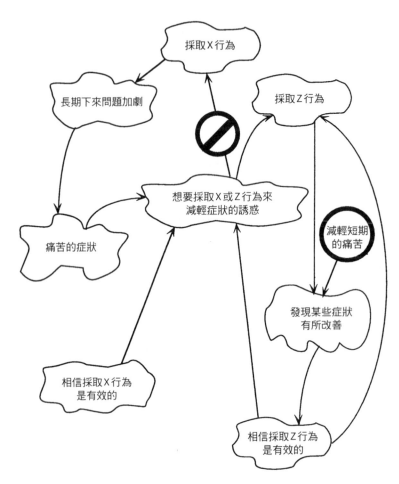

圖12-4　成功治療成癮行為X的一種方式是：禁止採取X行為；提供真正有
　　　　效的替代解決方法（Z）；有必要的話，減輕短期的痛苦，但不是以
　　　　採取X行為來減輕短期的痛苦。這項策略讓短期循環和長期循環轉
　　　　變為負向回饋，因此讓整個系統更加穩定。如果禁止採取X行為的
　　　　時間夠長，就能讓成癮者相信替代解決方法Z的功效比X更好。要
　　　　注意的是，「採取X行為是有效的」這個信念依舊沒變，成癮行為
　　　　持續存在，只不過成癮者認為採取替代解決方法Z的功效比X行為
　　　　更好。

了讓這個策略奏效，初期要減輕症狀時，一定要同時使用替代解決方案Z，而且長久下來必須不會讓問題加劇，這樣才不會創造另一個成癮週期。舉例來說，如果你打算設置牢不可破的變更控制（change control），來治療程式設計師對修補程式碼的成癮行為，你必須允許在很長一段時間內，就算專案進度落後也不處罰程式設計師，你也必須獎勵所有設法採用新系統的程式設計師，即使他們還沒有完全戒除本身修補程式碼的習慣。

在後續章節中，我們會針對經理人最常犯的言行不一致成癮症做探討，並說明如何治療這些成癮行為。

12.6 心得與建議

1. 有時候，以禁止方式戒癮能夠奏效，因為有替代方式出現，只不過替代方式未必由下禁令者提供，甚至連下禁令者也沒有察覺到有替代方式出現。以組態管理系統禁止修補程式碼為例，對某個團隊並不奏效，對另一個團隊卻奏效了，因為團隊成員發現一種方法，只要做一項小變更就能執行一項工作，不必花三小時讓程式重新編譯和重建。

2. 「跟成癮物說不」是強迫戒癮最天真的想法。對成癮者來說，成癮物是解決他們所有生活問題的神奇療法，如果他們可以輕易地跟成癮物說不，他們根本不會成癮。所以，「跟成癮物說不」這種做法只對未成癮者有效。

3. 我同事Wayne Bailey針對圖12-2的負向強化動態學，提出下列有趣觀點：「如果管理階層是依據所觀察到的痛苦症狀、而不是依據X行為來給予處罰，那麼管理階層就會延後處罰，因此強化成

癮週期。」當經理人不了解成癮行為與痛苦症狀之間的關係時，也就是當他們的模型不夠完備時，經理人就會這麼做。

4. Wayne Bailey 也針對圖 12-4 的動態學提出看法：「由於成癮者依據長期情況的改善來判斷替代解決方法 Z 的功效，可是這項改善或許不容易察覺到。在這種情況下，可能需要增加第四項步驟：採取行動讓成癮者可以察覺這項改善，而且愈早察覺愈好。」基於這項因素和其他重要因素，我們必須依據可以及早察覺的功效，設計一個評量方案。

5. 我的另一位同事 Phil Fuhrer 提醒我了解下面這件事的重要性：試圖改變某項成癮行為，究竟是為了什麼目的。比方說：真正的目的可能是要控制修補程式碼這種行為，未必是要完全去除這種行為，因為在緊急狀況下可能有必要修補程式碼。如果經理人缺乏信心，無法以關照全局的作為處理緊急狀況，他們可能會以完全禁止修補程式碼，來取代真正的目的。這種僵化的立場只會刺激比較聰明的成癮者製造緊急狀況，經理人就不得不允許成癮者規避組態管理系統。至於要創造一個合理的組態管理系統所需具備的條件，就留待這套書第四卷再做討論。

12.7 摘要

164 ✓ 大家都知道成癮是很難治療的，因為大多數人剛開始察覺到成癮行為，後來又無法了解整件事的變化。這些失敗導致人們相信可以運用幾種方法來治療成癮，卻反而事倍功半。

✓ 治療成癮的最簡單方法就是：因為 X 行為會讓人上癮，所以停止 X 行為。其實，X 行為不會讓人上癮，而是成癮動態學「造成」

上癮。目前沒有任何證據顯示強迫戒癮有效，倒是有許多證據顯示這樣做根本沒有效。

✓ 在工作環境中，我們或許不在乎某人或某些人是否對某項行為成癮，只要他們無法採取那項行為就好。舉例來說，利用一個適當的組態管理系統，公司就可以強制執行禁止修補程式碼。公司剛開始引進這類系統時，原先對修補程式碼上癮的人一定會找出各種巧妙方式，試圖規避這類系統。不過，這樣做至少可以讓新進同仁沒有機會對修補程式碼上癮。

✓ 負向強化模型認為，你可以藉由每次採取 X 行為時就加以處罰，來治療成癮行為 X。如果完全運用這種方式來戒癮，負向強化不但無法戒癮，最後反而會導致崩潰，不過最後崩潰的未必是成癮者。

✓ 在另一種情況下，設法救助成癮者戒除成癮行為 X，反而讓成癮者對救助者產生依賴。最後，救助者就對救助的行為上癮，形成一種共同依賴的關係。

✓ 成功戒癮的一種方式就是運用加法原則：提供一項比 X 更有效的替代解決方法 Z。為了讓成癮者接受替代方法，你必須做到這三件事：禁止採取 X 行為；提供真正有效的替代方法 Z；若有必要，則減輕短期痛苦，但不是以 X 行為來減輕痛苦。

12.8 練習

1. 你認為以柯爾塞與貝茲的四種氣質類型來看，本章介紹的這幾種戒癮方式各自會吸引哪種氣質類型？原因為何？

2. 本書審閱者 Mark Manduke 建議：禁止可能讓成癮者服從，卻無　165

法獲得成癮者的承諾。請試著回想一下這種情況：技術人員服從管理階層的禁令，卻無法承諾會將某項艱難工作完成。

3. Mark Manduke 提出另一項建議：依據圖12-2以處罰方式戒癮，考量最後哪些員工會留下來，哪些員工會離職，並將動態圖畫出來。通常，自我價值最高也最有生產力的員工會最先離職；繼續留下來的員工自我價值會日漸降低，生產力也日漸下滑。

4. 我同事Phil Fuhrer提出這項意見：想要以救助方式戒癮的經理人，會如何因應對修補程式碼上癮的組織？想要以處罰方式戒癮的經理人，面對這種組織時又會怎麼做？你如何應用加法原則，戒除對修補程式碼上癮的行為？

13
終止討好癮

總裁：我很想知道開發這個軟體要花多久的時間。

經理：這件事可是一大工程，需要投入 Y 個人力，花 X 個月才能完成。

總裁：什麼？我們不可能花那麼久的時間開發軟體，想想看能不能在 Z 個月內就完成。你要發揮一下創意。

經理：好吧。我們可以在 Z 個月內完成，不過功能必須減半。

總裁：什麼？功能減半？那種產品不可能讓我們賺錢的。不管怎樣，要維持原有功能，而且要在 Z 個月內完成。我們的市場機會有限，軟體必備功能也不能改變，況且我們不能雇用更多人力。你自己好好想想辦法；否則我們只好關門大吉，大家都會失業。

經理：好吧。[1]

166

上述這段假設性的談話其實很常見，也提供我們一個機會，練習應用人類行為這項技術。總裁莫瑞這樣做是採取指責或超理智的因應方式？經理人夏琳是採取討好或指責的因應方式？當然，我們

167

265

必須分別探討這些因應方式才能解答問題，不過，我們可以先做一些推測。

　　我依據梅布二氏人格類型指標的統計資料，做出的第一個推測是：莫瑞屬於外向型，夏琳屬於內向型。因此，莫瑞喜歡跟經理人一起解決問題。相反地，夏琳在跟總裁開會前，會先小心算出開發軟體所需人力與時間的估計值，而且她很難在匆忙間改變這項估計值。

　　那麼，夏琳為什麼同意保留所有功能，並且在 Z 個月內完成專案？這可能是指責行為或是討好行為。指責行為可能不太容易看得出來，不過我們可以想像一下，夏琳跟自己說（注意劃有底線的那些話）：「這傢伙根本不懂軟體。與其浪費時間跟他爭論，我還不如先同意每件事。當我們延遲交付軟體，而且功能也跟總裁的要求不符時，他也拿我們沒轍。況且，我很清楚他真正要什麼。」如果夏琳這麼想，那就是指責行為，是第十四章要探討的主題。本章先探討討好型組織以及如何終止討好癮。

13.1 討好型組織

如果夏琳先不評論莫瑞的做法，即使她知道自己比莫瑞更懂軟體，卻在總裁的要求下答應一切，那她就是在討好總裁。莫瑞不必指責夏琳，夏琳也會討好他，即使他只是運用外向型風格而已。夏琳自尊低落時，就會採取討好行為，她願意說：「我算老幾，他才是老大。」

　　我用自己的例子來說明這一點：有幾天早上，我打開衣櫥挑選當天要穿的襯衫，我發現有一件襯衫很久沒穿了，大概是因為那件襯衫不合身，或是因為我不喜歡那件襯衫。當我對自己不太滿意時，我通常會穿那件不太合身、不怎麼好看的襯衫，因為「那件襯衫一定很難

過，因為它認為我再也不喜歡它。」

其實，真正言行一致的行為是，我應該把襯衫丟進舊衣回收箱，但我卻對一件襯衫說：「我算老幾，你才是老大！」這就是討好行為！當時根本沒有指責者，甚至沒有別人在場。

13.1.1 戴明的管理十四要點之第八要點

雖然任何文化模式都有可能發揮效益；不過，許多變化無常型（模式1）文化卻不是這樣。大多數變化無常型的文化都屬於討好型文化，品質專家戴明博士（W. Edwards Deming）在說明管理十四要點的第八要點「排除恐懼」（Drive Out Fear）時，就對變化無常型文化的管理階層做出以下的描述：

> 在職場上，大多數人，尤其是擔任管理職務者並不了解本身的職務為何，也不清楚什麼是對、什麼是錯。而且，他們也不知道該怎樣找出答案。大家很怕提出問題或表明立場。[2]

168

在軟體工程界，這個常見模式是電腦業早期所留下來的遺物。當時，機器都相當昂貴，如果沒有準備個好幾百萬美元，不可能在業界競爭。而且，令人無法理解的是，要利用這些高價機器就只能靠天才來撰寫程式，由於機器造價昂貴，得花好幾年時間才能攤平成本，所以一部機器就要用上好多年。這種情況創造出一種鼓勵不一致因應行為的環境（圖13-1）。在這種環境中，技術人員擁有工作保障，顧客和經理人則對能讓機器聽話的技術人員深感敬畏。

13.1.2 技術人員傲慢自大

接續先前提到的對話。要是經理人夏琳跟自己說：「當我們延遲交付

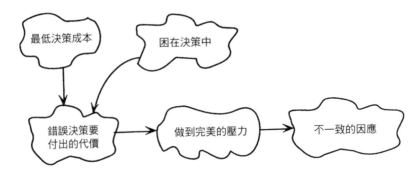

圖13-1　當決策必須付出相當大的代價，就會對組織產生長遠的影響，做出
　　　　完美決策的壓力就大幅增加，最後導致不一致的決策流程。

軟體，而且功能也跟總裁的要求不符時，他也拿我們<u>沒轍</u>，」那麼夏琳就是仰仗技術人員傲慢自大這種環境。如果她用這種方式思考，她就是仗著總裁莫瑞會討好她以及其他技術人員。

　　從這方面來看，就等於權力的腐化，技術權力跟其他任何種類的權力沒有兩樣。早期那時候的技術人員就是這樣，在那時當過程式設計師的我就能證明，當全世界十分之一的運算能力都由我掌控時，實在很難不惹人嫌。我當然不覺得自己惹人嫌，不過跟我互動的情形通常是這樣：

顧客：不知道你可不可以解決這個問題。

溫伯格：你什麼都不懂嗎？電腦的運作方式就是這樣啊。

169　經理人：你認為你可以想想辦法嗎？

溫伯格：如果你要我繼續維持這個系統正常運作，那麼我有更重要的
　　　　事要做。

顧客：我們當然不想打擾你。

溫伯格：對啊，如果你們可以別煩我，我就可以幫你們把重要的事情

做好。所以,別來煩我。畢竟,懂電腦的是我,不是你們;
換句話說,我比你們更清楚這些事情。

經理人:我們來煩你,實在很抱歉。你有什麼需要嗎?

溫伯格:有需要的話,我會讓你們知道。

在這種情況下,我採取指責行為,顧客和經理人都採取討好行為。不
過,即使我表現出一致的行為,他們也可能認為講到技術就無能為
力,所以只好討好我。

13.1.3 討好軟體開發人員

圖13-2所示為經理人和顧客都討好程式設計師,或許顧客也討好經理
人的組織之典型因應方式。這類組織的工作品質都很差,因為顧客害

經理人　　　程式設計師

顧客

圖13-2　某些變化無常型(模式1)組織的典型因應方式。

怕要求自己想要的東西，因為他們不敢冒犯程式設計師或資訊系統部
門。

170　　　電腦業早期時，由於硬體成本高得嚇人，顧客不得不仰賴公司內
部的資訊部門，就算有替代方案存在，管理高層也不允許同仁尋求替
代方案。難怪只要一些廉價的替代方案出現，顧客馬上開始改用這類
成本較低的替代方案。儘管如此，許多資訊系統組織還是被這種變化
無常型（模式1）的討好作風所困。

13.1.4 討好系統維護人員

由於電腦解決方案存在許多可能性，所以組織是基於不同的理由陷入
討好模式中。舉例來說，組織可能將整個工作的重擔落在幾位負責系
統維護的程式設計師身上，其他人對於這些重要系統都一無所知，所
以不敢冒犯這些人。這種組合產生如圖13-3所示的模式。顧客指責資

顧客　　　　　　　　　　　　經理人

系統維護人員

圖13-3　有些組織的重要系統由一、二位程式設計師負責維護，經理人認為
　　　　必須保護這些人不受到顧客的指責，以免他們憤而離職，公司營運
　　　　就會停頓，因為沒有人知道怎樣維護這些重要系統。

訊系統部門，經理人則在顧客和系統維護人員之間周旋，以免系統維護人員被指責就憤而離職。在這種情況下，經理人同時討好顧客和系統維護人員，系統維護人員卻採取超理智的行為，不理會經理人的反應。

13.2 讓討好型組織轉變

我們要怎樣做才能讓這種討好型組織有所改變？依據我們的戒癮模型，我們必須做到下面這三件事：

1. 禁止討好。
2. 提供真正有效的替代方法來取代討好行為。
3. 有必要的話，減輕短期的痛苦，但不是藉由討好行為來減輕痛苦。

接下來，我們就依序探討這些行動。

13.3 讓討好行為更不具吸引力

171

要讓討好型組織有所改變，首先要採取的行動是「禁止討好」，但是要怎樣做到這一點呢？要完全去除組織裏的討好行為，當然是不可能的事；在任何情況下，如果人們自尊低落，就可能採取討好行為。不過，我們可以創造一種環境，減少討好行為出現的可能性。在這種情況下，人們有理由對自己感到滿意，也會對自己的工作感到滿意，這種美好感受會互相感染。

13.3.1 *指責跟討好並非對立行為*

首先，我必須先跟大家談談一個眾所周知、卻無法奏效的構想。許多人設法以指責來取代討好，卻讓組織淪為僵化的照章行事型（模式2）組織，這部分於第十四章再做說明。提倡使用這種模型的人告誡大家不要讚美別人，以免這樣做被當成是向他人示弱：

> 讚美這種行為應該愈少、愈罕見愈好，否則這種行為將會降低讚美的價值，也會讓批判能力變得遲鈍。你應該讓別人猜測，你打算讚美他們或否定他們。讓別人猜不透，就能讓他們保持警覺。[3]

這種錯誤的管理會以幾種形式出現，比方說：限制提案及無法兌現承諾：

> 有人設法做一項改善，但是他的意見卻一直沒有受到重視，反而被主管告知說：「你只要把份內的工作做好，改善這種事我會好好想一想。」所以這名工作者就靜候主管通知，暫時不會提出另一項構想。不過，更糟的是，主管只給一個模稜兩可的答案：「我再跟你談」（最後通常不了了之），讓工作者士氣低落。[4]

以這些不人性的方式來管理員工，不會讓人對自己感到滿意，當然也別指望要用這種方式來戒除討好癮。這樣做最多只是讓員工加倍討好經理人，不會減少員工奉承經理人的行為。不過，由於許多經理人運用這種方式讓自己確信，他們想要擁有一個討好型組織，因為在討好型組織中，經理人會聽到這種話：「你就是老大，我們什麼也不是。」我聽說有些公司因為慣性討好者人數過多，所以他們挑選員工的首要條件就是「自尊低落，會拍馬屁」。

13.3.2 以選擇阻止討好

自尊低落時，就會出現討好行為。透過管理方式、訓練及給予肯定來提高自尊，就有助於封鎖討好行為；不過，這樣做無法預防討好行為。舉例來說，使用資訊系統的顧客通常擁有高自尊，但是面臨電腦問題時卻不是這樣。由於對技術一竅不通，他們必須低聲下氣尋求技術協助。 172

　　要了解他們的情況，你可以想像自己被困在偏遠飯店裏，飯店每餐只提供一種固定菜色。因為不想挨餓，主廚準備什麼，你就吃什麼。如果主廚對你不友善，你卻得待他以禮。如果主廚很嚴厲，你卻要親切地對待他。如果主廚要求每頓餐食必須支付高價，你也只好咬緊牙關付錢。

　　這家不提供任何選擇的餐廳或多或少道出了顧客被公司內部資訊部門挾持的情況。當然，這家餐廳可能很棒，主廚提供的選擇也讓你滿意。不過，在飯店餐廳有多次用餐經驗的我們都知道，這種情況是有可能，只不過相當罕見。況且，既然餐廳已經有固定的主顧客，讓餐廳可以維持營運，餐廳就不必為了生計特別努力。因此，我們從這種情況推演出下面這個原理：

**　　要禁止討好行為，只要給顧客其他可供選擇的服務就行了。**

雖然這個原理是美國資本主義的基礎，卻會讓公司內部資訊部門擁有最大權力的經理人抓狂。他們當然認同資本主義的原理，卻不認為那些原則適用在他們身上。他們知道（以先前在餐廳用餐為例），如果顧客有替代方案可供選擇，就有機會向粗魯的主廚報復了。

　　在資訊界，顧客最後決定報復時，就會說出這個讓人害怕的字眼

「外包」（outsourcing）。資訊部門經理人害怕外包，就像吸血鬼害怕
銀製十字架一樣。不過，資訊部門經理人其實不必這樣恐慌，因為外
包可能是最棒不過的事，而且顧客的替代方案並不只限於外包。

13.3.3 外包

外包不但讓顧客可以不受內部資訊部門的虐待，也讓內部資訊部門獲
得自由。以下這位分析師的故事就能說明這種自由：「以前，我總要
想辦法躲掉這位令人討厭的顧客，他實在很會抱怨。公司政策規定，
每位同仁都必須使用我們的服務，但他總是跟每個人大聲抱怨我們如
何欺騙他。因為他的一些抱怨，害我花無數個小時在某人的辦公室裏
解釋。我把處理他的工作所花的工作時數列出來並向他申請費用，卻
讓他更加生氣，其實那根本是預算中早就列好的費用。

　　「最後，他獲得財務長的許可，跟一家軟體服務商簽約，處理他
的工作。之後，我的人生馬上變得更美好。我必須說，我認為他的人
生也因此變得更美好。據說，那家軟體服務商比我更會討好他。那家
軟體服務商索價不貲，不過他似乎很樂意付錢取得他要的服務。我們
並不懷念他，幫他做事總是讓我們得不償失。我們有很多好顧客——
其實，現在我們過得更好，因為我們不必再忍受他的抱怨。」

　　不過，這位分析師的經理人卻沒有那麼高興，因為他認為如果他
沒有繼續留住每一位顧客，他的帝國將會垮台。由於對討好行為上
癮，經理人似乎無法認清外包反而是件好事，讓他可以擺脫不滿意的
顧客。因為討好癮作祟，這位經理人只認清自己必須更低聲下氣地討
好現有顧客。

　　外包這種做法當然也可能讓重要顧客流失，這些重要顧客原本因
為環境限制，願意付高價接受二流服務，用這種方式來討好我們。我

個人不喜歡在那種環境下工作，因為顧客好騙，讓我們得以倖存。我不相信任何具有專業精神的軟體工程師會喜歡在那種環境工作。

外包並不表示你必須討好顧客。接下來，我以另一家公司對本身資訊部門不滿的顧客之觀點來說明此事：「坦白說，我對電腦一無所知，但我知道公司資訊部門根本沒有提供我良好的服務，還跟我索取高價。有一天，我從克里夫蘭搭機回家，坐我旁邊的乘客是在知名會計師事務所上班。我跟他說明我跟公司資訊部門共事遇到的困難。他跟我說這種情況很常見，他們公司可以在這方面幫上忙，他們提供的服務比公司內部資訊部門的服務要強得多。所以，我就把一個重要的軟體開發專案，外包給他們公司做。

「後來，我發現我這樣做錯了。這些傢伙一直增加成本，延長時程，交給我看的系統雛型根本沒辦法用。經過十四個月後，我已經花了一大筆錢卻沒看到什麼成果，我只好回公司低聲下氣地請求資訊部門幫忙。

「這次經驗讓我學到許多教訓，其中一些教訓讓我變成一位更聽話的顧客。現在，我並不認為我們公司資訊部門的同仁完美無缺，但我比以前更加感激他們。」

這個故事說明了提供顧客選擇創造的另一種自由。由於這位顧客現在對資訊部門的指責變少了，所以資訊部門就不必像以往那樣討好顧客。

13.3.4 內部競標

不論何時，顧客必須有替代來源可供選擇，但是這些替代來源可能還是來自資訊部門內部。有些成功的變化無常型（模式1）組織就以內部競標的方式，交由軟體工程小組處理。顧客將他們的需求公告出

來，由不同的軟體小組競標這些工作，情況跟外部顧問公司競標工作類似。

內部競標跟外包一樣，會產生同樣的缺點：你必須維持本身的能力，否則沒有人會選擇你的服務。對專業人士來說，這倒不是什麼問題；但是對於費心打造帝國的經理人來說，這可是一個大問題。

174　　要讓內部競標這種方式發揮功效，資訊部門必須可以選擇顧客，就像顧客可以選擇替代來源一樣。當潛在顧客的來源不足時，資訊部門就可能討好顧客，然後指責員工——這種行為模式在照章行事型（模式2）組織相當常見。為了避免這種情況，資訊部門必須縮編以因應需求的減少，這當然不是經理人所樂見的做法。

13.3.5　將系統維護作業分散

以圖13-3討好系統維護人員這種情況來看，採取外包或內部競標等方式都無法對情況有所幫助。如果系統既大又舊，又缺乏妥善的文件管理，顧客可能無法輕易將系統交給別人處理。基於同樣的原因，唯一了解系統並負責維護系統的程式設計師，就在系統更新的競標過程中占盡優勢。

在這種情況下，為了阻止討好行為，經理人必須不怕冒犯程式設計師，採取以下這些策略：進行職務輪調或建立系統維護小組。這些策略都能確保系統不被任何一位程式設計師獨占，讓經理人有幾項替代選擇，藉此去除討好某些程式設計師的必要性。

如果實施這些策略，程式設計師卻威脅要離職，那你該怎麼做？在這種情況下，程式設計師的威脅應該會掃除你對接下來該怎麼做的疑慮。在面臨這類危機時，你有勇氣停止討好，落實原本的計畫嗎？

這種情況我自己就遇過幾十次，程式設計師十之八九都不會離

職，只要他們關切的事項有被妥善處理，而且經理人也尊重他們的貢獻並指派新任務讓他們安心工作。

　　不過，在某些情況下，程式設計師還是離職了，就算這樣也沒關係。以我個人的經驗來說，團隊可以在四週內接手系統維護的工作，而且通常二週內就可以做到。更棒的是，之後團隊大都會有更好的表現，讓顧客更加滿意。

13.4 後續步驟

戒除討好癮這個模型的第二步驟告訴經理人要提供替代方法。如果經理人不知道任何其他的因應方式，光是改變造成討好行為的情況，還不足以戒除討好癮。最常見的情況是，經理人會想以指責取代討好，這樣做就像用海洛因取代嗎啡一樣。

　　不一致因應的所有形式都能在短期內減輕症狀，卻因為這樣做會讓人上癮，所以長久下來都會引發痛苦。唯有關照全局的作為可以取代討好行為，並且長久下來能為經理人所用。不過，關照全局的作為並不是一成不變的行為，會依據自我、別人與情境的動態平衡，以各種不同的形式出現。

　　這個模型的第三步驟表示，要減輕成癮者短期內的痛苦。這部分可藉由去除指責和處罰來完成，這也是第十四章要探討的主題。

13.5 心得與建議

1. 有一個相當罕見的情況是：在圖13-3的情況下，有人聽到負責系統維護的程式設計師低聲說，如果經理人不再討好他，他就要破

壞系統。當你聽到這種威脅，就要將這位程式設計師開除，避免他使用系統。一定要這樣做，不可以有例外！別發牢騷說，要換一個小組負責系統維護要花多少錢！你不妨想想，如果那位程式設計師的威脅成真，你就要付出更大的代價。

2. 變化無常型（模式1）組織不需要採取討好行為。在模式1的組織中，最常見也最有效的因應方式就是，以一種專業主義和服務的強勢文化為基礎。每當我能夠追查這些文化的起源時，我總會在這類組織中發現一位以上的強勢領導者，他（們）有辦法在組織裏向新進同仁宣揚這些價值觀。遺憾的是，這些組織在領導人異動時，有些就會開始出現不一致的因應行為。

3. 如果需求減少迫使你縮編組織，那麼參與競標工作的結果可以讓你知道，哪些團隊最好解散掉。雖然我們知道依據單一因素做挑選是危險的；不過，至少這個因素跟「讓顧客滿意」的能力直接相關。如果你不喜歡這種挑選方式，你就要讓你帶領的團隊更有能力，讓顧客總會需要你們的服務。遺憾的是，大多數經理人面對需求減少時做出的第一個反應就是，縮減訓練預算——這樣做剛好適得其反，無法讓團隊繼續提供讓顧客滿意的服務。

13.6 摘要

✓ 大多數效能低落的變化無常型（模式1）文化都屬於討好型文化，經理人很怕提出問題或表明立場。

✓ 這種變化無常型的討好模式是電腦業早期所留下來的遺物。在電腦業早期，機器相當昂貴，公司不可能任意更換系統，技術人員擁有工作保障，顧客和經理人對於能讓機器聽話的技術人員深感

敬畏。

✓ 這類組織會產生低品質的產品，因為顧客害怕要求自己想要的東西，因為他們不敢冒犯程式設計師或資訊系統部門。在這種情況下，程式設計師擁有的這種權力，讓許多程式設計師開始墮落，也讓他們背負（應有的）「傲慢自大」的惡名。　176

✓ 只要一些廉價的替代方案出現，顧客會馬上開始改用這些成本較低的替代方案。不過，他們通常發現整個業務的運作重擔，落在幾位負責系統維護的程式設計師身上，其他人對於這些重要系統都一無所知，所以不敢冒犯這些人。

✓ 自尊低落時，就會出現討好行為。透過管理方式、訓練及給予肯定來提高自尊，就有助於封鎖討好行為；不過，這樣做無法預防討好行為。要禁止討好行為，就要提供服務的替代來源給顧客。

✓ 資訊部門經理人害怕外包，其實他們不必這樣恐慌，因為外包可能是最棒不過的事，而且顧客的替代方案並不只限於外包。

✓ 外包並不表示你必須討好顧客。當你提供顧客一項選擇，顧客現在對資訊部門的指責變少了，所以資訊部門就不必像以往那樣討好顧客。

✓ 有些成功的變化無常型（模式1）組織就以內部競標的方式，交由軟體工程小組處理。顧客將他們的需求公告出來，由不同的軟體小組競標，情況跟外部顧問公司競標工作類似。

✓ 為了阻止討好行為，經理人必須不怕冒犯程式設計師，採取以下這些策略：進行職務輪調或建立系統維護小組。這些策略都能確保系統不被任何一位程式設計師獨占，讓經理人有幾項替代選擇，藉此去除討好某些程式設計師的必要性。

13.7 練習

1. 察覺到自己缺乏選擇，通常就是會造成以討好行為來掩飾指責。要讓自己了解這一點，你不妨問問：「搭飛機時沒辦法選擇餐點，在這種情況下，我會有什麼反應？」

2. 我同事Wayne Bailey建議：要觀察軟體與顧客服務的品質改善很容易，但是你要如何評量組織內部經理人的自我價值狀態？要讓他們的自尊提升，有什麼方法？[5]

3. 我同事Phil Fuhrer建議：依據你的經驗舉例說明在不同管理階層出現的討好行為。你舉的例子是軟體工程界特有的情況，或是階層組織的特性？

14
終止指責癮

第一位以辱罵取代石頭來攻擊他人者，就是人類文明的始祖。　　　177

——奧地利精神分析學家佛洛伊德（*Sigmund Freud*）

如同佛洛伊德的建議，以辱罵取代石頭就是人類文明的重要開端。當我們因為害怕而互相丟擲石頭，這樣做不但讓大家受到傷害，也讓大家產生要傷害對方的念頭，同時也把自己的害怕正當化，最後讓彼此陷入冤冤相報的惡性循環中。

指責就像丟石頭一樣，是一種攻擊的形式。我們因為害怕而指責，指責創造一種讓害怕正當化的情況——在需要高度精確性的管理工作上，這完全不是應有的方式。以資訊取代指責，就能讓軟體工程管理出現可觀的進步。

本章將說明指責型組織是如何出現，這種組織如何讓自己永久存在，以及軟體工程經理人如何開始改變指責癮。

14.1 指責型組織

178 當某種成癮行為相當普遍，就會成為文化的一部分。就像某種文化可能對喝咖啡或嚼檳榔上癮，文化也可能對指責上癮。在軟體工程組織裏，指責文化是最常見的文化類型；因此，如果想要提升軟體的品質，就必須治療指責癮。

14.1.1 想要去指責

為什麼在軟體組織中，指責行為這麼常見？我們知道指責是因為害怕，但是我們究竟在害怕什麼？

軟體業要求一種相當高程度的完美，而且我們害怕犯錯。由於指責別人是提供修正的一種方法，即使長久下來會造成傷害，短期內卻可能是讓人對於出錯感覺好過些的最快方式。

討好型組織藉由容忍錯誤來避免指責行為，但是這樣做只會導致產品品質拙劣。要在組織中根除指責，同時改善軟體產品，經理人必須學習關照全局的方式，以提供必要的修正回饋。在軟體組織裏，就跟在科學界一樣，駁斥一個錯誤的想法不全然是壞事。第十七章會更詳細地討論這項主題，不過學習新的回饋方式還不足以改變指責型組織。

14.1.2 你的動機是什麼？

即使經理人不指責別人，他們管理的技術人員中，有很多人也會指責別人。那麼，他們指責誰呢？他們的經理人。經理人在被指責後，最後也會以指責方式回敬技術人員。最後，經理人會說，我們的工作就是要糾正錯誤，不是嗎？這樣做不是為了他們好嗎？

美其名是「這樣做都是為了你好」[1]，其實是藉由指責別人來隱瞞本身的害怕，這樣做很容易。如果你打算根除指責行為，你必須問的第一個問題是：「這樣做是為了他們好，或是為了我好？」

合氣道大師Koichi Tohei談到一位老師的故事，這位老師因為打學生而受到學生家長和其他老師的嚴厲批評。Tohei聆聽這位打人老師的解釋，他發現這位老師脾氣暴躁。這位老師再三地解釋，這樣做是「為了學生好」，Tohei也相信他是出於好意，所以跟他說：

「我了解，」我這樣回答。「我完全同意你的說法。如果你打學生是為了讓他們更進步，那麼你打得好。我會盡可能地跟你合作，成為你的盟友。」……不過，我繼續把我的看法跟他說。

「你想要學生進步，因為你喜愛他們，這是一件很棒的事。　179
我認為以這種情況來看，你也可以在你不生氣的時候打他們。從現在起，當你覺得某位學生需要被打時，請你先檢查一下自己是否在生氣。如果你當時沒有生氣，你就可以打學生。如果你在生氣時打學生，你自己的憤怒加上處罰，就發洩到學生身上，這樣做對他們一點好處也沒有。如果你是發自內心，因為愛他們，為了他們好，才處罰他們，那麼你應該可以在心平氣和時這樣做。屆時，學生也會了解你是愛他們，才處罰他們。」

這位老師聽懂了我的意思，從此以後他沒有再打過學生。如果他很生氣想打學生，他會先讓自己冷靜下來，聽聽學生怎麼說，也打消了原本想打學生的念頭。[2]

在二十一世紀即將來臨之際，大多數軟體工程經理人都了解，不管他們做何感受，都不可以毆打員工。不過，許多軟體工程經理人無法了解，用言語傷害員工產生的動態學就跟毆打員工一樣。我們暫且不談

道德問題或員工還手時你該怎麼辦，我們還必須面對這個簡單的事實：打人無法造就出更優秀的程式設計師、測試人員、分析師。打人只是讓人想盡辦法避免被打。

比方說：如果程式設計師因為所寫程式出現缺陷而被打，他們會費盡心思隱瞞程式缺陷，或將程式出現缺陷直接怪罪於別人。測試工作和開發工作之間會持續出現衝突，大多是因為對指責風氣所做的回應。

14.1.3 以指責做報復

在圖13-1中，我們看到造價不菲的大型系統要花很長的時間，才能做出頻繁的改變，因此導致組織出現完美主義者的不一致因應方式。就本質上來說，這些不一致的因應方式就是討好行為。那麼，當時間和情況有所改變時，會發生什麼事？要回答這個問題，你不妨以現代觀點，看看下面這個在我事業生涯初期發生的故事：

1957年時，我在IBM設於美國西南方的Service Bureau Corporation（簡稱SBC）上班，協助建立一個軟體開發組織。在當時硬體製造商習慣砸錢做一些軟體開發，在顧客購買硬體時當成免費贈品的時代，「建立一個軟體開發組織」這種構想實在很先進。

當時XYZ肥料公司總裁Andy是我最先接洽到也最滿意的顧客之一。Andy是這麼好的顧客，原因之一就是他說：「當我看到問題時，我總有辦法把問題找出來。」不過，當他的公司愈做愈大，他開始很難從業務資料中挑出問題所在。我很清楚記得我們第一次見面的情景，他拿著一疊厚厚的銷售報告在我面前揮舞並且說：「這份報告有問題，我希望你用電腦幫我查出原因。」

我幫他寫了一支程式，依據銷售人員、產品和利潤，加上其他變

數，分析這份銷售報告。這支程式的執行結果顯示，Andy底下「最優秀」的二名銷售人員，正在大量促銷低利潤產品。雖然他們這樣做讓自己拿到業績獎金，其實卻讓公司賠很多錢。Andy將這種情況改正過來，此後我就成了他心目中的英雄，而這家公司也變成SBC的老主顧之一。

我永遠不會忘記在某個溫度高達華氏105度的夏日，我們事業部經理跟Andy和我，一起在XYZ肥料公司飼養場交談的情景。當時，顧客就是老大，所以我們事業部經理百般討好Andy也討好我，因為我幫他拉攏這位重量級顧客，為他創造新營收。我知道經理正在討好我們，因為他甚至屈服於我們的要求，他脫掉羊毛外套和背心，也拿掉領帶。當一位IBM員工這樣做時，你知道他已經低聲下氣到不行。

現在，情勢已經逆轉，以往經理人的討好行為現在轉變成報復！我在一九五七年撰寫的程式，現在Andy自己就有辦法花一千美元買一套試算表軟體，用個人電腦撰寫同樣的程式。結果，IBM經理人不必再為了技術人員而讓自己蒙羞，許多經理人開始指責技術人員，為自己以往受的怨氣報仇。以我們過去如何對待他們的觀點來看，我當然可以理解他們的感受。

14.1.4 方法論的神奇力量

在技術價格大幅下降之前，經理人想要報復技術人員這種事通常只是尚未成真的願望。照章行事型（模式2）組織的願景就是這種願望最常見的表達形式。這也是方法論在一九六〇年代如此盛行的原因。

如果沒有了解經理人的報復心態，你就無法理解一九六〇年代時，主管為什麼願意支付十萬美元，甚至花更多錢購買可以擺滿整個書架的活頁筆記本。這些筆記本裏面寫滿各種理想化的流程，並且保

證如果固定照這種流程去做，只要運用可以徹底替代的廉價人力，就能生產出可靠的軟體。

如果你現在有辦法找到這類筆記本，從這類筆記本上面堆積多厚的灰塵，你就知道這類做法最後的命運為何。雖然這些方法論效益不彰，雖然任何有頭腦的人都知道這些方法論沒有什麼效果，但是這些方法論還是賣得很好。就像所有神奇的萬靈丹一樣，人們不是基於合理的原因，而是基於情緒因素才購買這些東西——以軟體業的情況來看，經理人是為了發洩滿腔的怒火，為了報復技術人員才購買這些方法論。

雖然方法論並未讓組織發揮功效，然而經理人想要報復的願望卻讓許多組織產生如圖14-1所示的因應模式，讓大家都指責程式設計師。在某些情況下，程式設計師會做出反擊，通常他們會採取超理智或打岔等行為來回應，整個情況就如圖14-2所示。現在，這兩種因應方式在模式2文化中最為常見。

程式設計師　　　　　　經理人　　　　　顧客

圖14-1　當情勢逆轉時，許多討好型經理人轉而指責技術人員，好替自己報仇，因此創造出指責型的組織。

程式設計師

經理人

顧客

圖14-2　有時候，技術專業人員會以打岔行為或超理智行為，回應指責型經
　　　　理人。

14.2　把批評當成資訊　　　　　　　　　　　　182

並不是所有照章行事型（模式2）組織都採取這些不一致的因應模
式。有些以照章行事方式運作得當的組織，經理人不會採取指責行
為，技術人員也不必以不一致的方式回應。在這套書第一卷中討論
過，如果工作規模不大、跟以往的工作也沒有太大的不同，又不需要
太多技術時，模式2的組織一樣可以穩定發展，發揮生產力。不過，
當這些條件無法做到時，模式2文化就會開始出狀況。

　　在不具備照章行事這種文化模式的組織裏，軟體系統的設計、開

發和維護可能是極具創意的工作，需要感受力極強的工作者。如同電影導演費里尼（Federico Fellini）這樣形容電影從業人員：「讓創意人士受到批評可能是很危險的事。創意人士需要一種受到認同的氣氛。就像拳擊手一樣，你必須喝醉，你必須意氣風發，相信自己正在做的事。」

　　如果你是一位軟體工程經理人，在事情出狀況時，除了指責某人，你能做什麼？或許你認為指責是處理別人犯錯時的唯一方式。這樣聽起來，難道你不覺得自己對指責行為上癮了，應該好好治療一下嗎？

14.2.1 指責的痛苦、承認的痛苦

為了避免對指責行為上癮，你必須做的第一件事是，知道你可以用其他方式來因應你對犯錯的恐懼。通常，如果你批評別人的用意是要提供資訊給別人，而不是要指責或處理別人，這樣被批評者就比較容易接受你的批評。

　　首先，我們不要否認，得知自己犯錯可能是一件很痛苦的事。但是，言行一致並不表示生活從此不再痛苦。薩提爾將這二種痛苦加以區別：指責的痛苦和承認的痛苦。指責的痛苦是指：覺得受到批評及被發現能力不足這種痛苦。承認的痛苦只是取得新資訊要付出的代價。

　　當我感受到指責的痛苦時，我可能想要藉由怪罪別人來減輕一些痛苦。「或許<u>我</u>有錯，但是<u>你</u>也有錯啊。」不過，當我因為自己受到指責感到痛苦而批評別人時，即使我對別人的批評是對的，我所提供的大多數資訊都會不見了。如同作家暨武術專家Tom Crum所說：

如果家長對於小孩打翻牛奶的反應，跟對小孩玩火柴的反應一樣，即使家長知道這二種情況並不一樣，但是小孩可能很難區別這二種情況的嚴重性有何不同。如果我們對於遲到二分鐘的員工，跟老是遲到且一身酒氣來上班的員工，以同樣的音調、音量和語氣對待他們，這樣做就無法有效地管理員工。[3]

Crum的觀察不僅適用於習慣大聲指責的經理人，也適用於在所有情況都表現得超理智的冷靜或討好型經理人。當我提到情況的重要性時臉上不動聲色，我等於剝奪了員工欲發揮個人效能所需的資訊。

183

　　我們批評別人時，不僅傳達出有關某人行為的資訊，也傳達出跟以下這些事情有關的資訊：那項行為所發生的情境；以及我依據自我、情境和別人這三種立場，考量我該對那項行為做出什麼反應。換句話說，我可以在不遺失批評本身的含意下，用言行一致的方式做出批評。在批評別人時，我會用跟我個人和跟情境有關的陳述做開頭。

14.2.2 範例：針對迴歸測試業務的批評

接下來，我就舉例說明應用這種做法時可能發生的情況。泰德是美國東岸某家金融服務公司的軟體維護經理，他參加完一場研討會回到公司後發現，生產工作的一項小改動導致列印出十萬多份錯誤的帳戶明細表。幸好，在郵寄帳戶明細表前找出了這項錯誤，但是整個作業卻被延誤二天，比平常晚二天寄出帳戶明細表，而且重新執行這項工作還會讓公司多花一萬多美元。

　　根據文件紀錄，迴歸測試已經執行過，但是當泰德想找出執行結果時，卻發現這項測試根本沒有執行。程式設計師佛瑞斯特說他沒有執行這項測試，因為他已經「很小心」地做了改動。泰德很生氣，卻

決定試著應用他在研討會中學到的一致因應方式。他避免馬上對自己的發現做出反應，而是坐下來思考他要如何批評佛瑞斯特的做法。以下是他準備的說詞（我在每項敘述後面以粗體字標示該項陳述的要素）：

✓　我聽到你說，你很小心地進行那些改動，但是這項錯誤的版本異動，讓我們多花一萬多美元。還好我們很幸運，因為我們有可能多花幾十萬美元、甚至更多錢。（**情境**）

✓　發表版本異動時，如果沒有經過適當的測試，就會讓我們和我的工作遭殃，也會讓我們生活在恐懼不安中。（**自我**）

✓　所以，當你告訴我，你執行過迴歸測試，但事實上你根本沒有執行這項測試，我認為你並不清楚這件事可能會對公司、對我和對你自己，造成怎樣的後果，而且我也無法相信你說的任何事了。（**別人**）

184　佛瑞斯特的反應並不是泰德所想聽的：

✓　當你提到這種錯誤可能讓公司花上幾十萬美元，我實在無法相信。如果真是那樣，你不應該拒絕我們提議購買迴歸測試工具或組態管理系統的要求，因為購買這些工具或系統的成本也不用幾十萬美元。

泰德起初的反應也是很激動，後來卻有了改變：

✓　我聽到佛瑞斯特傲慢自大的指責時，實在氣極敗壞很想揍他，至少也要回罵他幾句。但是，我知道自己屬於內向型，而且當場做出反應未必明智，所以我控制情緒只說出：「我很訝異，我倒沒

有想到這點，這件事我會好好思考一下。」

　　後來，我仔細思考這件事，我發現佛瑞斯特說得很對。從他的觀點來看，我對他們要求購買工具時採取的行為，跟我說明問題嚴重性時的反應，兩者並不一致。我當下的反應是幫自己辯護，因為我確實將這兩項系統的採購單交給了經理，但是她拒絕我們購買這些系統。後來，我明白原來我在討好經理，我並沒有跟經理據理力爭、說明不買系統會造成什麼後果，反而什麼話也沒說就接受了經理的拒絕。

　　當我把這件事想通了，我重新提出購買系統的要求，這次我會據理力爭。我也告訴佛瑞斯特和其他人，我了解本來的做法讓他們以為我不關心迴歸測試。我跟他們說，我重新提出採購需求，這次我會據理力爭，一定讓我們有工具可用。同時，我請他們遵守標準程序，以這種方式來支持我，我也會設法允許他們有多一點時間處理比較麻煩的程序。我獲得他們的支持，這是一件好事，因為後來即使我要求經理要優先購買這二個系統，我們還是花了一年時間才拿到測試工具，花了二年時間才拿到組態管理系統。不過，我們還是拿到工具，而且整個團隊現在也能善用這些工具做事。

關照全局的作為確實奏效──雖然不是每次都有效，不過，關照全局的作為確實比任何不一致的行為更常發揮功效。而且，關照全局的作為無法如你所想的那樣迅速奏效，但是最後這種作為可以節省許多時間。而且，從泰德的例子就可以得知，通常關照全局的作為並不是依照你預期的方式運作，所以你必須做好準備，以關照全局的作為來因應意外狀況。

當你準備要以更一致的做法來做出批評，你或許發現——就像泰德一樣——自己以前的行為有些不一致。或者，你可能發現整個關聯性不見了，你只是在做出個人反應，並沒有提供資訊。在那種情況下，就像Tohei指點的那位老師，你可以做出明智決定，先別做任何批評。畢竟，你正在管理一個事業，整個事業有其他正事要辦，並非只是遂行己意就好。

185　14.3　禁止指責

你要如何改變指責型組織呢？根據戒癮模型，你必須做到下面這三件事：

1.　禁止指責。
2.　提供真正有效的替代方式來取代指責。
3.　若有必要，就減輕短期痛苦，但不是藉由指責來減輕痛苦。

接下來，我們要探討第一個步驟「禁止指責」的幾種方式，至於後續那二個步驟分別於第十五章和第十六章再述。

14.3.1　開放的態度

實際上，你不可能完全禁止指責行為。人們在自尊低落時，就會採取指責行為，而且你沒辦法確保組織每位成員隨時都信心滿滿。不過，經理人可以創造情境，即使有指責行為出現，也讓指責無法得逞。

　　要成為一個不指責的組織，關鍵就是開放的態度。指責就像生活在岩石底下那種噁心的生物，在黑暗中才能得逞。所以，不指責的組織其首要條件就是，組織從上到下都遵行「門戶開放」（open-door）

政策。光是管理高層這樣做還不夠，組織必須制定全員適用的門戶開放政策。開放的態度是錯誤的敵人，而指責就是開放態度的敵人。

14.3.2 維持門戶開放系統

身為開放政策的一部分，管理高層必須表明他們不容許指責行為，也不容許有人阻止門戶開放政策的實施。我們以下面這個例子做說明：

當達蓮娜無法遵照主管的命令偽造一份測試報告時，她的主管奧斯汀相當嚴厲地指責她。由於公司推行門戶開放政策，達蓮娜向奧斯汀的主管瑪瑞莉莎報告說奧斯汀要她偽造報告，她不遵從就被痛罵。隔天，奧斯汀把達蓮娜叫進他的辦公室，關上門後就對達蓮娜大吼大叫：「如果妳敢再越級報告，」奧斯汀威脅她，「我馬上開除妳，讓妳很快就被掃地出門。」

奧斯汀完全違反公司推行的門戶開放政策，不過，達蓮娜並不知道。她很怕自己會丟掉工作，所以她不敢再跟瑪瑞莉莎報告，也不敢跟其他人說，因此反而讓門戶開放政策失效。

不過，達蓮娜有勇氣跟公司外聘的顧問談起這件事，她認為這樣做不算越級報告。這位顧問剛好跟瑪瑞莉莎很熟，所以兩人聊起此事，只不過顧問並沒有說出故事主角是誰。瑪瑞莉莎知道顧問大概是在說誰，不過，因為那是奧斯汀和達蓮娜兩人的私下談話，她無法證明奧斯汀是否不顧她的警告，再次冒犯達蓮娜。在缺乏證據的情況下，她不能開除或處罰奧斯汀。她能做的只是密切觀察奧斯汀，看看他是否有其他不被接受的管理行為。

指責行為一旦在組織中生根，就會像傳染病一樣散布開來。如果組織就像上述故事一樣，嚴重感染指責行為，經理人必須採取步驟阻止指責行為的發生，換句話說，必須禁止經理人參與技術審查並禁止

186

經理人找技術人員私下會談。如果經理人和技術人員有必要私下會談，就必須將會談錄音做為紀錄。

　　或許這些步驟聽起來有一點嚴苛或不切實際。不過，如果達蓮娜對奧斯汀的指控是性侵害，難道這些做法會太嚴苛嗎？從組織的觀點來看，口語虐待可能跟性侵害一樣具有破壞力，因為口語虐待更可能散布開來並成為文化的一部分。如果專案經理人可以威嚇工作者偽造品質報告，組織要如何自我管理呢？

14.3.3　建立良性的互動

指責的基礎是：將被指責者從人際互動中排除掉。因此，在講究人性的環境中，指責這種行為根本無法存在。凡是可以讓人們以個人對個人的方式進行互動、而不是以上司對部屬的方式進行互動的事情，都有可能阻止指責行為。因此，我的公司會定期舉辦研討會，訓練來自不同組織階層的人士，協助將指責型組織轉變為言行更為一致也更關照全局的組織。

　　不過，指責型經理人常會拒絕參與這類研討會，除非是只有經理人參加的研討會，他們才會出席。他們避免出席暗示眾人皆平等的那種情況，因為他們的自尊是由身為主管所界定，主管的定義就是可以指責員工。其實，有些經理人在說話時，還把經理人和員工加以區別。說實在的，經理人和員工不都一樣是人？

14.4　心得與建議

1.　指責的對象並不侷限於他人。完美主義者常會指責自己，因為他們沒有遵守本身的完美規則，所以他們自然會把指責別人這件事

正當化。這些規則就像所有長久存在的規則一樣，通常受到其他規則組成的體系妥善保護。如果你是完美主義者，你可以從自我談話中發現這些規則，比方說：你把某件事做得很好，卻自我貶抑說：「我做到了，但我沒有做到完美，所以這次不算數。」這種說法所依據的規則是：「我必須以一種完美的方式，來做到完美。」

如果你真的把某件事做到完美，你又會自我貶抑地說：「我把這件事做得很完美，但是我下次可能沒辦法做得這麼好，所以這次不算數。」這種說法所依據的規則是：「我必須隨時保持完美。」

以旁觀的角色來看，這些規則真的很好笑；所以，如果你想減少自責，就要訂定目標以他人的立場來檢視自己，對於自己的缺點就一笑置之。這樣做可能很痛苦，不過你是因為承認錯誤而痛苦，不是因為自責而痛苦。

2. 如果你覺得自己私底下會遭受一些不當行為對待，千萬不要允許自己陷入那種情況。如果冒犯你的人堅持繼續這種情況，你可以客氣地說：「我需要第三者在場，因為我發現你跟我說的重要事項，後來我都記不太起來。」如果冒犯你的人還是堅持不找第三者出席，你就找一部錄音機，把錄音機打開並向對方說：「我必須把我們的對話錄下來，否則我事後會都忘光了。」如果你因為錄音而受到責罵，那會被錄下來。如果你說了什麼不合理的話，也會被錄下來，之後你可以聽錄音帶檢視自己的行為。

14.5 摘要

✓ 以資訊取代指責，就能讓軟體工程管理有可觀的進步，尤其是在

那些對指責行為上癮的組織。

✓ 要在組織中根除指責，同時改善軟體產品，經理人必須學習關照全局的方式，以提供必要的修正回饋。

✓ 對經理人來說，面對指責行為時，他們很可能犯的過錯是，也以指責行為回應。然而，指責只會刺激大家想辦法避免受到指責。

✓ 如果程式設計師因為所撰寫程式出現缺陷而被指責，他們會費盡心思隱瞞程式缺陷，或將程式出現缺陷直接怪罪於別人。測試工作和開發工作之間會持續出現衝突，大多是因為對指責風氣所做的回應。

✓ 經理人多年來想要報復技術人員，照章行事型（模式2）組織的願景就是這種願望最常見的表達形式。這也是方法論在一九六〇年代如此盛行的原因。

188 ✓ 經理人想要報復程式設計師的心態，導致在許多組織中，大家都習慣於指責程式設計師這種因應模式。在某些情況下，程式設計師會做出反擊，通常他們會採取超理智或打岔等行為來回應。現在，這兩種因應方式在模式2文化中最為常見。

✓ 並不是所有照章行事型（模式2）組織都符合這些不一致的因應模式。有些以照章行事方式運作得當的組織，經理人不會採取指責行為，技術人員也不必以不一致的方式回應。

✓ 在不具備照章行事這種文化模式的組織裏，軟體系統的設計、開發和維護可能是極具創意的工作，需要感受力極強的工作者。在這種情況下，指責就會破壞任何可以達成高品質和發揮生產力的可能性。

✓ 當我們受到指責時，我們可能感受到二種痛苦。指責的痛苦是：覺得受到批評及被發現能力不足。承認的痛苦只是取得新資訊要

付出的代價。

✓ 我可以在不遺失批評本身的含意下，用言行一致的方式做出批評。在批評別人時，我會用跟個人和情境有關的陳述做開頭。關照全局的作為確實奏效——雖然不是每次都有效，不過，關照全局的作為確實比任何不一致的行為更常發揮功效。而且，關照全局的作為無法如你所想的那樣迅速奏效，但是最後這種作為可以節省許多時間。

✓ 要變成一個不指責的組織，關鍵就是開放的態度。指責就像生活在岩石底下那種噁心的生物，在黑暗中才能得逞。開放的態度是錯誤的敵人，而指責就是開放態度的敵人。

✓ 指責的基礎是：將被指責者從人際互動中排除掉。因此，在講究人性的環境中，指責這種行為根本無法存在。凡是可以讓人們以個人對個人的方式進行互動、而不是以上司對部屬的方式進行互動的事情，就有可能阻止指責行為。

14.6 練習

1. 解決完美主義規則的一個方式就是，將規則重新制定為準則（guideline）。[4]你可以從讓你指責自己的規則中挑出一項規則，試著將這項規則重新制定為準則。

2. 解決完美主義規則的另一種方式是，犯一些小錯，而且你知道這些小錯不會造成重大後果。舉例來說，你可能把鋁罐丟進一般垃圾筒，而不是丟進鋁罐回收筒。請你連續一星期每天犯一個小錯，並注意自己的反應。

3. 我住在鹽湖城的友人 Lee Copeland 建議：請同事或家人監視並記

錄你的指責行為。經過一段時間後，你再審視這些紀錄。看到這些紀錄時，你是不是覺得自己因為指責行為而受到指責？你當時知道自己出現指責行為嗎？你要怎麼做，才能察覺自己的指責行為？

4. 我同事 Bill Pardee 建議：內向型經理人在自己的辦公室時，通常必須把門關上才能想事情或打電話。在經理人偶爾會把門關上的情況下，如何順利推行門戶開放政策並達到最好的效果？

15
讓別人參與

我常讓我媽生氣，但我認為她很樂在其中。　　　　　　　　　190

　　　　　　　　　　　　——美國小說家馬克·吐溫（*Mark Twain*）

我

可以想像得到馬克·吐溫讓媽媽生氣，媽媽為什麼還樂在其中。要知道你的管理風格如何，你不妨看看員工是不是也會這樣說你：「我常讓她（他）生氣，但她（他）總是樂在其中。」

　　某人找你麻煩，你卻能樂在其中，這是因為參與也是一種樂趣：讓二個人可以實際接觸。遺憾的是，在討好型和指責型的組織中，經理人試圖在不讓被管理者參與的情況下進行管理。他們會依據自己偏好的因應方式，採取特定的做法避免員工參與。

　　本章要探討經理人會用哪些方式避免員工參與，並提供一些替代方法讓你幫助自己或他人，努力戒除不一致行為成癮症。

15.1 討好型

對於討好者來說，缺乏對他人的承諾是根深柢固的，並且會以各式各　　191

樣的藉口出現。如果你不相信討好行為會帶來什麼後果，不妨參考一下丹尼爾‧狄佛（Daniel Defoe）在其著作《魯賓遜漂流記》中，食人族Friday出現在魯賓遜面前所說的一段話：

> 最後，他的額頭貼到地面，靠近我的腳，然後如往常一般對我俯首稱臣；接著，他以各種可以想像得到的姿勢，向我表示他的服從、聽命行事和任我擺布，讓我知道他在世時會如何服侍我。[1]

對於人際關係的這段描述實在令人反感；不過，毫無疑問，有些經理人可能希望員工是這樣表現。奇怪的是，這些經理人卻很少發現，自己也以同樣的表現——對待顧客、對待上司、甚至對待員工。不過，這件事其實沒有什麼大不了，因為討好本來就是讓自己變得渺小，甚至讓別人不注意到以藉此求生存的一種技倆。

15.1.1 透過假妥協來討好

許多討好行為其實是藉由妥協來達到目的。我以個人經驗舉例說明：大約在1965年時，我跟三名IBM軟體工程師任職於一個委員會，制定組譯程式碼。逐行註解是我們要解決的問題之一。依據我對程式碼的了解所做的實驗，我偏好封鎖註解，讓每一行程式碼都不會出現註解。不過，其他三位軟體工程師偏好每一行程式碼都出現註解。我們幾乎浪費一整天的時間討論此事，最後我們做出妥協。我們採取「平均值」並制定一項標準：有四分之三的程式碼會出現註解（因為有三個人贊成整支程式都加上註解，有一個人贊成整支程式都不加註解，計算出的平均值就是〔$3 \times 100\% + 1 \times 0\%$〕$/4 = 75\%$）。

這種看似妥協的做法，當然荒謬可笑。如果另外三名軟體工程師的看法是對的，這項標準應該是每一行程式碼都加上註解。如果我的

看法沒錯，這項標準應該是每一行程式碼都沒有註解。沒有人會支持
「四分之三」這數字，但是IBM公司的幾千名程式設計師卻必須遵照
這項標準。不過，從我們的觀點來看，我們已經達成任務目標：避免
彼此對這個問題做出真正的承諾。

15.1.2 對付失控的軟體開發人員

我再舉一個例子說明常見的討好行為。藍迪在某家軟體產品公司擔任
經理，這家公司是典型的變化無常型（模式1）組織。藍迪的討好類
型正好可以說明模式1組織為什麼被稱為「變化無常」。藍迪說：「我
的部屬艾德格是軟體開發方面的資深人員，工作認真又努力，聰明能　192
幹人緣又好。不過，對我來說，我很難指揮他。

「艾德格很有主見，似乎無法接受他提的設計和實作方法被簡化、
修正或以其他替代方案取代。我沒辦法改變他的想法，我們應該先訂
出一套可達成（意即有限）的交付項目，然後努力完成這些交付項
目，再評估現況。結果，每次艾德格都認為他比較懂，所以他選擇了
技術上要比別人好很多（但野心太大明顯做不到）的設計，最後交期
到了也交不出東西。他覺得自己做得很對，因為他要達成高品質的成
果，他不明白為什麼我對他不滿意，為什麼我覺得自己被他連累到。」

我們先檢視這個例子中的討好跡象。藍迪做的第一件事是吹捧艾
德格，說艾德格工作認真又努力，聰明能幹人緣又好。接著，他藐視
自己，他說：「我很難指揮他」，好像他不希望我認為艾德格跟不受
指揮這件事有任何關係似的。「我沒辦法改變他的想法」——彷彿身
為經理的藍迪都沒有資格直接告訴他該怎麼做才是對的。藍迪最後要
說的其實是：「他不明白（我是一個多麼可憐的受害者）。」

請注意，藍迪先入為主的想法是：「我跟他說過一次，他應該懂

才對。」這樣想可能是超理智的行為；不過以這個例子來看，卻是討好行為，藍迪要說的是：「喔，我不可能為了再跟他說一次，而打斷他的重要工作。」

從這種討好立場來看，藍迪根本沒有機會解決自己跟艾德格的這個問題。依據藍迪的假設，艾德格應該要察覺到藍迪被他害得很慘，他應該要改變自己的行為，讓藍迪好過一些；但是，藍迪卻讓自己變得好像隱形人似的。

藍迪的經理人雪倫提議，藍迪在跟艾德格互動時，可以經常利用一些小查核點來解決這個問題。這樣的話，藍迪就有機會在允許艾德格誇大承諾以前，先確認艾德格提出的絕妙構想是否適用。而且說不定，艾德格的一些構想可以在符合專案目標的情況下完成。

15.1.3 兩難困境

由於藍迪已經對討好行為上癮了，因此他對雪倫提出的建議，做出討好者都會有的反應：「可是，如果艾德格認為我這樣做是在偷偷監視他，他會生氣。」

雪倫回答：「如果那樣的話，我想他必須煩惱一下。如果他能證明自己可以符合專案目標的話，你就可以逐漸拉長查核點的間隔時間。」這種邏輯當然無法說服藍迪。

討好者會忽略自我。為了終止討好行為，你必須讓討好者找回自我。因此，雪倫跟藍迪說，如果他沒有依照提議去做，她就把他們二人開除。於是，藍迪陷入進退兩難的困境。如果他繼續討好艾德格，他就不能討好雪倫；如果他討好雪倫，他就不能再討好艾德格。不管是哪一種情況，他都必須讓自己加入互動中。為了繼續討好雪倫，他必須停止討好艾德格。

193

　　雪倫天生就很會處理這種兩難困境，她甚至不知道有「兩難困境」這種字眼存在，我看過她用類似的方法處理另一個常見的討好情況。雪倫管理的另一名經理喬治，有一次來找她解決一個問題：「妳希望我怎麼做？不管妳說什麼，我都會照辦。」

　　雪倫不但沒有落入陷阱，讓喬治扮演受害者的角色，她反而以另一種兩難困境，解決當時的情況。她跟喬治說：「我希望你好好想想你要怎麼做，然後跟我說明你想這樣做的原因。」為了討好雪倫，喬治必須先停止自己的討好行為，並且從頭到尾想一想。

　　換句話說，當部屬對你俯首稱臣，最後卻不把你看在眼裏、自己作大時，你必須先讓部屬認清誰才是老大。

15.2 指責型

第十四章已經說明過，指責行為可藉由一些方式來規避參與。當人們覺得自己一無是處時，就很難跟別人互動。

15.2.1 透過規則進行指責

先前提到的IBM程式碼註解標準，就是一個如何規避承諾的例子。這項標準發布不久後，組譯器接獲「指令」計算有註解行數的百分比。如果計算出來的數值少於四分之三，程式就不會進行組譯——這簡直是一個完全自動化的指責工具！

　　當經理人制定一項無法變通的規則表明：四分之三的程式必須加上註解；這樣其實是說：「我們認為你們無法對於一個合理的技術需求，做出合理的反應。」這是常見的一種指責行為，通常被指責者會以打岔方式做出不一致的回應。當IBM程式設計師明白，他們寫的程

式碼因為加上註解的行數不到四分之三，而無法在機器上進行組譯時，他們很快會在每行程式碼上加註無意義的註解，用這種做法來矇騙機器。後來，IBM決定廢棄計算程式碼註解行數這項功能；不過，這麼多年來，我們已經可以從程式碼註解欄位出現的無意義字眼，判別程式碼撰寫的年代。

　　雖然那是幾十年前的事，不過，「透過規則進行指責」這種做法還是存在，而且本身的影響力絲毫沒有減損。圖15-1即為受困於這種做法的動態學。

　　接下來，我們就以一個現代實例說明這種持續存在的動態學。在一家專精麥金塔電腦軟體開發的公司裏，管理階層訂定新發行版本各新增模組的變更數目。管理階層訂定這個既嚴格又可笑的規則，是想在管理階層不必了解系統或不必花心思留意的情況下，取得對軟體變更的控制。而且，管理階層運用一項工具來實施這項規則，這次是利用組態管理系統計算每個模組的變更數目，如果模組變更數目超過訂定值，就中止「進行」作業。這樣一來，當然讓程式設計師浪費很多寶貴時間，想辦法規避這個系統，最後管理階層只能不動聲色地放棄

194

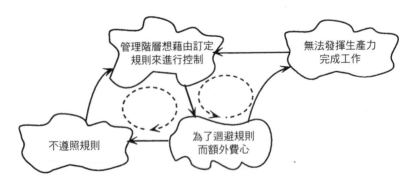

圖15-1 當經理人想藉由訂定指責意味的規則來進行控制，這樣做只是害人害己，不但讓情況更無法控制，甚至更不遵照規則。

這項規則。

如果以關照全局的做法來制定標準規則，就能夠避免這種動態學。圖 15-2 所示為某個組織為註解程式碼所訂定的標準。請比較一下，這個標準所傳達給程式設計師的訊息，跟「由組譯器計算程式碼註解比例並在比例不達標準時加以處罰」所傳達的訊息有何不同。

程式碼的清楚明確：

程式碼撰寫一次，卻可能被閱讀無數次。當你撰寫程式碼時，請記得別人在讀你寫的程式碼時，可能很難理解你在寫些什麼。為力求程式碼的清楚明確，請遵循下面這四項做法：

1. 清楚的編碼與設計。
2. 對整體設計加上註解以指引閱讀者。
3. 唯有在程式碼本身無法清楚說明時，才加註註解。
4. 透過他人審查，對步驟1到步驟3進行測試。

圖 15-2　一種關照全局的程式碼註解標準。

另一種關照全局的程式碼註解標準，就是依照下列這項實用的「標準的標準」來制定：　　　195

　　如果有一種標準存在，至少必須有二種標準可供選擇。

這樣就讓程式設計師有選擇——這時候，程式設計師可以對所有程式碼加上註解，或是完全不加註解，但是用其他方式讓別人更容易了解程式的撰寫邏輯。

15.2.2 指責懶惰員工

指責型經理人最常抱怨的就是，員工很懶惰，我們可以用歐文這位組

長的例子說明此事。

「我認為梅琳會做完分派給她的所有工作，但她從來不會多做些什麼，而且她的動作很慢！不過，最糟的是她接受分派工作的方式：一副無精打采的樣子，好像在說：『喔，不要，別再拿更多工作來煩我。』其實，上次她還問我，是否可以把工作交給別人做，因為她有太多工作要做。我真的很難過竟然有這種組員，她實在讓我不知所措。」

歐文假設自己跟梅琳是在同樣的情境中運作。當歐文被問到可以用什麼字詞取代「懶散」時，他想出的是「不感興趣」。當他跟梅琳談論這個問題時，梅琳跟他說，她進這家公司上班時，公司曾答應讓她在另一個她真正有興趣的專案工作。剛進公司就被指派到這個專案，根本不是她所希望的，不過另一個她感興趣的專案遭到擱置，所以歐文的老闆就指派梅琳幫歐文工作並建議她：「先別涉入太深，等我們的專案開始進行時，我就可以把妳調過來。」這當然跟歐文所想的情境大不相同。

請注意，在這個例子中，梅琳確實聽從歐文的老闆信口而出、甚至漫不經心的建議：「別涉入太深……。」說到語言這回事，我們絕對不能單憑字義做判斷，一定要考慮整個情境的前後關聯性。

為了檢查整個情境，你當然必須讓對方參與。隆恩是一位帶領六人小組的資深經理人，他跟我說他的組員納森每天都在「鬼混」。我請他想想，納森是不是為一些私人問題所苦，比方說，是不是因為孩子生病了。「喔，」隆恩說，「你認為他有小孩嗎？」

隆恩管理這個小組已有二年之久，他卻不知道哪些組員已婚，當然更不知道他們有沒有小孩。當你像隆恩這樣跟組員關係如此疏離時，當然很容易怪罪別人。要解決這種疏離的一種方式是，安排一些

情況，讓人們可以真正的互相了解，而不是把對方當成「人力資源」、「peopleware」或「生物程式設計的工具」（biological programming tools）。

15.2.3 用合氣道的方式應付指責者

對指責者來說，他們根本無視於對方的存在。所以最理想的做法是，引起指責者的注意，這樣做就迫使他們承認你的存在。理論上來說，你必須更接近指責者，讓他們不得不察覺到你的存在。不過，通常大家對於指責者的反應剛好相反：他們會讓自己離指責者愈遠愈好。像指責者這種把自己弄得可憐兮兮也喜歡折磨別人的討厭鬼，除非必要，為什麼要多花時間跟他們相處呢？

如果你不必再跟指責者打交道，你當然可以離他們遠遠的；但是，這樣做等於完全不讓別人參與。如果你的工作需要跟指責者打交道，你就必須學會合氣道大師用於應付各種攻擊（包括指責在內）的這個方法：

> 當有人要打你時，他是用他的氣打你──他的身體可能都還沒有動，整個氣就開始流動。他的行動由他的心智所掌控。如果你可以改變他的心智和氣的流動，你根本不必管他的身體如何移動。這就是祕訣所在：引導他的心智遠離你，接著他的身體也會遠離你。[2]

在合氣道中，你藉由實際的方式來讓對方分心，只不過這些方式通常愈溫和愈好。這種做法是不要讓對方更不舒服或更注意你，頑強的抵抗和出拳打對方其實只會引起反效果。事實上，技巧純熟的合氣道大師通常連碰都不碰對方，就能讓對手知難而退，你當然要用這種方式

來應付指責者。

你也可以用同樣的方式應付指責，首先你要讓步，但是你要以指責者無法傷害你的方式讓步。當你以適當的方式讓步，這個驚人之舉會引起指責者的注意，讓他分心，這樣你就可以輕易地改變對方的舉動。舉例來說，如果某位員工因為自己無法開發某項功能而指責你。「你根本沒有<u>告訴</u>我，這項<u>功能</u>是規格之一，」他大吼大叫地說。雖然你記得自己跟他說過，但你不想推翻他的說法，因為這樣只會讓他更強烈地指責你。你反而可以說：「如果你不知道這項功能列入規格，我當然可以理解你為什麼沒有加上這項功能。」

這個說法表示，你在不接受他的指責的情況下，認同了他的憤怒。接下來，你把這股指責的能量（就是合氣道所說的氣），轉移到更有生產力的事情上。你已經跟這股能量結合，所以你可以從後面推動這股能量，而不是從前面抵抗它。你可以說：「要讓你知道有哪些功能要執行，我怎麼做會最好？」這樣說讓你成為合作者，而不是對手，也將這股能量轉向避免日後問題重演，而不是不斷抨擊已經發生又不能改變的事。更棒的是，你自己並沒有成為指責者。

在體育界，你要花好幾年的時間才能熟練合氣道，不過，要運用這種方法應付口頭攻擊，不必花那麼多時間。我就可以證明，只要多用一點心和練習，你就能用這種方式應付指責者的攻擊並獲得驚人的成效。建議你不妨從 Thomas Crum 的著作《*The Magic of Conflict*》[3] 開始著手，練習這個方法。

15.3 超理智型

超理智型經理人避免各種形式的參與，他們不跟別人打交道，甚至不

跟自己打交道。

15.3.1 獲得相關的小回饋

當員工表示你沒有告訴他你自以為跟他說過的事時，想想看當時你採取超理智行為的可能性。當超理智型經理人試圖為某項專案或某個組織建構情境時，他們認為藉由一場鼓舞人心的演說、發表一篇願景陳述或公布一項策略計畫，就能一次把問題解決掉。專案進行到後期時，這些超理智型經理人會變成指責型經理人並說：「我跟他們說過了，我們打算先完成功能A，再完成功能B，現在他們做的事跟我說的完全相反！他們是太笨了，還是耳聾？」

　　真的，沒有什麼事比「以為大家都聽到了、都了解了、也都相信你說的或你寫的一切」更超理智、更脫離人與人的實際接觸了。實際的溝通一定是充滿雜音的。如果你希望發揮效能，你必須反覆地進行溝通。獲得相關的小回饋，就是讓大家留在同樣的情境裏的關鍵之一，這部分留待第十七章討論。

15.3.2 選擇溝通管道

超理智型經理人會抓住任何機會，避免跟人打交道。近幾年來，由於新技術的出現，讓超理智型經理人可以採用一種新方法來避免參與：

> 電子郵件可能減少資訊系統經理人與其直屬部屬之間的個人溝通（意見回饋）……現在，有些資訊系統經理人就躲在電子郵件後面。不管有些技術經理人怎麼想，根據研究顯示，目標設定、事業生涯指導和意見回饋都應該是藉由面對面的方式學習的技術，這樣才能獲得最大的成效。4

電子郵件收件者無法看到寄件者、無法聽到寄件者的聲音或聞到寄件者的氣味。因此，對於想要以超理智方式——不必參與——跟人「溝通」的經理人來說，電子郵件是他們夢寐以求的理想媒介。

198　　關照全局的經理人可以選擇許多溝通方式，包括電子郵件這種溝通方式在內，只要經理人運用得當，電子郵件一樣是很好的溝通工具。關照全局的經理人可以審視自我立場、他人立場及情境立場，選擇出適當的溝通方式。

　　舉例來說，電子郵件成本低廉又能保護寄件者，但是當討論的問題跟情緒有關時，這種溝通方式無法真正提供對方一個公平的機會。面對面的會談可能是讓對方共同參與的最佳方式，不過如果對方在外地工作，打電話或許是比較符合情境，也合乎時間與成本考量的方式。

　　另外，我們也可以依據個性差異，挑選更能關照全局的溝通管道。內向型人士比較喜歡用電子郵件溝通，因為這種方式讓他們有時間準備要怎樣回應。相反地，外向型人士可能會想用面對面那種你來我往的迅速互動。外向型經理人跟內向型軟體開發人員溝通，可以先藉由電子郵件展開溝通，在電子郵件中概述問題並提議進行面對面會談的時間與地點。經理人可以依據情況，決定什麼時候應該會談及會談多久。

15.4 打岔型

打岔型經理人的因應方式是與情境脫節，因此在組織的環境中很可能會自我修正。一種與情境脫節的組織文化是不可能長久存在的，除非這個組織受到一個更大組織的保護，比方說政府官僚機構。不過，以

個人的情況來看，這些不一致的因應方式在被修正（例如：打岔型的
高階主管被開除）之前，可能已經讓組織蒙受許多損失。

15.4.1 管理階層有時間跟員工互動

忙碌的管理階層就是差勁的管理階層。要讓別人參與，你必須有時間
才行。新手經理人將「有時間與員工互動」列為導師（mentor）應該
具備的三項最重要特質之一。[5]另外二項特質是：訂定高標準和協調
開發經驗，這兩項特質都需要許多參與。打岔型經理人會忙於一些無
關緊要的事，或是忙著去做應該交給別人去做的事。有一位副總裁的
祕書跟我說，副總裁坐在辦公室裏好幾個小時，整理辦公桌上文件盒
裏面的紙夾。這跟在麥金塔電腦上玩組織圖應用軟體的副總裁是不是
很像？他們都屬於打岔型，跟情境脫節，處理無關緊要的事。

15.4.2 績效考核

坐在辦公室裏整理紙夾，顯然不是讓員工參與的一種方式，而且許多
組織已經推動方案，設法強迫經理人跟所管轄員工一起互動。績效考
核（performance appraisal）就是這些方案中最重要的一項，只不過績
效考核的效果勢必會讓員工更不想參與跟經理人的互動。

　　就算績效考核工作做得很好，管理也是一項艱鉅的工作，這就是
為什麼經理人有高薪可拿的原因。不過，總有經理人只想坐領高薪，
卻不想真正去把管理工作的艱難職責處理好。提供回饋就是這些艱難
職責中的一項。依據績效考核系統，討好型或打岔型的經理人可能會
這樣想：「我現在先不要把那件事提出來，等到十二月績效考核時再
說。」結果經過幾個月的時間，經理人想跟員工說的意見愈積愈多，
等到績效考核時一股腦兒地倒垃圾，不但為時已晚，無法做任何事補

救，還會造成彼此憎恨與對立。經理人看起來似乎在執行管理工作，實際上只是在製造麻煩。

　　績效考核也是薩提爾所說的「大競賽」（Big Game）或「誰開始告訴別人怎麼做」（Who Gets to Tell Whom What to Do）中的一部分。指責型經理人喜歡玩大競賽這種遊戲。績效考核就是這種指責型管理的症狀，因為績效考核讓經理人有一手好牌可打。這樣做一定會讓員工做出不一致的反應。如同戴明所言，績效考核做得再好，

> 也會讓人充滿憎恨、意志消沉、心情沮喪，有些甚至精神不振，讓他們在接到績效考核結果後的幾週內都無法工作，也不能了解為什麼自己的考核成績比別人差。這樣做根本不公平，因為這種做法認定團隊成員的差異，而這項差異可能完全是所屬體制造成的產物。[6]

然而，在一個關照全局的組織裏，定期進行績效考核根本沒有必要。關照全局的經理人本來就持續進行績效考核所需的事項，並且提供員工即時相關的回饋，而不是累積一大堆意見後再跟員工說，讓員工難以應付。

15.5 愛與恨型

跟打岔型經理人一樣，愛與恨型經理人也跟情境脫節，因此這種情況無法長久持續下去。

　　關於情愛，詩人們已經著墨甚多，不必我再多言。如果你很不幸地碰到一種愛慕關係，往好處想是這個關係可能不會維持太久。碰到這種愛慕關係時，最好不予理會，讓一切順其自然就好。最好是將愛

慕者和被愛慕者分派到不同部門，這樣一來等到愛的火花熄滅時，整個運作也不會受到破壞。

愛情來得快、去得也快，但是恨意卻會持續很久，讓組織內部受到傷害。處理這種血海深仇的一條線索是，把遺失的情境帶到他們面前。詢問憎恨者：「你能夠把這股敵意擺一邊，做這項工作嗎？」如果對方回答「可以」，你就訂定一段試驗期，讓憎恨者證明自己說話算數。如果憎恨者無法將敵意擺一邊，你就要設法讓這些彼此憎恨者各做各的工作，不要有任何牽連。

憎恨這種行為將情境排除在外，在現實世界中這種行為也無法長久存在，除非有共同依賴的行為支持。如果你很容易討好別人，你就很容易陷入這些關係，而且藉由你自己的討好癮，讓這些關係永遠存在。舉例來說，如果你必須打破一個仇恨關係，你可能有苦差事要做，因為你必須重新分派工作或把某人開除掉。沒有人喜歡這種工作，但是你不能猶豫。而且，千萬不要落入「想改變別人」這種陷阱裏。

15.6 心得與建議

1. 以下這個方法教你如何不說一句話就能提供回饋。公司訂定老闆每個月要跟員工共進午餐，負責流程改善方案的人士會將餐券發給當月所屬專案或所屬部門表現最合作的經理人。這種做法巧妙地利用許多經理人想步步高陞的渴望。

2. 模仿其行為就是讓打岔型人士參與的一種方式。如果打岔型人士跳來跳去，你就跟著跳來跳去。如果他說話像連珠炮，你也跟他這樣做。如果他用筆一直敲桌子，你也拿起筆來敲桌子。過一會

兒後，對方可能會注意到你的行為（情境的立場），或發現你在模仿他（別人的立場），或是停止打岔行為（自我的立場）。不管怎樣，你已經跟他有了初步接觸，可以從那裏開始繼續互動下去。

3. 我跟團隊共事卻突然有超理智行為出現時，就會陷入忘我的境界。我會看著天空喃喃自語。這時，只要輕輕拍拍我的手背，就能讓我跳脫這種神遊狀態。下次，有人在你面前這樣神遊時，你不妨試試看，輕拍他的手背。

4. 從兩難困境就可以說明，從不一致的立場運用任何技巧可能都極具破壞性。在第十三章一開始提到的故事，總裁莫瑞就讓夏琳陷入這種兩難困境：

   a. 如果你估計要花 X 個月才能完成，那麼你的估計能力一定不好。

   b. 如果你是一位有能力的經理人，你就要能夠在 Z 時程內完成專案。

   如果夏琳同意在 Z 時程內完成專案，她等於承認自己的估計能力不好。如果她不同意在 Z 時程內完成專案，她等於承認自己是無能的經理人。在這種不管怎樣都是輸家的兩難困境中長大的小孩，成年後就很難言行一致。

15.7 摘要

201 ✓ 在討好型和指責型的組織中，經理人試圖在不讓被管理者參與的情況下進行管理。他們會依據自己偏好的因應方式，採取特定做

法避免員工參與。

✓ 在討好型組織中，缺乏對他人的承諾是根深柢固的，並且以各式各樣的藉口出現，比方說：許多討好行為其實是藉由妥協來達到目的。

✓ 在跟聰明的員工互動時，經常利用一些小查核點，經理人就有機會在員工誇大承諾某件事之前，先確認這件事是否跟專案目標相符。不過，討好型經理人卻會讓這種做法無法奏效。

✓ 為了終止討好行為，你必須讓討好者找回自我。有時候，你可以藉由製造兩難困境來終止討好行為，比方說：如果你討好某一方，就無法討好另一方，所以不管怎樣，你都無法成為完美的討好者。兩難困境的另一種形式是：「如果你想討好我，你必須先停止討好我！」

✓ 指責行為可藉由一些方式來規避參與。其中一種方式就是訂定規則，甚至以自動化工具來落實規則。這種利用工具落實指責的方式，通常只會引發打岔型的回應。

✓ 以關照全局的做法來制定規則和標準，就能避免指責，尊重員工的知識和專業精神，並且讓員工有選擇。

✓ 終止指責癮的一種方式是，營造人們可以互相認識的機會，而不是把對方當成人力資源看待。終止指責癮的另一種方式是，採取合氣道的做法：絕對不要跟指責的能量正面迎戰，而要尾隨在後，然後以溫和的方式，將這股能量導向更有生產力的方向。

✓ 超理智型經理人試圖為某項專案或某個組織建構情境時，他們認為藉由一場鼓舞人心的演說、發表一篇願景陳述或公布一項策略計畫，就能一次把問題解決掉。如果他們希望這樣做能發揮功效，他們應該要反覆進行一些規模較小的溝通，並從中取得相關

回饋。

✓ 對於想要以超理智方式——不必參與——跟人「溝通」的經理人
來說，電子郵件是他們夢寐以求的理想媒介。關照全局的經理人

202 可以選擇許多溝通方式，他們可以應用自我的立場、別人的立場
及情境的立場來關照全局，選擇適當的溝通方式。

✓ 與情境脫節的因應方式在組織環境中很可能會自我修正。一種與
情境脫節的組織文化不可能長久存在，除非這個組織受到更大組
織的保護。

✓ 打岔型經理人忙於一些無關緊要的事，或是忙著處理應該交給別
人去做的事。舉例來說，在進行績效考核時，經理人看起來似乎
在執行管理工作，實際上卻只是在製造麻煩。

✓ 碰到愛慕關係時，最好不予理會，讓一切順其自然就好。愛情來
得快、去得也快，但是恨意卻會持續很久，讓組織內部受到傷
害。處理這種血海深仇的線索是，把遺失的情境不以討好的方
式，帶到愛恨糾葛的相關人士面前。

15.8 練習

1. 想出一種更關照全局的方式來控制產品版本的變更，而不是嚴格
限制每個模組的變更數目。並請說明為什麼你想出的這個方法更
能關照全局，為什麼這個方法更能發揮功效？

2. 軟體工程組織通常是在發生緊急狀況時才進行溝通。「緊急狀況」
的一種定義就是：「情境主導一切」，但是這種定義通常會把有
關自我和別人的資訊給封鎖掉。因此，超理智型和打岔型經理人
喜歡把情況說成「緊急狀況」。你如何迅速認清所處情況究竟是

不是緊急狀況？

3. 超理智型經理人通常會用祕密或安全考量，當作不進行溝通的藉口。當你遇到有人利用這種理由不進行溝通時，你應該怎麼做？

4. 請討論如何將合氣道的原理應用在本章「心得與建議」的第1、2、3項。

16
重新架構情境

我不聽從道理。道理通常表示別人有話要說。

——英國小說家伊莉莎白・蓋斯凱爾（Elizabeth Gaskell）

經理人的首要職責之一就是建立情境，讓互動得以發生並讓工作得以完成。有時候，情境是由言語創造出來的，當我打斷你說話，用一種要求的語氣對你咆哮說：「你為什麼不講道理呢？」這個簡單的句子就創造出一個由幾項要素構成的情境：

- 我有資格要求你。
- 我講的是「道理」，你講的不是道理。
- 我可以指責你（「你為什麼不……？」）。
- 我負責講話，你負責傾聽。

不過，即使在這種口語互動時，整個情境大部分還是由我做了什麼、而不是我說了什麼所建構出來：

- 我有權打斷你說話。

- 「我」對人咆哮，那是可被接受的行為。

204　本章將檢視我們可以利用一些方法，透過行動和言語重新架構情境，來解決問題。

16.1 重新架構

透過一連串的圖片，如圖16-1至圖16-4所示，就是了解重新架構（re-framing）的最簡單方式。圖16-1是一位男士的圖像。當整個架構被改變了，你可以看到同一位男士在不同的情境中。之前在圖16-1中，那位男士似乎沒有在做什麼事，但是由圖16-2可知，他正利用兩匹馬在耕田。

　　不過，將圖16-2進行重新架構後，又會產生不同的圖片，如圖16-3所示，你可以看到房子的圖像。在現實情況中，我們可以用許多可能的方式來檢視相同的情境，而且重新架構這個情況的方法可能數

205　都數不清。有些架構是以時間、而非空間來劃分，比方說：悲觀者認為只剩半瓶水，但是樂觀者卻認為還有半瓶水，或是經理人認為還有一半的工作沒做完，而軟體開發人員卻認為工作已經做完一半了。

　　大小（scale）是另一種劃分架構。有十萬筆資料的資料庫有多大？某位設計人員從未處理過一萬筆資料以上的資料庫，然而另一位設計人員卻設計過幾個超過一千萬筆資料的系統。對於第一位設計人員來說，十萬筆資料似乎很龐大；對於第二位設計人員來說，十萬筆資料不算什麼。同樣地，對於每天處理五十筆交易的架構來說，一萬筆交易會出現一次失誤似乎不算什麼；不過在每天處理一千萬筆交易的架構下，一萬筆交易會出現一次失誤，就可能讓人無法接受。

圖16-1　一位男士的圖像。

圖16-2　改變架構後,將那位男士置於截然不同的情境:他正在耕田。

圖16-3　以不同的方式架構,就會看到房子的圖像。

　　大小可能以時間、空間或尺寸來呈現。在以十億分之一秒為週期
時間架構運作的電子設備中，十毫秒的反應時間似乎太慢了；但是在
人們檢視螢幕的架構中，這種反應時間快到讓人無法察覺。

　　類型（type）是架構的另一種劃分方式。改變圖16-2的架構產生
圖16-4，你突然發現你原本看到的圖畫，其實只是牆上的一幅畫。真
正的圖是廚師正在端上美味可口的晚餐。是這樣嗎？這會不會又是掛
在另一面牆上的一幅畫？或者，是不是你手上拿的一本書裏面的一張
圖片？而你正在一個更大的情境中，你可以看到周遭的一切。

　　在軟體工程界，我們就是被這種類型的重新架構所圍繞。請以軟
體工程的觀點，考慮下面這二種程式碼：

圖16-4　再次改變架構，就轉變了整個情境。

- 模擬飛行器遊戲的螢幕程式碼。
- 飛機控制器螢幕的程式碼。

即使這兩種程式碼可能一模一樣，對軟體工程師而言卻不一樣，因為這二種程式碼在製作和驗證時適用的軟體工程流程截然不同。成本也會依據幾項命令的重要性而有所不同，況且製作程式碼的時間也可能不一樣，例如：模擬飛行器螢幕程式碼可能只要幾天就能完成，然而飛機控制器螢幕的程式碼卻可能要花好幾個月才能完成。這樣說好了：你如果用開發飛行模擬遊戲控制器那樣的軟體工程流程，來開發飛機的控制器，那種飛機你敢搭嗎？

206

16.2 語言的不連續性

在軟體工程組織中，許多問題的出現可以歸因於大家對情境的認知不同。軟體工程經理人的最重要職責之一就是，讓每位組織成員在同一種架構中工作，不然至少也要讓他們在相容的架構中工作。我們正在設計一個模擬遊戲還是一架真正的飛機？還是，我們正在設計訓練模擬器，讓日後要駕駛飛機的飛行員先模擬飛行？

　　遺憾的是，管理階層在制定情境時，幾乎沒有透過語言的運用，而語言正是一種符號系統。在實體系統中，自然法則會限制一個架構變成另一個架構的速度。飛機不可能現在在新墨西哥州的阿布奎基，一分鐘後就在俄亥俄州的克里夫蘭。不過，跟實體系統相比，符號系統比較沒有連續性，電腦螢幕上的飛機符號可能現在出現在阿布奎基的地圖上，下一分鐘就出現在克里夫蘭的地圖上。

207

　　在符號系統中，任何 X 幾乎可以馬上變成 Y。舉例來說，我現在

壓力很大，要想辦法在週五備妥模組進行整合測試。在一次偶然的交談中，我的經理說：「不是這週五，是下週五。」於是，整個架構馬上改變，我的壓力也瞬間消失。就算吃藥（實體系統的一個行為）也不可能這麼迅速幫我減輕壓力。

　　這種迅速且任意改變的能力，就是讓電腦可以如此程式化的原因，也讓電腦變得如此難以控制。這也是讓人們如此適應情境，同時卻成為潛藏在任何控制系統中的一項變動要素。管理階層為建立情境所採取的大多數行動，必須直接跟重新架構符號溝通有關，以改變或利用這種不連續性。

16.3　預設

跟別人講話時，我們通常會透過運用預設（presuppositions）[1]，影響別人對情境的認知，因此也影響別人的反應。有些預設很明顯，當經理人在開會一開始時就說：「我們不可能在半天內解決這種問題。」這句話制定了一個情境，可能影響到開會要花多少時間，因為這句話降低期望，認定與會者不可能在半天內解決這個問題。

　　有些預設雖然很明顯，卻不是透過口語表達。當經理人安排四小時的會議來解決問題時，這個時程就預設問題跟前述例子所要解決的問題一樣困難。當稽核部門受邀與會，這項邀請就預設問題跟稽核部門有關。

　　影響力最強的預設是隱密的，這種預設通常會引發不一致的非線性反應。舉例來說，假設經理人問程式設計師：「你打算把B-tree（樹狀結構）放在哪裏？」程式設計師噘起嘴，看別的地方，並且沉默不語，讓經理人感到困惑。

如果我們審視這個問題的預設，或許可以釐清部分困惑：

1. 這支程式中會有B-tree。
2. B-tree的存在與否是管理階層關切的一個重點。
3. 經理人有權詢問這位程式設計師有關技術細節的事。

究竟是哪一項預設引發程式設計師採取自我防衛的行為？經理人如果沒有察覺自己說話時的預設，就會繼續對這種「不一致的」反應感到困惑。

經理人故意問：「你打算放什麼大小的B-tree？」以便向程式設計師展現誰比較聰明和誰可以問問題。這種情況跟之前那種情況不一樣。經理人這種行為不是不以為意，而是言行不一致。以關照全局的方式處理同樣的情況，經理人可以說：「這項專案的成敗最後要由我負責，我很關心你可能無法做出有效的設計。所以我把你找來，問你一些有關設計的問題。」現在，如果程式設計師生氣了，至少你讓問題浮出檯面。

預設對制定情境大有用處，只不過可能產生的影響有好有壞。以下是在討論程式執行驗收測試時，經理人可能做出的陳述，試著將這些陳述加以比較：

✓ 「如果你找到一個解決方案，你如何將這項解決方案納入下次的測試？」
✓ 「當你找到一個解決方案，你如何將這項解決方案納入下次的測試？」
✓ 「當我們找到一個解決方案，我們如何將這項解決方案納入到下次的測試？」

上面這三個陳述都藉由預設會有另一次測試來引導程式設計師，不過你寧可替哪一位經理人做事呢？

16.4 妖魔化 vs. 對事情有幫助的模型

如同第十一章所述，最令人訝異的非線性行為大多不是源自說了什麼或做了什麼，而是源自人們以內在形成意義的心理模型觀點記得什麼及如何解讀。由於這些模型制定了一個可能因人而異且不為人所知的情境，所以通常會產生讓參與者嚇到的一種互動。如果你不想被嚇到，你應該熟悉這類常見模型：對事情有幫助的模型、對事情有偏執的模型、以及把別人都當成笨蛋的模型。

16.4.1 對事情有幫助的模型

就算你應付的人根本無法幫上忙，你也要重新架構情況，彷彿他們有幫上忙似的，這樣做就能讓情況有所改善。對事情有幫助的模型（Helpful Model）[2]認為：

> 不論表面上看來如何，其實每個人都想成為一個對事情有幫助的人。

舉例來說，在忙著準備推出軟體版本時，一名重要的測試者宣布：「我打算明天休假好好睡一天。」關心這件事會影響時程的經理人可能會說：「我很高興，你有監控自己的進度，因為每個人都必須全力以赴讓這個版本準時發行，而且我真的很擔心我們做不到。」

209

16.4.2 對事情有偏執的模型

許多經理人不會用這種方式重新架構情況。假設有個經理人信守對事情有偏執的模型（Paranoid Model）：

因為某人想辦法要危害我，所以事情會出差錯。

這個模型很少是正確的，當人們假定這種模型是正確時，情況就最不利。以之前測試者說要「休一天假」的例子來說，秉持對事情有偏執這種模型的經理人可能會大叫說：「顯然，<u>你</u>一點也不在乎這個版本會發生<u>什麼</u>事！」用這種方式重新架構情況的最不利點在於，通常會讓自己認定的事情成真。認為周遭一切都在找他麻煩的經理人，通常會證實自己的想法沒錯，整個動態學就如圖16-5所示。在某次CompuServe論壇討論中，Mark Weisz這樣描述這種動態學：「人們互相產生衝突時，通常都會把對方『妖魔化』（monsterize），讓衝突加劇，也讓情況更無法有所進展。這是一種可怕的正向反饋循環。我愈把你當成妖魔，我的行為也就跟你愈像，所以我也會變成妖魔。而你對我的反應通常就跟我預期妖魔會有的行徑相符。」

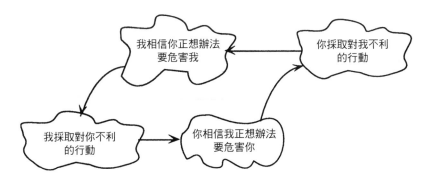

圖16-5　妖魔化的動態學：對事情有偏執的模型通常會自我實現。

奇怪的是，妖魔化的動態學就跟對事情有幫助的動態學一樣，只不過變數帶有負面價值，由此可知重新架構的力量。妖魔化的回饋循環以各種形式出現，例如：軍備競賽的研究、以及彼得‧聖吉（Peter Senge）用於訓練經理人的「啤酒產銷遊戲」（Beer Distribution Game）[3]。在這兩個例子中，唯有當參與者不被允許彼此進行有效溝通時，才可能出現具破壞性的循環。這是經理人應該要了解之處。

16.4.3 把別人都當成笨蛋的模型

210　對事情有偏執的模型有許多替代物，然而這些替代物卻缺乏對事情有幫助的模型所暗示的崇高信念。這些替代物當中最常見的一項可稱為「把別人都當成笨蛋的模型」（Stupid Model）：

> 一個人的行為如果可以用出於愚蠢來解釋，就千萬不要想成對方是出於惡意。

秉持這種模型的經理人可能會說：「當我聽到你想要在明天休假一天，我真懷疑你是否了解這個版本的急迫性？」（請注意經理人用「你想要」這個預設，重新架構測試者「我打算」的情境）。

在同一個CompuServe論壇中，Brian Richter表示把別人都當成笨蛋的模型有一個缺點，它跟對事情有偏執的模型和對事情有幫助的模型一樣，會產生同樣類型的正向反饋循環：「我記得電視影集《時空怪客》（Quantum Leap）有一集提到，時空怪客變成一位『智障者』。大家都表現出他可能會把事情搞砸，就連最簡單的工作也會被他搞砸掉，這種對待方式產生的結果就是，時空怪客變得緊張兮兮，最後真的把最簡單的工作搞砸掉。」

16.5 表達方式的選擇

文化創造語言，語言也創造文化。當你抵達目的地，行李卻還沒到時，行李搬運員問你：「你遺失行李了嗎？」這種預設可能是航空公司在訓練行李員時，刻意教導的立場，但是現在行李員不假思索就這樣說。於是，你發現自己不假思索地回應：「不，是你們把我的行李弄丟了。」然後你看到對方一臉困惑，以他們的文化來說，他覺得自己被冒犯了。如果這種情況重複幾次，你就更有機會有效處理你的問題。

　　在軟體工程文化中，也可以看到同樣的影響。運用程式有bug這種說法的組織，跟運用程式有缺陷（fault）這種說法的組織，兩者在軟體開發和維護方面的做法就不一樣。當有人說：「我遲到了，因為我的程式裏面有一個bug，」你可以藉由以下回答來稍微改變一下情境：「喔，你什麼時候把那個mistake放進那支程式的？」不過，你要知道，只是改變語言或許無法讓人對自己的所作所為負責，但是確實有點幫助。一旦達到某種臨界點，那些繼續藉由程式有bug來規避責任者，開始會因為團隊壓力而修正自己的行為。

　　有人言談不一致時，你可以藉由插入被遺漏掉的自我要素、他人要素或情境要素，讓整個互動變得更具一致性。前面提到的行李和程式有bug這二個例子，都可以插入說話者遺漏的自我要素，讓互動朝向使其負起責任的方向發展。

　　你可以在許多方面運用這項技巧。其中最讓人印象深刻的是找出 211 「時程壓力是真的嗎？」這個問題的答案。假設你的顧客或經理人剛才跟你說：「這是一個危機。無論如何，你必須盡一切努力在時程內完工。」對方這樣說是認真的，或者在時程上你還有商量的餘地？

　　達成更關照全局的一種做法是，設法讓情況回歸現實。你可以說：「既然時間很重要，我在此提出一些方法，可以花錢取得資源以改善時程。」你可能聽到這種回應：「其實，時程沒有那麼趕啦。」在這種情況下，你可以忽略一些時程壓力。相反地，如果時程真的很重要，你就可能取得更多資源，不管怎樣都能讓你更有能力在時程內完成工作。

　　如果在整個情境中缺少的要素不是資源、而是知識，你可以回答：「我不知道要如何符合你提出的時程。如果你告訴我怎麼做，我就可以做到。」這樣就能讓提出要求者參與互動，你也可以得到一些對你有幫助的忠告，或是得知原來沒有人知道該怎樣做才能在時程內完成工作，只是大家希望你做得到罷了。

16.6 以重新架構情境來回應指責

當你發現自己受到批評，不知道該怎麼回應時，重新架構就提供你一個強有力的工具。

16.6.1 採取觀察者的立場

如果你知道如何巧妙回應批評，你就不會那麼害怕進行可能困難重重的互動。以下是神經語言程式學專家提供的一個祕訣：

> 我們發現「懂得妥善因應批評」跟「被批評就不知所措」這兩種人的一項重要差別在於：他們看待批評的意義是不一樣的。能夠巧妙因應批評的人，可以跳脫出來，在旁觀看自己如何接受批評。他們知道批評「就在那裏」、「有一段距離」。從這個距離來

看，他們很容易保持冷靜，自行評估這項批評並決定批評中的有益事項，並且決定該如何回應。

　　相反地，那些被批評就不知所措的人卻「直接陷入情境當中」。許多人還依照批評字句想像，這項批評的「負面意義」如同一支銳利的箭或一道黑色光束刺進他們的胸口。[4]

換句話說，你要學會如何改變架構，從其他觀察者的立場、而非從自我的立場來接受別人對你的批評。

16.6.2　處理勃然大怒的情況

採取觀察者的立場當然是一件很棒的事，但是在被人指責時，要採取觀察者的立場可不容易。當別人勃然大怒地指責你時，你就更難採取觀察者的立場。不過，只要多加練習，你還是做得到。

> 跟正在大發雷霆的成年人溝通的最有效方式是，保持安靜，讓他們自己說累了，就會停下來。你可以發出聲音，讓對方知道你還在那裏，你有在聽他說話，讓他們自己發飆，累了就會停下來。你一定要記住：他們發飆時不會聽見你說什麼，你要等他們說累了、不想再說了，這時你再發表意見。[5]

換句話說，就是把觀察者的立場發揮到極致。對我來說，這樣做實在很難，因為我想改善當時的情況，所以我會忘記其實什麼事也不做，才是最明智的做法。我發現如果我對自己說：「天啊，太有趣了，四十二歲的成年人竟然把四歲小孩的舉動模仿得這麼像。於是，我就以對待小孩的方式來對待他，假裝我是他的家長。」結果，這樣做果然很有用。這種立場通常會讓我遠離情緒風暴，但我必須小心別做得太

超過而變得超理智。

16.6.3 完美主義的信念

第十五章中提到的完美主義者的生存法則，是會妨礙人們妥善因應指責批評的另一件事。「我必須要完美」這項法則在人群中已經很常見，但是在軟體工程從業人員當中，這項法則幾乎受到普遍認同。我看到幾百名技術人員晉升為軟體工程管理階層（包括我在內），這些人當中可能只有五個人不會受到這種完美法則的吸引。

　　由於軟體界對於品質的要求甚嚴，所以追求完美可能是一項資產。但是，如果追求完美過頭了──如果你一定要完美無缺──就變成一項負債。

　　一九八四年和一九八八年奧運跳水金牌得主Greg Louganis是世人公認最完美的跳水專家，他在接受電視節目專訪時說的這段話，就是最好的詮釋。

> 我是一位不折不扣的完美主義者，不過那是個諷刺。為了做到完美，我必須稍微擺脫完美。比方說，在跳水時，跳水板上有一個「最佳跳水點」，就在跳水板的前端。我沒辦法每次都完美無缺地命中這個最佳跳水點。有時候，我在最佳跳水點的後方，有時候我超出最佳跳水點。但是，裁判看不出來。不管怎樣，我都必須起跳。我不可以把心思留在跳水板上。我必須專注在當下，必須足夠放鬆才能從記憶中找到如何跳水。所以，我這麼努力地訓練──不只是要把跳水動作做好，也要從所有不對的跳水點把跳水動作做好。

213　如果你也有完美主義這種癖好，請留意Louganis以「不管怎樣，我都

必須起跳」這句話來重新架構情境的方式。以關照全局的觀點來看，
這表示：「我接受這個情境（跳水板）和別人（裁判）的原始樣貌，
他們未必要像我所希望的那樣完美。我接受這個世界的不完美，也練
習因應我自己的不完美。」以管理階層的觀點來看，這表示：「身為
負責控制者，我的職責就是應付這個世界的不完美。如果這個世界很
完美，我就失業了。」

　　當然，你也是這個世界的一分子，所以去想像你可以變成完美，
這是錯的。因此，如果你相信你可以變成完美，你就錯了──而且，
因為你錯了，所以你不完美。只要你相信你可以變成完美，你就無法
變成完美。這樣重新架構情境，讓人陷入兩難困境，倒是可以讓人停
止追求完美！

16.6.4 證實你的想法

劇作家蕭伯納（George Bernard Shaw）曾嘲笑過自以為完美者：「我
活得愈久，就愈加發現我對事情的看法正確無誤，而我為了確認自己
的想法、如此謙卑地承受一切痛苦，只是在浪費自己的時間罷了。」
蕭伯納認為，唯有完美者可以在「不證實自己想法」的情況下運作。
對於我們其他人來說，我們可以藉由繼續接納新資訊來避免麻煩。

　　你可以具備的最一致──因此也最有效的──想法是：「嗯，看
來我好像犯了一個錯誤。」這種說法就可以讓彼此展開討論，取得更
多資訊。

　　不過，或許你不太確定自己是否犯了一個錯誤。（這種想法會讓
完美主義者嚇壞了。）在這種情況下，你可以說：「嗯，我認為我有
做對事情，但是看起來我好像犯了一個錯。你可以跟我說，究竟是怎
麼一回事嗎？」通常，藉由舉例就是制定情境的最可靠方式，在這種

情況下，可以拿別人坦承犯錯的例子做說明。

16.7 心得與建議

1. 在CompuServe論壇上，Ben Sano提出一個相當棒的建議：「管理技術人員的傢伙很少認清這一點，對於技術人員來說，技術挑戰就是一項獎勵。」這就是我們說的回饋的「免費遊戲」（free game）理論。玩彈珠台遊戲者跟技術工作者都是以再玩一次為目標。

2. 人類是符號所形成的系統，所以人們隨時可以有驚人之舉。不過，人們的行為未必像表面所見那樣隨性。通常，你只是沒有察覺到潛藏在行為底下的動機。經理人經常把員工的行為看成是隨意且不具連續性的行為，那是因為他們並沒有一直觀察員工的行為。他們通常沒有檢視行為所提供的情緒資訊。所以，就某種程度來說，這就跟其他不連續性沒有兩樣：如果我們不了解整個動態學也不觀察回饋，我們就會被不連續性給嚇到。

3. 因為迴力棒效應（boomerang effect），重新架構通常會牽涉到推翻原本假定的情境。以下這個發生在汽車製造業的例子，也適用於說明軟體界的情況：

事實上，改善生產力的一種方式不是藉由做得更快，而是藉由放慢速度。通常，汽車裝配線每小時平均生產六十輛汽車，其中有六到八輛汽車被送到修理區是很常見的事。修理雪佛蘭汽車的方式就跟打造勞斯萊斯汽車的方式一樣，用手工方式一次一輛。如果稍微放慢裝配線的速度，就能生產出更多「完美的」汽車，也讓整體生產力得以提升。[6]

4. 我同事 Dan Starr 針對把別人都當成笨蛋的模型，提出一個有趣的
   建議：「原來大家都知道把別人當成笨蛋的模型，我還以為那是
   我發明的呢！我從來沒有運用這種模型預測未來，只是在我覺得
   有某個笨蛋讓我抓狂時，我會用這種模型讓自己脫離風暴。而
   且，把別人都當成笨蛋的模型確實道出對事情有幫助的模型並未
   提到的一項重點：或許每個人都想辦法要對事情有幫助，但是好
   心幫忙是一回事，有沒有能力更重要。」

16.8 摘要

✓ 經理人的首要職責之一就是利用言與或行動來建立情境，讓互動
  得以發生並讓工作得以完成。在現實情況中，我們可以用許多可
  能的方式來檢視相同的情境，而且重新架構情境的方法可能數都
  數不清。

✓ 架構可能是空間或時間。我們可以藉由改變時間的大小或空間的
  大小來改變架構。架構也可能以類型劃分：這是一件事或是跟某
  件事有關的一個模型，或是某件事相關模型的一個模型？

✓ 軟體工程經理人的最重要職責之一就是，讓每位組織成員在同一
  種架構中工作，不然至少也要讓他們在相容的架構中工作。這幾
  乎只能藉由語言的使用，而語言正是一種符號系統。管理階層為
  建立情境所採取的大多數行動，必須直接跟重新架構符號溝通有　215
  關，以改變或利用這種不連續性。

✓ 我們可以運用預設創造情境。影響力最強的預設是隱密的，這種
  預設通常會引發不一致的非線性反應。經理人如果沒有察覺自己
  說話時的預設，就會繼續對這種「不一致的」反應感到困惑。

✓ 人們內在形成意義的心理模型，制定出一個可能因人而異且不為人所知的情境。通常，這些模型會讓互動出現驚人之舉，因為每個人是在不同架構下運作，彼此不知道對方的存在，所以才會被對方的行為給嚇到的。

✓ 對事情有幫助的模型認為：不論表面上看來如何，其實每個人都想成為一個對事情有幫助的人。就算你應付的人根本無法幫上忙，你也要重新架構情況，彷彿他們有幫上忙似的，這樣做就能讓情況有所改善。

✓ 對事情有偏執的模型認為：因為有人要危害我，所以事情會出差錯。用這種方式重新架構情況的最不利點在於，通常會透過妖魔化的動態學，讓自己認定的事情成真。

✓ 把別人都當成笨蛋的模型認為：千萬別把心懷惡意跟愚蠢混為一談——這是一種比較溫和的重新架構，但是卻缺乏對事情有幫助模型的崇高信念。

✓ 文化創造語言，語言也創造文化，軟體工程文化的情況就是這樣。運用程式有bug這種說法的組織，跟運用程式有缺陷（fault）這種說法的組織，兩者在軟體開發和維護方面的做法就不一樣。

✓ 有人言談不一致時，你可以藉由插入被遺漏掉的自我要素、他人要素或情境要素，讓整個互動變得更具一致性。

✓ 當你發現自己受到批評，不知道該怎麼回應時，重新架構就提供你一項強有力的工具。關鍵就是保持一段距離，從觀察者的立場重新架構整個情況。有人勃然大怒指責你時，你也可以運用類似的技巧。

✓ 重新架構對於處理完美信念很有幫助，尤其對解決你自己追求完美的癖好相當有效。

16.9 練習

1. 在某些組織中，管理階層常問的問題之一就是所謂的 WISCY，　216
   也就是「為什麼某人還沒有撰寫程式碼？」（Why isn't someone
   coding yet?）如果你時常問這個問題，你認為會對組織的軟體開
   發流程的哪些方面產生影響？在你的組織中，還問了哪些預設問
   題讓你陷入某種特定流程架構中？

2. 藉由重新架構，你可以強調某人做得很好，即使整體來看並不是
   那麼棒。舉例來說，有人插嘴時，你可以感謝他們的熱心。當員
   工的工作品質不合標準時，你可以感謝他們很有創意。請舉幾個
   例子說明這種以部分代替全部的重新架構。

17
提供資訊回饋

如果沒有人的巧思，所有的手段只不過是遲鈍的工具。   217

——愛因斯坦

如果經理人是以關照全局的方式來管理，那麼每個互動就必然是在自我、他人和情境之間達到平衡。經理人可以藉由讓別人一起參與，來彌補遺漏掉的「他人要素」，重新架構則可補足遺漏或被曲解的「情境要素」；但是，在一個不一致的關係中，要如何將「自我」這個要素加進去？

許多經理人認為，讚美和指責可以補足遺漏掉的「自我」要素。讚美道出我喜歡什麼，指責說出我不喜歡什麼。不過，讚美和指責都預設「我有權這樣做，我就是老闆」。但是，身為老闆是一種角色，跟個人無關，所以讚美或指責根本無法補足自我這項要素；它們只是提供一個偽裝的情境，讓感到害怕的自我可以躲在後面。

與其採取讚美或指責這類行為，我們何不乾脆從改善資訊流下手？為什麼不多花一點時間和心思，從每一次互動中建立對正確資訊的更多了解？

17.1 回饋的定義

218 許多管理書籍提到回饋（feedback）是一項重要活動，卻很少對回饋做出明確的定義。不過，我們可以在此推論一下回饋的各種定義。當我提供你回饋，這表示什麼意思？

最常見的一個意思是：「我是老闆，我打算藉由說明你做對什麼和做錯什麼（大多是告訴你做錯什麼）來說明我的權勢。」（參見圖17-1）通常，這種回饋會讓對方保持沉默並且做出不一致的反應，例如：

- 或許你認為自己是老闆，但是你沒辦法看到我所做的每件事。
- 我愈快逃離這個牢籠愈好。
- 我想我最好別告訴你另一件事。

當給予回饋者不是老闆，或他是一位討好型老闆或害怕直接跟別人應對的人時，其所給予的回饋就可能帶有「我要操縱你」的意味（參見

圖17-1　對某些人來說，「提供你回饋」意謂的是「我要支配你」。

圖 17-2　對某些人來說,「提供你回饋」意謂的是「我要操縱你」。

圖 17-3　對某些人來說,「提供你回饋」意謂的是「我要讓你受點傷」。

圖 17-2)。這種回饋通常設有一個陷阱,讓你在幾小時或幾天之後才恍然大悟。

　　舉例來說,老闆跟你說:「你是我們團隊中最優秀的一員。」過

一會兒後，你明白老闆只是說好話當開場白，接著就把團隊其他成員都不想接的棘手工作分派給你。

當給予回饋者所採取的立場是「雖感覺自己無能為力但也並不怕你」時，這種回饋的結果通常是讓你感到受傷害（參見圖17-3）。這種回饋經常是以超理智的態度呈現，有人就會這麼說：「喔，沒錯，我記得我唸高中時，FORTRAN教科書中就有提到這個方法。」

220　　　上述這些形式都符合回饋的定義，回饋是：

- 有關過去行為的資訊，
- 現在才被傳達出來，
- 它可能會，也可能不會影響到日後的行為。[1]

不過，這並不符合我所說的關照全局的回饋。在關照全局的情況下，給予回饋者要提供的資訊是：對方可能沒有的資訊、對方可能覺得有用的資訊、以及對方可以依據自己適合的方式自由運用的資訊（圖17-4）。這種回饋才能提供最佳機會，讓關係或組織獲得改善。

圖17-4　對某些人來說，「提供你回饋」意謂的是「我正在給你一個機會，嚐嚐湯的滋味，如果你覺得湯頭不夠美味可口，至少你知道有什麼地方要改善。」

17.2 給予者的實情

不管回饋是否具有一致性，都符合一項稱為「給予者的實情」（Giver's Fact）的原則：

不管表面上看來如何，回饋資訊幾乎完全跟給予者有關，而跟接受者無關。

我們就來檢視一些例子，在這些例子當中，經理人認為自己正在提供與某位員工相關的資訊。以圖17-1那種「我要支配你」類型的回饋來說，經理人維恩對你大吼大叫說：「會犯這種他媽的錯誤的人一定是個大笨蛋。」

　　這項回饋道出跟維恩有關的什麼事？這種惡毒的語氣暗示出，維恩覺得無能為力；他為什麼不以平常的語氣講話，反而以言語恐嚇人？維恩講髒話，表示他跟情境脫節。這時，他當然也跟自我脫節，因為在這種辱罵情況下，他並沒有出現在任何地方。他認為自己正在隱藏情緒，讓你無法察覺；但事實上，他只是在逃避自己，就像駝鳥被追到走頭無路時會把頭埋進沙子裏那樣。

　　或者以戴拉的情況為例，她要騙你接下棘手工作，所以跟你說：「你是我們團隊中最優秀的一員。」首先，她根本不認為她在帶領一個團隊；否則她應該召集團隊成員一起處理這項工作，讓大家想辦法一起完成它。其次，她並沒有看重自己的領導能力，否則她何必訴諸這種操縱別人的做法？

　　還有一種經理人會說：「喔，沒錯，我記得我唸高中時，FORTRAN教科書中就有提到這個方法。」這種窘境很容易被人看穿，我唯一的結論是：你愈想利用回饋來掩飾自己，就愈會暴露出你的窘

境，而為識者所笑。

17.3　回饋的形式

身為經理人，你必須給予回饋，即使這樣會讓你露出本性，你也必須
這樣做。你可以用許多形式給予回饋，而且只要多加練習，你就能學
會以關照全局的方式給予回饋，也就是除了提供有關你自己的資訊，
也要提供跟某件事情有關的資訊給對方！你可以參考以下這些祕訣。

17.3.1　運用準確的言辭

這套書第二卷以整章的篇幅說明「準確的聆聽」[2]。你可以用眼睛檢視
同樣的資料，學習如何說出準確且關照全局的言辭。只要多加練習，
最後你就能提供準確又有效的回饋。以管理專案某項進度落後的模組
為例，你認為下列哪些溝通方式最有效？

- ✓ 「你不關心跟這個專案有關的任何事。」
- ✓ 「你在這個專案中負責的工作，進度總是落後。」
- ✓ 「你的工作進度落後，讓我很不高興。」
- ✓ 「雖然我了解你擔心品質，但是我們必須符合時程。」
- ✓ 「我真的明白你擔心品質，但是你在這個專案負責的工作無法符
  合時程，就會讓我陷入困境。」
- ✓ 「我真的很欣賞你花時間做出高品質的工作。不過，因為我不了
  解我的估計模型跟完成高品質工作實際工時之間的差異，所以我
  現在很困擾。」

222

17.3.2 展現信任

回饋不只是言語這種形式罷了。當你提供人們一項技術挑戰，不管你說了什麼，你正在給予回饋。你正在告訴他們，你信任他們，而信任是最大的激勵因子。當別人信任你時，你就會全力以赴不讓他們失望。相反地，當別人不信任你時，你在還沒有行動前就被認定做不好了，既然這樣又何必費心去做？

17.3.3 給予自由

如果你沒有具挑戰性的工作可以提供給員工，那該怎麼辦？由於程式設計師的能力差距極大，一視同仁的對待就會讓表現優異者感到不滿。有才能的程式設計師可能將缺乏挑戰解釋為缺少肯定，乾脆離職自行創業，然後再向你推銷他的服務。

　　以處理能力差距和士氣問題來說，允許有才能的員工離職可能是一個相當合理的做法。經理人需要程式設計師留任以維護現有系統，卻無法提供足夠的新開發項目讓程式設計師感到滿意，顯然是鼓勵程式設計師自行創業。然後，經理人可以用兼職方式高薪聘請自行創業的程式設計師提供服務，維護現有系統。這樣一來，也可以讓這些程式設計師無法到其他公司全職工作。另一名經理人則是藉由讓員工在辦公時間發展個人事業這種方式，來留住優秀的程式設計師。給予自由就等於表示：「我不但重視你的技術能力，也相信你的誠實正直。」

　　我知道對某些經理人來說，這二種做法根本就是在討好員工。如果對顧客和提供這種自由的經理人來說，給予自由並沒有真正的利益可言，那麼這樣做就是討好行為。但是，如果這樣做對所有相關人士都有利，那就不是討好，而是訂定契約。

17.3.4 人們會記得什麼

關於回饋，人們會記得什麼？精神科醫師Irvin Yalom曾測試自己的病患記得什麼：

> 幾年前，我對一名病患進行一項實驗，病患跟我各自寫下對每小時治療的看法。後來，我們把這些看法加以比較時，實在難以相信我們兩人描述的是同一個小時內發生的事。我們兩人對於什麼做法是有幫助的，也有不同的看法。我認為自己做了簡潔的解析，病患卻從來沒有聽進去！她記得和重視的反而是我隨口說出跟個人有關又具有支持性的談話。[3]

最重要的是，員工會記住你在提供「簡潔解析」時的情緒語氣。在你可以提供的所有情緒訊息中，最重要的是，你願意花多少時間傾聽對方說話。精神科醫師當然必須克服障礙，千萬別以這種開場白跟病患說話：「除非你支付鐘點費，否則我可沒有足夠時間聽你說話。」

　　經理人沒有這種障礙，他們花時間跟員工相處，就傳達出一個清楚的訊息：員工很受重視。不過，經理人有其他障礙需要克服。比方說，「成為眾矢之的」就是領導者要具備的角色之一。不過，當別人拿一些與你無關的事嚴厲指責你時，要你坐著傾聽實在很難。我發現當我在爭論開始後不久就表明說：「我希望能幫上忙，但是如果你開始對這些事情發表你的不滿，可能會讓我不好受，一則是因為我真的不確定你希望我對這些事情採取什麼做法。」這樣就會讓情況變得不那麼僵。

　　另一種有幫助的做法是：具有同理心的傾聽或「從對方的觀點傾聽，或從對方的觀點進行觀察」[4]。有關具有同理心的傾聽，這方面的

文獻很多；但是，我跟某家公司十一位軟體工程經理人進行訪談時，只有四位經理人可以對同理心（empathy）做出合理的定義，例如：「同理心是指分擔對方所關切事項的一種感受或能力。」

　　藉由了解及運用別人的梅布二氏人格類型（及你自己的人格類型），就是達到更具同理心傾聽的一種做法。你可以運用自己對於人格類型的了解，加上以下這幾種方式，來促進有效的溝通：

- 藉由以對方的人格類型用語說話，你就能更迅速建立關係。
- 藉由以對方的人格類型觀點來傾聽，你就能迅速評估對方正在煩惱什麼。
- 了解對方的人格類型有助於訂定讓雙方都滿意的目標。
- 了解對方的人格類型有助於創造對方適用的互動。

17.3.5 以身作則

人是很棒的模仿者，而且模仿就是最由衷的恭維。模仿對方的行為就是讚美對方的最佳方式之一。同樣地，你做的任何事若跟別人做的事一樣，也會被視為在贊同別人的做法。舉例來說，如果你藉由不必費心回覆語音留言來誇耀你的身分，你這樣做等於在讚美那些同樣懶散、不回覆語音留言的員工。

　　韋恩的第五項推論（Wain's Fifth Conclusion）就以詼諧的方式，巧妙說明以身作則的力量：

「最能激勵員工的做法莫過於讓員工看到老闆整天認真地工作。」[5]

聖方濟（St. Francis of Assisi）說過：「走到各處去講道沒有用，除非我們所行是我們所傳講的。」以我的觀點來看，我們的行為就表達我

們要講什麼。

17.4　減輕痛苦

有些經理人很討厭「有能力操控別人生活」這種想法。他們覺得開除別人這種能力太可怕了，他們寧可留住績效不彰者，卻蓄意或不自覺地折磨這些人。這種奇怪的行為是依據兩個錯誤的觀念：相信階級組織的絕對本質，以及不相信有其他組織可以取代這種組織。如果你把員工開除掉，他們可以另外找工作。你不是上帝，清楚這一點就能讓你自己和周遭人士的生活都好過些。

讓我感到不解的是，簡單的、資訊形式的回饋竟然也變成痛苦的一個根源。談到表達感謝，有些經理人的行為簡直跟結婚十週年紀念日被老婆問到是否愛她的挪威男人一樣，他會用一種嚴肅卻困惑的表情看著老婆說：「我娶妳時就說過我愛妳，如果我改變心意，我會讓妳知道。」

經理人常認為自己不知道如何跟員工表達感謝，當我跟他們談到如何強化感謝行為時，這些堅強自立的男男女女們似乎都變得軟弱無能。他們保留的唯一能力是合理化的能力，例如：

✓　「他們應該知道自己是否做得很好。」
✓　「他們拿公司的薪水就要把工作做好。公司已經很感謝他們了。」
✓　「我會在績效考核時（十個月之後）向他們表達感謝。」

經理人不敢跟員工表達感謝，他們究竟在害怕什麼？

17.4.1 羞愧

羞愧就是這種害怕的一個根源。如同印度詩人暨諾貝爾獎得主泰戈爾
（Tagore）所說：「讚美讓我羞愧，因為我只能私下祈求著它的到來。」
讓自己受到感謝而覺得羞愧的經理人，就不可能向員工表達感謝。對
這類經理人來說，了解「大祕密」（Big secret）是有幫助的：

人人都想要自己的工作受到感謝。

17.4.2 害怕落入陷阱

「大家這麼渴望感謝」這件事竟然是一個大祕密，其中一個原因是，
人們似乎不太喜歡接受感謝的話語。或許人們將感謝當成是誘人上鉤
的餌，就好像之前提到的「你是我們團隊最優秀的一員」那樣。

225

17.4.3 嫉妒技術人員

經理人很難向技術人員表達感謝的另一個可能解釋是：嫉妒技術人
員。有成效的經理人必須能樂於授權給別人，讓別人體驗技術工作的
樂趣。不過，我的同事 Mark Weisz 表示，對某些具有技術背景體驗過
這種樂趣的經理人來說，授權可不是很容易的事：

> 這些經理人嫉妒員工的成功、嫉妒他們樂在工作、也嫉妒他們的
> 同事情誼。如果經理人心術不正，他可能會巧妙（且不知不覺
> 地）危害自己跟團隊應該達成的目標，藉此讓員工無法再獲得成
> 功的喜悅。
>
> 　有些經理人可能受到部屬的成功所威脅，換句話說，如果專
> 案成效優異是團隊成員的功勞、不是經理人的功勞，經理人就會

覺得自己不如人。有些組織文化會強化這種心態。

　　由於這些事大都不是經理人可以察覺到的，比方說：他們根本不知道自己不知不覺地危害團隊目標，所以直接要經理人注意這些事根本沒有意義。這樣做只是讓經理人翻臉，通常經理人面對這種建議時會予以拒絕並大發雷霆。

嫉妒是讚美的敵人。如果你發現自己很難讚美別人在工作上的優異表現，你可以反省一下，是不是因為你嫉妒人家。

17.4.4 缺乏練習

即使把上述這些障礙擺一邊，許多經理人還是覺得提供感謝這種回饋是一件傷腦筋的事，因為他們根本沒有任何經驗給予或接受這種回饋。所以，每晚入睡時請你多加練習，檢視你當天做了哪些好事並感謝自己做了那些事。這樣做不會讓你落入陷阱、不會讓你感到羞愧、如果這種練習讓你覺得無趣，至少能讓你更快進入夢鄉。

17.5 心得與建議

1. 指責行為沒有效的一項原因是，熟悉易生輕忽，而批評這種事我們再熟悉不過了。Tom Crum引述一項研究顯示，通常二歲小孩一天之內被告知「不要做什麼」的次數高達四百三十二次，受到讚美的次數卻只有三十二次。[6]Crum估計，家長對子女的批評與讚美，平均比率是十二比一，至於中學教師對於學生的批評與讚美，平均比率則為十八比一。

　　我自己算了一下，大多數人年近三十歲時，每個人已經接受幾

226

百萬次批評，接受讚美的次數卻只有幾十萬次。對經理人來說，這可能意謂的是，指責可能不會讓員工受益，因為員工每天要聽的批評實在太多；但是，給予一些讚美反而讓員工感到驚喜並提振士氣。既然過多的批評通常讓人自尊低落，或許指責不是對付言行不一致員工的理想方式。

2. 馴獸師 Jack Volhard 和 Wendy Volhard 觀察到，動物在沒有受到正向強化的情況下，只會執行幾次訓練任務，接下來就無法繼續做下去。[7] 如果這一點也適用在人類身上，你可能因為某人工作失誤而感到不解，因為你不知道他在沒有獲得正向強化的情況下，先前已將工作成功完成了多少次。藉由每次正向強化員工的工作成果，你就可以去除對這個未知變數的依賴。

17.6 摘要

✓ 如果經理人是以關照全局的方式管理，則每個互動就必然是在自我、他人和情境之間達到平衡。要這樣做的最佳方式就是從改善資訊流下手，多花一點時間和心思從每一次互動中，建立對正確資訊的更多了解。

✓ 讚美和指責都預設「我有權這樣做，我就是老闆」。這兩種行為只是提供一個偽裝的情境，讓感到害怕的自我可以躲在後面。

✓ 在管理教科書中，回饋有幾種不同的定義。最常見的一個定義是：「我是老闆，我打算藉由說明你做對什麼和做錯什麼（大多是告訴你做錯什麼）來說明我的權勢。」當給予回饋者害怕直接跟人們應對時，回饋就會帶有「我正在操縱你」的意思。有時候，回饋擺明了是要讓接受回饋者受到傷害。

✓ 以下形式都符合回饋的定義：回饋是有關過去行為的資訊、現在
　才被傳達出來、不一定會影響到日後的行為。在關照全局的情況
　下，給予回饋者要提供的資訊是：對方可能沒有的資訊、對方可
　能覺得有用的資訊、以及對方可以依據自己適合的方式自由運用
　的資訊。這種回饋才能提供最佳機會，讓關係或組織獲得改善。

227　✓ 回饋總是遵照「給予者的實情」這項原則：不管表面上看來如
　何，回饋資訊幾乎完全跟給予者有關，而跟接受者無關。要提供
　真正包含其他資訊的回饋，需要技巧及勤加練習。

✓ 回饋有許多形式，包括：口語陳述、展現信任、提供挑戰、給予
　自由、表達感受、有同理心的傾聽、尤其是以身作則。

✓ 簡單的、資訊性質的回饋有時可能是痛苦的一個根源，因此許多
　經理人害怕給予這類回饋。通常，他們自己在回饋方面有痛苦的
　經驗。他們想要回饋又覺得羞愧，也擔心回饋騙他們上當，或是
　因為嫉妒心作祟而無法給予回饋，不然就是缺乏練習，不知道如
　何給予資訊回饋。

17.7　練習

1. 試試看，你能不能一整天不帶指責地給予回饋，也允許自己犯一
　些錯。

2. 試試看，你能不能一整天毫不畏縮地接受回饋，不過要注意，只
　要記住回饋中對你有利的資訊。允許自己犯一些錯誤。隔天，重
　複這項練習，不過這次要練習的是實際要求別人給你回饋。

3. 我住在鹽湖城的友人 Lee Copeland 建議：在做完前面這些練習
　後，當天就重新審視被你拋諸腦後的回饋。你把有用的資訊遺漏

了嗎？為什麼？

4. 經理人對一名程式設計師的工作做出這句評論：「喔，沒錯，我記得我唸高中時，FORTRAN教科書中就有提到這個方法。」你認為這句話透露出經理人的什麼實情？

第四部
管理團隊的情境

每天我不斷地領悟到，我的生活，不管內在或是外在，都是以他 229
人(包括活著的和逝去的)努力成果為基礎。所以我必須盡力奉獻
自己，希望能以同等的貢獻，來回報長久以來從他人身上所獲得
的一切。我時常因為受惠於別人過多而深感不安。

——愛因斯坦

這是一個測試。上面這段引言符合愛因斯坦在你心目中的形象
嗎？符合你對於天才的看法嗎？你認為愛因斯坦真的這麼感激
別人的努力成果嗎？

如果你真的了解人類非凡才能（genius）的本質，愛因斯坦的這
段名言就不會讓你意外。非凡才能是一種團隊活動，但是我們的文化
神話學並不支持這種看法。我們偏好獨行俠這種故事，但是人類非凡
才能的本質其實是我們跟別人合作共事的能力。透過團隊合作，我們
能夠創造事物：相對論、氫彈、芝加哥、嬰兒、奇異公司（General
Electric）、或開發出軟體系統。就連獨行俠也不是單槍匹馬獨自完成
使命。想想看，有多少次獨行俠是靠同伴唐托或其他善心人士的幫

忙，才讓自己毫髮無傷？

　　許多生物——例如：螞蟻、蜜蜂和狼——可以團結合作，但是他們的合作是由一套相當固定工作的預定行為所組成。相反地，當人們決定要團結合作時，大家似乎認為在眾志成城的情況下，沒有什麼事是做不到的——不管是好事或壞事。

　　當人們一起工作，經理人的角色就出現了。在無須合力完成工作的情況下，經理人就無事可做。因此，經理人的獨特職責之一就是，建立並培育具有適應力的團隊。如果沒有這種團隊，軟體工程組織就無法創造把穩方向型（模式3）的文化，也無法邁向防範未然型（模式4）的文化。這就是我多年來一直密切觀察軟體團隊並蒐集這方面資料的原因。我希望有一天，我可以將這些觀察集結成書，寫一本對團隊成員有幫助的書；不過，接下來這幾章就先探討經理人在團隊中扮演的角色。

18
為什麼是團隊？

執行某項設計的一群人就很像是一個管弦樂團，卻完全不像一個
團隊。團隊總是有人拿著鞭子鞭策大家，不然就是要跟另一個團
隊對抗。在管絃樂團中，每位演奏者（工匠）演奏（致力於）同
樣的樂譜（設計），輪到自己演奏（應用技術）時，就在舞台上盡
力表現，那正是演奏者的專長所在。[1]

——英國建築師暨工業設計師 David Pye

大概每個人都會認同 David Pye 對於團隊合作的浪漫描述。當
然，沒有人會反對團隊合作。那麼，為什麼這麼多經理人被團
隊合作的證據給嚇到？而且，為什麼跟其他行業相比，軟體工程界更
有必要講究團隊合作？

　　本章將詳細說明團隊合作在軟體工程為何如此重要，並詳述經理
人可以運用的幾種團隊形式，包括：

* 負責找出缺陷所在位置（fault location）的團隊
* 負責解決缺陷（fault resolution）的團隊

- 技術審查團隊
- 開發專案團隊
- 獨立的軟體品質保證團隊
- 軟體工程評量團隊
- 軟體工程流程團隊（Software Engineering Process Groups，簡稱為SEPGs）

232　本章也將說明上述各個團隊與各種的氣質類型和軟體工程文化模式之搭配。

18.1　邁向完美的團隊

每一種氣質類型的人都會對團隊合作感到滿意，只不過原因各有不同（各種氣質類型的介紹請見第八章）。舉例來說，團隊所產生的品質，就讓NT有遠見者最為滿意。

　　我們從找出缺陷所在位置的團隊下手，就很容易了解團隊合作對品質的影響。這類團隊訓練有素，團隊成員合力找出缺陷所在位置，並避免缺陷報告落入無止盡的公文旅行，始終無法交到能解決缺陷者手上。[2] 這些公文旅行問題就是變化無常型（模式1）組織的特質，在這類組織中，經理人通常可以藉由建立更有效的找出缺陷所在位置團隊，對現況做出立即的改善。

18.1.1　集結眾人的觀點

為了建立一個有效的找出缺陷所在位置團隊，首先你必須挑選具備各種不同才能者加入這個團隊。找出缺陷所在位置團隊要發揮功效，多

樣性就是關鍵所在——經驗的多樣性、組織人脈關係的多樣性、尤其
是思考模式（thought pattern）的多樣性。如果你的思考模式跟我的不
一樣，我沒有看到的缺陷可能就跟你沒有看到的缺陷不一樣。圖18-1
就說明為什麼找出缺陷所在位置團隊很容易建立，並且能迅速發揮成
效。在這種集結各種才能者的情況下，我們都沒有看到的缺陷，就比
我沒有看到或你沒有看到的缺陷要少得多。只要我們不妨礙彼此，在
合力檢視同樣的功能失常資訊時，就能馬上發揮成效。

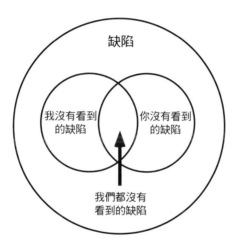

圖18-1　為什麼在找出缺陷所在位置這方面，團隊可以做得比較好？因為在
　　　　集結眾人的觀點時，就有更多機會發現缺陷。

18.1.2 由不同團隊輪值

經理人挑選好具備各種才能的團隊成員後，接下來的工作就是召集所
有成員，利用一次會議找出缺陷所在位置。限定只召開一次會議是有
必要的，因為這樣才能集中心力並去除行政負荷。SJ組織者特別喜歡
這項做法的效率。我有幾位客戶就運用一種系統，每天早上由不同的
團隊輪值找出缺陷所在位置。當某個系統故障事件（system trouble

233

incident，簡稱為STI）被傳遞三次以上，或者在系統中停留三天以上，經理人就將這個系統故障事件列入當天早上輪值團隊的議程。

在危急情況時，建立找出缺陷所在位置團隊是一項有效的管理階層干預，SP解決問題者就特別喜歡這樣做。團隊可以迅速形成，馬上開始處理系統故障事件，也比其他做法更快產生成效。藉由讓大家共處一室解決問題，你不但讓大家更興致勃勃，也讓大家更有信心；更棒的是，這些情緒會感染到整個組織，這是NF促成者最樂見的事。這就是為什麼NF促成者被稱為「團隊建立者」的緣故。

對於團隊建立者來說，找出缺陷所在位置團隊的優勢不只如此而以。由於團隊開誠布公地合作，成員迅速分享找出缺陷所在位置的技術，而且他們的效率也逐漸提高。這種成長當然讓NF促成者相當滿意。舉例來說，我看過這類團隊的學習方式是：每次找出缺陷所在位置時，必須花幾分鐘找出由同一位程式設計師撰寫的同樣程式碼缺陷，或是檢查一下同樣令人困惑的資料結構，是否有可能出現在程式的其他地方。利用這種技術和類似技術，團隊成員就能在發生系統故障事件前，先找出缺陷所在位置，這種做法讓所有氣質類型人士和經理人都感到滿意。

18.1.3 平行發展和競爭合作

有時候，在找出引起某些功能失常的缺陷所在位置時，減少這項作業的實耗時間就是關鍵所在。舉例來說，一個缺陷可能從幾個方面妨礙專案的進度。在這種情況下，經理人可以建立平行的幾個團隊處理同樣的缺陷。事實證明，以溫和友善的競爭看誰能先找出問題所在，只要不失控，這種做法確實振奮人心：我將這種做法稱為職場上的「競爭合作」（comperation，意即competitive cooperation）。

各種氣質類型人士對於「競爭合作」的建議會做何反應，其實是很容易預期的事。團隊建立者（NF促成者）可能會反對這樣做，因為他們擔心「在競爭中落敗的」團隊會覺得難堪。SJ組織者關心二個或多個團隊處理同樣的問題，會不會效率不彰。NT有遠見者有時覺得，組織應該放手讓「最優秀的團隊」獨立作業。不過，SP解決問題者似乎很喜歡這種工作競賽的構想。

經理人用「競爭合作」處理最棘手的系統故障事件，就不會妨礙到任何進度。我有個客戶是用超級團隊（super-team）的方式，其成員是由每個晨間團隊各派一員所組成，他們每週開會一次，去解決超過一週還沒有解決掉的重大系統故障事件。當超級團隊把問題解決掉了，超級團隊的成員就將被解決的問題，帶到日常會議中進行討論，讓大家都能分享他們的知識與做法。

234

18.1.4 解決缺陷的團隊

找出缺陷所在位置團隊這個構想可以延伸到解決缺陷團隊。圖18-2顯

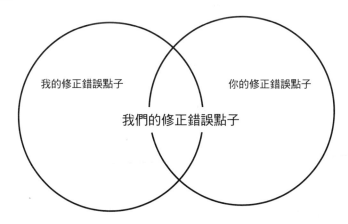

圖18-2 為什麼在修正錯誤這方面，團隊做得比較好？因為有不同的思考方式時，就有更多修正錯誤的點子可供選擇。

示在修正錯誤時，為什麼團隊能比個人做得更好。我想出的修正錯誤
點子跟你想出的修正錯誤點子當然不一樣，所以藉由集思廣益，我們
就有更多選擇。有時候，你的點子比較好，有時候我的點子比較好。
只要我們可以培養出一種「競爭合作」的精神，就能提高平均修正能
力。

18.2　審查團隊

挑選解決方案是解決缺陷流程的一部分，另一部分則是針對預防意外
副作用所提出的解決方案，進行技術審查。

18.2.1　預防缺陷

在解決缺陷時，副作用或解決其他缺陷卻引發缺陷，就是造成最大損
失的主因。團隊必須接受訓練，努力預防修正缺陷所引發的副作用。
由圖18-1和18-2的動態學可知，具備妥善結構的團隊就比個人更擅長
預期解決缺陷會引發什麼副作用。

235　　　　SJ組織者喜歡技術審查的效率。關於大型軟體專案（至少二百五
十萬行高階程式碼）運用檢驗表進行技術審查的一項報告發現：

> 每投入一個工時，約能發現一項缺陷。為檢驗（inspection）工作
> 每投入一小時，平均可為後續的維護作業節省三十三個小時。
> ⋯⋯以效率做比較，檢驗的效率可能是測試的二十倍以上。[3]

18.2.2　流程改善

審查的運作方式是直接找出缺陷。測試的運作方式則是迫使功能失

常，然後追查導致功能失常的缺陷。測試和審查都有助於產品改善，但是審查也能促成流程改善。事實上，對於變化無常型（模式1）和照章行事型（模式2）的組織來說，技術審查通常是進行流程改善最重要也最簡單的方式。

　　NF促成者喜歡技術審查的社交層面，只不過他們可能會過度保護產品接受審查的人士。他們特別喜歡的方式是，審查人員可以在不必坦承自己無知的情況下進行學習。至於NT有遠見者，他們只是喜歡自己從中獲得的新點子。

　　學習總是發生在審查過程中。而且，經理人可以利用審查的力量，藉由請人將程式碼問題加以分類並發表審查的統計資料，來改善審查以外的現有流程。這種做法能讓個別開發人員改善自己的工作，也讓訓練者改善本身的訓練。

　　經理人也可以利用審查的力量，將缺陷依起源的階段加以分類，藉此改善其他流程（圖18-3）。因此，程式碼審查找出的一個問題可能顯示在設計或需求定義方面有改善的必要。在模式1和模式2組織中，經理人光靠指示就要開發人員以審查結果自行改善，這是行不通

統計資料

類型	程式碼	設計	定義
錯誤			
績效瑕疵			
風格問題			
可測試性瑕疵			
總缺陷數			

圖18-3　這類簡單表格就可以記錄審查中提出的問題類型，並依據問題起源階段將問題加以分類。

的。聰明的經理人只要公布分類資訊，刺激開發人員發揮專業精神，以溫和的方式激勵他們採取行動即可。

236　　一旦我們用這種方式來看待審查的好處，審查的時機就變得很重要。專案到後期時才進行審查，表示你有機會一次找出所有缺陷，而且找出的缺陷會比在專案初期審查找到的缺陷更多。相反地，後期審查可能會更難指出缺陷的起因。初期審查可以改善這種情況，比較容易發現癥結所在，讓審查真正值回票價。因此，經理人可以藉由盡早安排審查，讓產品品質和流程品質及時獲得改善。

　　事實上，有些審查結果建議放棄原本的產品，重新再做一次。這類審查通常也能產生跟流程有關的寶貴資訊。雖然這些審查可能是對組織最有利的審查，但是許多經理人太擔心審查結果是重新再做一次，因此他們無法做出關照全局的因應。他們會推翻審查建議並且命令繼續進行有問題的產品。這種討好的決定勢必會導致產品品質不佳，也會讓所有相關人士苦悶得更久。

　　有些經理人藉由指責審查團隊，來將自己繼續進行有問題產品的決定正當化。這樣做根本是一大錯誤。審查者是傳達訊息者，不是訊息的來源。經理人的職責是傾聽訊息，而且別把傳達訊息者給「殺人滅口」。

18.2.3 減少變異

技術審查（搭配精心設計的機器測試）的最驚人效果是，這樣做能減少變異。下面這個例子就能說明此事。

　　在變化無常型（模式1）的硬體組織，作業系統開發人員會經常執行變更以節省時間或金錢，不過他們無法認清這樣做長久下來對整個系統會造成的影響，反而讓組織浪費更多時間和金錢。所以，開發

經理可以制定一項程序規定，使用組態管理系統前必須先進行審查。跨部門審查團隊必須先審查任何變更，才能放手讓變更成為系統的一部分。這樣的話，就能隨時發現沒有經過規畫、急就章式的系統效應，也能明智考量這類效應的真正價值。

　　更常見的做法是，運用審查和機器測試來改善品質，也藉此減少後續的測試時間（圖18-4）。

　　以可管理性（manageability）的觀點來看，審查就更加重要，因為審查可以減少品質變異及後續的測試時間。我的一名客戶在變化無常型（模式1）組織中擔任經理人，他將程式碼審查這種做法引進組織裏，並讓自己負責的147個軟體模組進行審查，結果如圖18-5所示。表格中第一列數字是在尚未引進審查方法前的39個模組，因此這些模組完全沒有經過審查。剩下的108個模組則依據審查進行的時期是在審查學習週期的初期、中期或後期分為三類，各有36個模組。由圖18-5可知，審查本身的平均品質就是最顯著的一個效應。

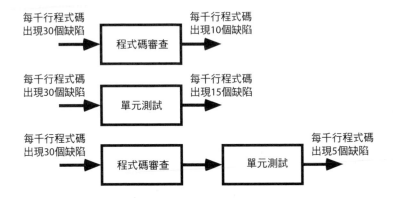

圖18-4　審查就是一種測試。審查及審查時併用的其他測試可以產生缺陷較少的系統，在專案結束時也能減少機器測試時間。本圖說明不同的測試組合減少的每千行程式碼缺陷數目（D/KLOC）也不一樣。

審查時期	審查品質 （發現缺陷的％）	測試時間 小時數／（變異）	送交系統測試的 缺陷數目／（變異）
沒有經過審查	0	18/(7)	12/(7)
初期	32	14/(4)	9/(5)
中期	58	11/(2)	5/(4)
後期	73	9/(2)	3/(2)

圖18-5　一套軟體模組在送交系統測試前，必須先經過各式各樣的品質審查，上述資料為依據這些審查做出的統計資料。

237　　　第一群模組接受初期審查，發現的缺陷占所有程式碼缺陷的32%，而第三群模組接受後期審查，發現的缺陷占所有程式碼缺陷的73%。

　　　這種做法產生的第二個效應是，讓每一模組的平均測試時間從十八個小時減少到九個小時，同時，每個模組要送交系統測試的缺陷數目也從十二減少到三。

　　　另外，這種做法還會產生一個難以察覺的效應，那就是當程式碼審查的品質獲得改善時，變異也跟著減少。減少測試時間的變異（從七個標準差減少到二個標準差），表示專案的測試階段更容易管理。而且，送交系統測試的缺陷數目也出現更少變異，這表示系統測試時間更容易預測，也表示整個作業更容易管理。

　　　從這些成效的觀點來看，我們可以明白為什麼軟體工程專家建議引進技術審查團隊，做為經理人將組織從模式1和模式2轉型為模式3（把穩方向型）的最有效措施之一。而且這樣做，還可能讓組織往模式4（防範未然型）文化邁進。[4]

18.3 其他種團隊

在把穩方向型（模式3）組織中，經理人不僅要負責產品管理，也開238始專注於流程管理。因此，經理人把許多時間用於建立團隊和控制團隊。經理人和工作團隊的想像力就是這類團隊的唯一限制因素。

　　通常為開發專案而設立的專案團隊，就是這方面最顯而易見也最常被提及的例子。早在Boehm證明團隊效益比任何技術因素更能影響專案成本之前[5]，強調團隊重要性的論點就已存在。1981年時，Mantei[6]將軟體開發的三種團隊模型加以摘要比較，這三種團隊模型分別是：我提出的無私團隊（egoless teams）概念[7]、Baker提出的首席程式設計師團隊（chief programmer teams）[8]、以及Metzger提出的受控制分散化團隊（controlled decentralized teams）[9]，這些模型都設法結合另外二種模型的最佳功能。

　　從1971年到1973年，論述這三種模型的文獻陸續發表出來，因此證明一世代以前軟體工程哲學家們關注的重點是理想的團隊形式，他們並不在意團隊是否為理想的開發單位。經過這些年的演變，專案團隊這個想法繼續往一些方向發展[10]。在此同時，維護團隊幾乎被大家所忽視，這或許是因為大家對軟體開發的整體偏見所致。我們會在第十九章討論這個被忽視的主題。

　　獨立的軟體品質保證團隊是另一種團隊。這種團隊在團隊合作與獨立運作之間，創造一個有趣的權衡關係。我同事Mark Manduke指出：

獨立運作讓軟體品質保證團隊能夠提出「開發計畫與時程不切實際」這個問題，讓開明的管理階層可以在下面二件事情上取得平

衡：對品質—成本—時程這個方程式有最適當的了解，也讓公司
與顧客感到滿意。[11]

軟體品質保證團隊如何能獨立運作，同時又成為專案團隊的一部分？
經理人必須做的事是，重新定義團隊，讓團隊成員可以執行你指派的
職責，不會屈服於團隊其他成員要你怎麼想的壓力。[12]

　　韓福瑞（Humphrey）描述的軟體工程評量團隊就跟軟體品質保
證團隊類似。[13]韓福瑞指出，軟體工程評量團隊的職責「不是對軟體
組織進行稽核，而是進行審查，據此建議管理階層和專業人員如何改
善本身的運作。」

　　在評量團隊檢視整個組織時，組織還可以召集其他團隊從架構的
觀點來審查特定專案。不過，就大型專案而言，組織本身可能就是負
責專案的組織。

　　韓福瑞也說明軟體工程流程團隊（SEPG）可能是從評量團隊衍生
出來的。[14]軟體工程流程團隊就是軟體流程持續改善的「整體成效焦
239　點」。曾經有個團隊向我建議，軟體工程流程團隊最好簡稱為SEPT。
他們就用這個簡稱稱呼，而且團隊的七名成員全都是九月出生的（在
英文中，九月就簡稱為SEPT），所以用這個簡稱再合適不過。

18.4　心得與建議

1. 有人認為團隊違反人類積極進取的天性，這又該怎麼說？知名的
   協談專家Paul Tournier認為，暴力和積極進取其實是人類內在的
   基本力量，因此不可能被去除掉。[15]不過，Tournier繼續談到積
   極進取可以用不同的形式呈現。

　　換句話說，競爭只是積極進取的一種形式，而且競爭本身可以
引導到其他方面，例如：對抗團隊以外的人（「共同敵人」）、或
對抗「特質」（例如：打敗共同目標）。因此，競爭和團隊合作
這二個想法之間並沒有矛盾存在。其實在健全的團隊中，成員會
爭相表現，看誰能成為最優秀的團隊成員。[16]

2. 薩提爾建議將規則（rules）改為準則（guidelines），這種做法也
適用於去除強迫性。「我必須時常……」這種說法可以改為「我
有時候可以……」，然後再進一步改為「團隊跟我有時候可以
……」。即使在一定要保留「必須時常」這種說法的情況下，也
可以將這種說法改為「團隊跟我必須時常……」，以減少執行的
壓力並讓績效重新恢復到更有效的水準。[17] 調節壓力就是團隊最
重要的功能之一。我不必做所有的事，如果我相信我的團隊成員
並利用他們具備的不同才能，那麼我就更容易完成令人讚嘆的工
作。

3. 指責型文化既不接受團隊，也不了解團隊。當團隊形成時，經理
人會問：「團隊由誰負責？」這樣做等於在問：「團隊失敗時，
該指責誰？」

　　有個組織頭一次比預定時程更早完成專案，而且專案預算不但
有剩，還讓顧客感到十分滿意。參與這項專案的每位人士都將專
案如此成功歸因於運用團隊，但是經理人馬上解散團隊並說：
「我無法管理他們。」經理人的意思是，團隊成員沒有失敗，所
以他無法指責任何人，然而指責是他的首要管理策略。由於他們
是一個團隊，團隊不容許這位經理人發洩指責癮，經理人當然痛
苦萬分。

　　我設法改變這位經理人的心態，所以我問他：「你寧可讓專案

成功，沒有人可以居功；或者你寧可讓專案失敗但是知道該去指
責誰？」我認為這個問題已經夠誇張了，沒想到這位經理人竟然
毫不猶豫地回答：「我寧可讓專案失敗。」

18.5 摘要

240 ✓ 每一種氣質類型的人都會對團隊合作感到滿意，只不過原因各自
不同。舉例來說，團隊所產生的品質讓 NT 有遠見者最為滿意。
SJ 組織者特別喜歡運作得當團隊的效率；不過，SP 解決問題者
則喜歡將團隊當成危機管理的一項工具。

✓ NF 促成者特別喜歡團隊，他們喜歡團隊合作產生的溝通、興奮
和希望，而且他們特別喜歡團隊助長本身成員獲得成長的方式。

✓ 找出缺陷所在位置團隊很容易建立，並且能迅速發揮成效，因為
二個人都沒有看到的錯誤會比各自沒有看到的錯誤要少。

✓ 「競爭合作」是正常的團隊模式。這方面的一個實例就是：看看
誰可以先找出問題所在位置這種溫和友善的競爭。另外，組織要
解決最嚴重的問題時，可以召集超級團隊，超級團隊的成員可以
在日常會議中，提出已被超級團隊解決的問題，藉此將解決方式
分享給大家。

✓ 由於團隊可以群策群力，提供比個別成員可提供的更多解決方案
構想，因此團隊在問題解決方面有更出色的表現。針對提議的缺
陷解決方案進行技術審查，就可以避免後續出現讓人意外的副作
用。由於團隊能集結眾人的想法，因此具備妥善結構的團隊就比
個人更擅長預期「解決缺陷會引發什麼副作用」。

✓ 測試和審查都對產品改善有幫助；不過，審查也有助於流程改

善。對於變化無常型（模式 1）和照章行事型（模式 2）的組織
來說，技術審查通常是進行流程改善最重要也最簡單的方式。

✓ 經理人可以藉由盡早安排審查，讓產品品質和流程品質及時獲得
改善。雖然有些審查結果建議放棄原本的產品，重新再做一次；
但是，這類審查通常也能產生跟流程有關的寶貴資訊。

✓ 技術審查（搭配精心設計的機器測試）的最驚人效果是，這樣做
能減少變異。更常見的做法是，運用審查和機器測試來改善品
質，也藉此減少後續的測試時間。

✓ 對經理人來說，更重要的是審查減少品質的變異和後續測試時間 241
的變異。送交系統測試的缺陷數目出現更少變異，這表示系統測
試時間更容易預測，也表示整個作業更容易管理。

✓ 在把穩方向型（模式 3）組織中，經理人不僅要負責產品管理，
也開始專注於流程管理。因此，經理人把許多時間用於建立團隊
和控制團隊。經理人和工作團隊的想像力就是這類團隊的唯一限
制因素。

18.6 練習

1. 圖 18-6 顯示對五支不同程式進行技術審查，取得的幾項統計資料
所繪成的直方圖。身為經理人的你可以從這些統計資料之間的變
異，對這些程式做出什麼假定？

2. 你寧可讓專案成功，沒有人可以居功；或者你寧可讓專案失敗，
但是知道該去指責誰？如果你不知道誰可以居功，你們能再次獲
得成功嗎？

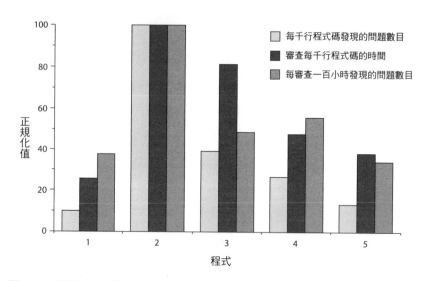

圖18-6 針對五支不同程式進行技術審查，取得一些統計資料所繪成的直方
　　　圖，顯示出每千行程式碼發現的問題數目（I/KLOC）、審查每千行
　　　程式碼的時間（Hr/KLOC）、以及每審查一百小時發現的問題數目
　　　（I/100H）。

19
建立更多團隊

我們明白，相互了解是組織活動不可或缺的一部分，但是不可能 242
每個人都無所不知無所不曉。這才真正是最基本的：我們必須相
信彼此都能夠為自己的工作負責。有了這種信任，才是美妙的解
放。[1]

——麥克斯・帝普雷（*Max DePree*），《*領導的藝術*》（*Leadership Is an Art*）

對於變化無常型（模式1）和照章行事型（模式2）的組織來說，
審查團隊、找出缺陷所在位置團隊和解決缺陷團隊都是很好的
選擇，因為這些團隊很容易形成，也可以立即獲得成效。一旦組織體
驗到團隊合作的一些力量，整體情勢可能有利於引進更多常設團隊，
以解決軟體維護和軟體開發等作業，尤其是可再利用的開發團隊和可
再利用的系統維護團隊。

19.1 可再利用的工作單位

對於有軟體技術經驗的經理人來說，可再利用性（reusability）這個構

想並不是什麼新鮮事。當用於某個地方的程式碼可以再用於另一個地方，就可能省下相當多的麻煩，也可以增加可靠度並減少變異。一旦我們設計出一些實用可靠又可再利用的模組，我們就極有可能降低成本、提高品質並改善軟體開發的可預測性。

243

反對軟體重複使用的一個說法是，這樣做並非免費。我們無法重複使用任何草率拼湊的舊軟體，我們必須進行額外投資，讓舊軟體真正可以再利用。這項投資成本愈高，我們就必須將模組重複使用更多次，才能回收成本。

在運用團隊進行軟體開發和軟體維護方面，也出現類似的反對說法。團隊確實需要建置成本，而且在許多專案中，這類建置成本高到在專案有效期間都不可能回收。不過，他們並不是反對運用團隊，而是支持對設立團隊做更妥善的管理。

即使管理不當，組織也可以藉由透過一連串的專案，重複使用團隊，以回收團隊的建置成本。遺憾的是，似乎只有較優秀的軟體組織才會重複利用自己的團隊。既然就經濟利益考量，解散成功團隊根本不合理，為什麼這種事還如此常見？在軟體業時代出現之前，人們早就明白解散運作良好團隊的做法，是源自於管理階層的不安全感：

> 組織擔心設立團隊的原因在於，小團體可能會有計畫地對抗大組織——而且如果小團體的存在受到威脅時，勢必會發生這種情況；但是同樣地，受到保護的小團體將藉由努力與組織合作，來符合更廣大的利益。小團體就用這種方式將本身的忠誠擴及整個組織。[2]

難道，現在不是你的軟體組織該覺醒的時候了？正如同可再利用的構成要素是硬體開發和軟體開發的基本單位，軟體團隊則是軟體工程流

程的基本設計單位。經理人的職責是創造、培育並維護軟體團隊，讓
軟體團隊可以重新設定、投入、完成既可靠又可預期的專案。如果沒
有這種團隊的存在，軟體組織就無法擺脫變化無常型（模式1）或照
章行事型（模式2）的文化。

19.2 系統維護團隊

支持這種可再利用團隊的最強力主張之一是，他們已經以維護團隊的
形式存在於組織內部。遺憾的是，許多經理人沒有注意到維護團隊的
優異表現，也沒發現他們正是可再利用團隊的最佳人選。

　　在模式1和模式2的維護環境中，我常發現維護團隊已經安置妥
當，但是經理人卻聲稱維護團隊並不存在。即使經理人將目前運作的
每一個系統都指派專人負責，但是團隊似乎自然形成了。

　　當然，團隊其實不是「自然形成的」。維護工程師被團隊吸引，
因為團隊可以降低在維護現行運作系統時出錯的高風險。在這套書的
第二卷中，我將這種現象稱為「巨大損失的共通模式」（Universal
Pattern of Huge Losses）：在沒有執行一般軟體工程的防護措施下，就
對作業系統做出迅速且「微不足道」的改變。這個改變直接加入正常
運作中。小幅度的改變乘上大量的使用後，產生了巨大的後果。[3] 團
隊至少能讓工程師在審查系統變更時，得以尋求彼此的協助；至多則
是讓工程師像一個整合團隊般地運作。而維護工程師的經理人原本通
常是沒有系統維護經驗的開發人員，所以他們根本不了解或看不出維
護工程師在做什麼。

　　由於表面上看不出團隊的存在，因此經理人不會把功勞歸給團
隊，甚至可能不知不覺地破壞運作得當的團隊配置。在把穩方向型

（模式3）的組織中，經理人公開組成這類團隊，這樣不但可以避免巨大損失，也可以透過每個系統由幾個人負責維護，讓系統維護工作得以延續、不會中斷。運用維護團隊，組織就能確保重要系統不會因為維護人員離職而受到影響。

利用每個系統由幾個人負責維護這種做法，維護團隊也可以解決系統維護人員的事業生涯陷阱（圖19-1），意即：你維護一個系統愈久，就對這個系統了解愈多，對其他系統了解愈少。這種情況繼續下去，經理人就更不敢指派新工作給你。結果就產生兩個自我強化回饋循環，不管怎樣，你就被自己維護的系統綁住了。

245　　最後，當下列任何一種情況發生時，這個循環才會中斷：

- 你維護的系統被作廢不用，同時你也無用武之地，你就被裁員。

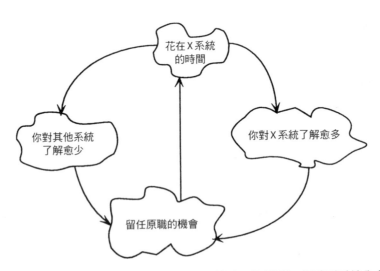

圖19-1 「系統維護人員的事業生涯陷阱」就是，你維護一個重要系統愈久，就愈沒有機會獲得新工作。

- 你明白自己被困住,而且擺脫困境的唯一做法就是另外找工作。

- 你獲得能幹經理人的協助,這位經理人決定讓你的事業生涯發展更上一層樓,採取必要的行動支持你。

矛盾的是:由於管理不當,也很可能讓組織突然流失那些維護最重要系統的人員。不過,創造並培育維護團隊的經理人要避免維護人員被這種陷阱所困,也要盡量減少維護重要系統人員突然離職的情況。

19.3 團隊績效的例子

我同事 Randall Jensen 寫信跟我談起他進行的二個研究,這二個相隔十五年的研究說明了團隊合作在軟體開發的重要性,並闡述組織可以利用不同方式建立團隊合作。不過,要建立這種開發團隊通常需要來自管理階層的領導。以下是 Jensen 提出的報告:

研究一:要建立一個三萬行程式碼的美軍標準即時執行系統,必須同時進行五項工作。十名程式設計師和一位專案負責人組成團隊,建立這個系統。團隊成員之前的平均生產力約為每人月75行程式碼。專案負責人將十名程式設計師兩兩分組,分為五個二人小組並發給每個小組一支造形鉛筆。專案負責人的構想是,二人小組的成員互相搭檔一起開發每行程式碼並加以記錄。依據這種做法建造系統,就可以將速度提高為每人月175行程式碼,而且出錯率不到個別程式設計師以往出錯率的1%。

研究二:有一個九萬行程式碼的即時流程控制系統,要依據美軍

準則以 Ada 語言撰寫。開發團隊包括專案負責人在內共計二十
人。這是該團隊首次以 Ada 語言撰寫的專案。這個開發專案的負
責人是從不同部門召集相關人員組成，大家一起在為專案特別規
畫的區域工作。結果，系統開發速度為每人月 218 行程式碼，以
往組織的系統開發速度平均為每人月 95 行程式碼，況且這還是
這個團隊第一次以 Ada 語言撰寫程式，也是這個組織撰寫的第一
個即時系統。至於出錯率則跟研究一類似，運用團隊方式撰寫程
式的出錯率不到個別程式設計師以往出錯率的 1%。[4]

Jensen 對於這些專案的重要描述是：「士氣大振」、「團隊合作」和
「以人為本的有效管理」。接著，他客氣地指責我在這套書第一卷的索
引中，沒有列出激勵和團隊合作。我希望現在大家都清楚知道，要對
激勵和團隊合作進行明智的討論，就必須先說明關照全局的作為。

　　在這套書的第一卷中，我提到效益不彰的經理人經常把激勵和團
隊合作掛在嘴邊。對他們來說，

- 團隊合作就等於「每個人毫無異議地照我的話去做」。
- 激勵就等於「強迫每個人在條件不佳的情況下努力工作」。

換句話說，對這類經理人而言，「團隊合作」表示「藉由發號施令進
行管理」，而「激勵」表示「藉由大吼大叫進行管理」。

19.4　藉由團隊流程改善進行管理

這本書第九章將改善績效的兩種管理方式加以比較：藉由挑選模型進
行管理（或稱為 Management by Culling）和藉由系統化改善模型進行

管理（或稱為Management by Enrichment）。其實，組織可以藉由團隊流程改善，將個別的系統化改善流程擴及到管理層面。這種做法是以多向度的共同創意思考為主：

1. 建立團隊並以能讓每位團隊成員發揮最大潛能的方式來訓練團隊。

2. 分析最優秀團隊與最優秀個人的績效，判斷他們為什麼做得這麼好。

3. 設計一些訓練系統與技術審查系統，以繼續維持這些最佳流程。

有一位經理人運用挑選模型進行管理，他為了把自己的做法正當化，就引用我跟其他人的研究，這些研究評量出個別員工的績效差異為二十比一。[5]但是，這名經理人並沒有發現，團隊中的個人工作績效跟個人獨立作業的工作績效為二百比一。他也沒有察覺到程式設計師的績效差異為二十比一，指的是為同一個組織工作的程式設計師——而且這類組織運用挑選模型進行管理已有一段時日。換句話說，經理人確實進行了挑選，卻不是基於程式設計績效。如果他們當初是為了程式設計績效而進行挑選，這項比率最後應該小於二十比一。

　　圖19-2將團隊流程改善跟改善組織的二種不同管理方式加以比較，外加上一種不加以管理的改善流程——組織放手不管流程，讓流程自行改善，這是變化無常型（模式1）的組織常見的做法。將圖表中各行加以比較，你就能明白為什麼在所有把穩方向型（模式3）組織中，團隊是最基本的生產單位。

247

方法 特質	不加以管理	藉由挑選進行管理	以個別流程改善來管理	以團隊流程改善來管理
改善依據	個人	個人	個人	團隊與個人
評量	無	單一面向的個人績效	多面向的個人績效	多面向的個人績效與團隊績效
主要改善流程	偶發事件	淘汰「績效最差」者	向每位「績效最佳者」學習	每個人和每個團隊都向「績效最佳者」學習
次要改善流程	個別提案	個人學習	自己選擇	團隊協助、自己選擇
相對改善率	1	1.2	5	20
績效變異	很高	高	低	很低
士氣	不一定	低	高	很高

圖19-2　四種改善組織的管理方式之特質比較。

19.5 心得與建議

1. 雖然大多數軟體工程書籍作者把焦點擺在新的開發團隊，不過，許多考慮周全的軟體工程書籍作者很清楚軟體團隊所扮演的關鍵角色。為了帶領你的組織邁向團隊流程改善，你自己必須先利用他們的智慧。[6]

2. 一些觀察者指出，以技術工作來看，工程師實際用於解決技術問題的時間只占一小部分。換句話說，經理人還有很大的發揮空間。舉例來說，如果工程師現在花百分之十的時間解決技術問題（據說這還是很樂觀的估計），那麼其他百分之九十的時間就花在其他事情上。如果經理人可以把工程師花在其他事情上的百分之九十時間，減少為百分之八十，工程師用於解決問題的時間就增為二倍。

248　3. 許多經理人設法以跟上述第2點的建議背道而馳的做法來增加生

產力。他們將工程師的人力增為二倍，還將工程師用於其他事項的時間從百分之九十增加到百分之九十五。反而讓用於發揮生產力的時間減少到百分之五，換句話說，即便現在有二倍的工程師人力，生產力還是跟原先一樣，而且讓大家變得更不開心。

當你以團隊為生產的首要單位，你不是把五項小差事交給五個人，而是把一個大案子交給一個團隊。即使團隊本來就沒有比個別成員更具生產力，但是這樣做卻能減少用於非生產力事項的時間，也能大幅提高個人的貢獻。

4. 如同 Gus Zimmerman 的建議：可再利用工作單位這個構想也可以擴大到流程方面。設計一個「公開的專案進度海報」（Public Project Progress Poster，簡稱為 PPPP）計畫來定義專案問題，這樣做就讓你在進行下個專案時有一個好的開始。[7]有了可再利用的流程，就讓「訓練有素且經驗豐富的可再利用團隊」這項概念變得更有吸引力。

19.6 摘要

✓ 一旦組織體驗到團隊合作的一些力量，整體情勢可能有利於引進更多常設團隊，以解決軟體維護和軟體開發等作業。

✓ 團隊確實需要建置成本，而且在許多專案中，這類建置成本高到在專案有效期間都不可能回收。不過，這並不是反對運用團隊，而是支持對設立團隊做更妥善的管理。

✓ 即使管理不當，組織還是可以藉由透過一連串的專案重複使用團隊，來回收團隊建置成本。遺憾的是，似乎只有較優秀的軟體組織才會重複利用自己的團隊。沒有安全感的經理人就很可能解散

運作良好的團隊。

✓ 可再利用的構成要素是硬體開發和軟體開發的基本單位，軟體團隊則是軟體工程流程的基本設計單位。經理人的職責是創造、培育並維護軟體團隊，讓軟體團隊可以重新設定、投入、完成既可靠又可預期的專案。

✓ 許多經理人沒有注意到維護團隊的優異表現，也沒發現他們正是可再利用團隊的最佳人選。維護工程師被團隊吸引，因為團隊可以降低在維護現行運作系統時出錯的高風險。維護團隊也可以解決系統維護人員的事業生涯陷阱，這是由不當管理引發的一種情況，讓組織很可能突然流失那些維護最重要系統的人員。

✓ 效益不彰的經理人經常把激勵和團隊合作掛在嘴邊。對他們來說，團隊合作就等於「每個人毫無異議地照我的話去做」。激勵就等於「強迫每個人在條件不佳的情況下努力工作」。

✓ 藉由系統化改善來管理，也可以擴及到藉由團隊流程改善來管理。可以用這種做法建立團隊，並以讓每位團隊成員發揮最大潛能的方式來訓練團隊，分析最優秀團隊與最優秀個人的績效，並判斷他們為什麼做得這麼好，設計一些訓練系統與技術審查系統，以繼續維持這些最佳流程。

19.7 練習

1. 在變化無常型（模式1）組織中，因為要設法控制變異，所以經理人的控制幅度（span of control）很小，因此可能有許多管理層級存在。每個人必須接受監視，尤其是基層人員。擁有「經理人」職銜的通常是管理二到四人技術團隊的技術小組長。這個小

組長如果將某位團隊成員無法勝任的工作接手過去做，就能夠減少變異。請說明這項實務的動態學，並說明為什麼這樣做雖然可以減少變異卻會讓經理人負荷過重，也無法讓團隊成員獲得成長。

2. 我同事Phil Fuhrer提議：下列問題的答案就是組織健全與關照全局的良好指標。

a. 你希望你的經理也在你的團隊嗎？

b. 在你所屬組織中，管理階層對於團隊的成功有貢獻嗎？

你所屬組織成員會如何回答上面這二個問題？你可以問問他們嗎？

3. Phil Fuhrer又提議：請說明你支持或反對「在任何組織中，具有優勢的團隊行為就是檢驗組織是否關照全局的一項指標」這項陳述的原因。

20
在團隊環境中進行管理

團隊合作就是許多人照我說的話去做。

250

——英國導演*Michael Winner*

許多經理人似乎認為他們就跟英國導演 Michael Winner 一樣，可以對團隊發號施令，而且他們也認同這種觀點：團隊合作表示每個人都將屈服於經理人的傲慢。有一家公司的經理人就以車位比殘障人士車位更靠近門口，來展現他們的團隊精神！對於有這種態度的經理人來說，本章的內容將無法幫助你。

不過，其他經理人明白團隊合作不只是聽從一人發號施令，但是他們卻不自覺地破壞自己對團隊合作所做的努力，也削弱了有效團隊所帶來的利益。本章將討論一部分這種無意識行為，並建議經理人刻意採取一些行為，以提高團隊績效。

20.1 經理人在以團隊為主的組織中扮演的角色

在以團隊為主的組織裏，經理人扮演的角色常跟團隊領導人（team 251

leader）混為一談。團隊領導人（若是自我管理的團隊則指整個團隊）負責團隊的技術工作。[1]另一方面，經理人則是負責管理二個以上團隊的非技術事務。從團隊內部來看，經理人的角色是藉由解決特定的非技術工作來減輕團隊領導人的負擔。從經理人身為局外人的立場來看，經理人的角色是以組織較重要目標的觀點，對團隊進行控制。

20.1.1 分派工作

經理人藉由分派標準工作單元（standard task unit）給團隊，建立工作單元。[2]這些標準工作單元詳細記載完成工作的必要條件，例如：人力資源、工具、初期工作成品、工作空間、資金和訓練。

20.1.2 進行控制

每一個工作單元必須詳細記載工作成品將接受評量的流程（通常是指某種審查）。經理人的職責就是跟團隊一起合作，依據這些評量建立控制點，並從外部監控這些查核點。唯有在某些查核點未達標準或團隊出狀況時，經理人才應該插手干預團隊。

20.1.3 與其他團隊協調

團隊之間出了什麼問題，經理人就是最主要的協調者，這並不表示經理人必須直接管理團隊之間的所有溝通。經理人最重要的職責是，確保團隊之間的承諾以大局為重，確保決策流程是適當的並將決策明確記載。

　　經理人更常要扮演的角色是擔任團隊與外界的緩衝物，因此在各團隊之間進行協調只是其工作的一部分。經理人在扮演這個角色時，就要處理跟企業政策、預算和人事行政有關的事務。

20.2　分派工作

根據Katzenbach和Smith的說法，分派具挑戰性的工作就是建立團隊的最重要方式：

> 團隊不會因為我們稱他們為團隊或派他們參加團隊建立研討會，就成為團隊。事實上，組織在邁向以團隊為主的組織時遭遇的許多挫敗，就是源自於這種失衡。當管理階層做出明確的績效要求時，真正的團隊就出現了。[3]

252

挑戰是一種情緒反應，不但受到分派工作的方式所影響，也受到工作本身所影響。這套書第二卷詳細說明了標準工作單元的實體結構，卻沒有提供關於情緒結構方面的準則。為了與各種氣質類型人士組成的團隊順利合作，經理人必須以一種具挑戰性、清楚明確且表達支持的方式來分派工作。

20.2.1　具挑戰性

SP解決問題者最喜歡有挑戰性的工作，而NT有遠見者最關心的是跟團隊其他成員溝通這項挑戰。為了讓NT有遠見者和SP解決問題者獲得挑戰，經理人必須了解他們的心聲：

✓ 「千萬不要給我們太簡單的工作，那樣做是在侮辱我們。工作必須很難，卻不是難到無法完成，尤其是不要拿跟工作本身無關的死板限制來增加工作的難度。」

✓ 「以成效的觀點定義工作，而不是以達成那些成效的方法來定義工作，然後再進行工作分派。」（工作應該定義為解決問題的一

個願景，團隊成員可以用對他們有意義的方式來解讀定義，當團隊成員達到成效時也能因此感到滿意。）

✓ 「我們不介意複雜度，但是我們痛恨遊戲進行中改變規則而產生的複雜度。如果那些規則改變跟解決問題這項願景有關，我們不會反對。給我們不熟悉的事物，讓我們迎接挑戰，也請允許我們從中學習。」

✓ 「外部控制查核是可以接受的。我們很歡迎品質查核，也容許時間查核；但是，我們不歡迎預算查核，除非事先將它納入為挑戰的一部分。」

✓ 「允許我們發揮創意並自得其樂。」

20.2.2 清楚明確

對於SJ組織者來說，挑戰是可以接受的，但前提條件是，從一開始就必須把挑戰事項說清楚。SJ組織者可能會用下列方式向經理人表達他們的需求：

253 ✓ 「一開始就提供清楚明確並將所有細節涵蓋在內的指示。」

✓ 「將每件事清楚記載下來。探討所有可能性並簡化你要陳述的事項。」

✓ 「由於上面這二項需求很難滿足，所以經理人要隨時準備回答問題。」

20.2.3 表達支持

NF團隊建立者（亦稱NF促成者）想要挑戰，也要明確性，但是他們這樣做是因為別人的需求。他們對於工作比較不感興趣，對於工作進

行的環境比較感興趣。以下是 NF 團隊建立者對於分派工作給他們的
經理人之要求：

✓ 「你可以做的最重要事情是，期望我們能獲得成功，同時你要將
工作分派好，讓我們可能獲得成功，或是在工作進行當中獲得一
點一點的進展。」

✓ 「平衡工作負荷，這樣我們的團隊就不會負擔太重。分派給我們
的工作要符合我們團隊的技術能力，並且可以平衡團隊的工作負
荷。別要求我們做我們做不到的事，尤其是別要求我們做我們不
願意做的事。」

✓ 「信任團隊可以做好這項工作，並請兌現你承諾過要提供的資
源。」

✓ 「提供我們回饋，不論是讚美或批評都好，請不吝說明你所看到
的情況。」

✓ 「避免團隊受到外界的過度要求，並提供準則讓團隊在組織內部
可以把穩方向。」

20.2.4 分派工作出現的錯誤

許多新手經理人告訴我，他們在擔任這個新角色時最感震驚的一件事
是，分派工作這件事竟然要花這麼多時間。要滿足不同氣質類型人士
的不同需求實在很難；不過，身為經理人的你必須表現出滿足某些人
性共通需求的做法：

✓ 「不管你設法將工作說得多麼清楚，你還是會被人誤解。不管別
人拿多麼笨的問題來問你，你都必須隨時準備回答問題，絕對不
可以失去耐性。」

254　✓　「當別人畫圖說明他們認為你說的事，或用言語說明你畫給他們
　　　看的圖時，你必須準備好進入別人偏好的溝通模式。」

　　✓　「不管你已經完成多少工作，你都會犯一些錯。要坦承自己的過
　　　錯並接受別人的修正。」

　　✓　「你必須客觀地傾聽抱怨，別生氣也別認為這是人身攻擊。人難
　　　免會沮喪、工作過度勞累、不清楚你要什麼、擔心趕不上進度、
　　　想互相保護、也會因為他們認為你沒有聽他們說話而感到生氣。
　　　當他們停止抱怨時，你必須引導他們進入解決問題的模式，你也
　　　要為妥協做好準備。」

如果你做好上述這些事項，你或許會開始享受這項樂趣：分派工作給
別人並看著別人執行你分派的工作。不過，你可不能沉浸在這種狀態
太久，因為一旦他們開始工作，他們有可能出狀況，你必須隨時出現
提供一些指引。

20.3　進行控制

經理人在控制團隊內部事務時會犯二種錯誤：一是花太多時間，二是
花太少時間。變化無常型（模式1）經理人通常很少干預團隊內部事
務，他採取的做法是討好團隊。照章行事型（模式2）經理人通常是
過度干預團隊內部事務，過度糾正團隊並指責團隊，通常他們會聲稱
不如把工作拿來自己做，因為自己做得比較好：

　　企業主管強奪某些能力較差經理人的工作，結果只是發現自己也
　　做不來。在現實世界裏，以下這個例子就是最佳詮釋。中外野手
　　漏接三次高飛球後，棒球經理人決定自己上場，換下這位失誤連

連的中外野手，結果事實證明這樣做只是讓經理人自己蒙羞，因為他竟然漏接攸關比賽輸贏的內野飛球，最後害得球隊輸球。經理人回到球員休息室，看到球員們冷眼瞪著他，他驚慌地解釋：「中外野手把自己守備的位置弄得那麼糟，就算誰去守備也沒有用。」[4]

通常，經理人是因為自覺能力不足，才會做出討好和指責等行為——換句話說，這是從經理人的內部需求觀點來看，而不是以團隊內部需求的觀點為主。

20.3.1　如何辨別團隊是否需要干預

要發揮有效的指引（如同在模式3的組織），經理人必須依據團隊正在做什麼，而不是依據經理人目前的感受，來決定是否干預團隊內部事務。諷刺的是，身為經理人的你可以藉由觀察團隊成員的情緒狀態，辨別團隊成員是否運作得當，卻無法觀察自己的情緒狀態，判斷是否要干預團隊。以下是你可以在運作得當團隊觀察到的一些例子，每個例子後方括弧則是辨別運作不當團隊的一些方式。

255

1. 運作得當的團隊會確定每位成員都參與了決策流程。（運作不當團隊的情況是：「沒有人問我是否想要加班讓軟體版本完工。」）

2. 團隊成員彼此聯絡，所以他們掌握做出決定所需的資訊。即使不必做出特定決定，大家還是會保持聯繫。如同《建築模式語言》（*A Pattern Language*）這本書所言：「不管是家庭、工作團隊或學校團體，沒有哪一個社會團體能夠在成員不常進行資訊溝通的情況下存活。」[5]（運作不當團隊的情況是：「我從沒聽說界面被改過了。」「我好幾個星期沒看到Phil了。」）

3. 所有團隊成員都認為自己有機會貢獻。（運作不當團隊的情況是：「他們從來沒有傾聽我的想法。」）

4. 團隊成員同心協力。（運作不當團隊的情況是：「這不是我的錯，是 Wally 沒有依照建議流程去做。」）

5. 團隊成員對於「我們所創造的成效」感到滿意，認為這是團隊同心協力的成果，因此也更重視團隊合作。（任何以「我」或「他們」來代替「我們」的說法，就指出團隊運作出了問題。舉例來說，「他們的工作沒有達到我的工作標準。」）

6. 團隊充滿歡樂氣氛。對於某些經理人來說，這一點似乎很難讓他們接受。顯然，他們認為「歡樂氣氛」和「工作」是對立的，你不應該拿薪水享樂。不過，並不是所有歡樂團隊都有生產力；然而，所有有生產力的團隊都樂在工作。（有些團隊成員可能也認同這種歡樂與工作對立的二分法，所以你必須小心解讀團隊成員對工作難度的抱怨。「我們快要累死了」這樣說可能是抱怨工作一點也不好玩，或是誇耀自己做得太好了而引以為傲。）

7. 團隊成員仰賴彼此的專長，而且盡全力為團隊利益著想。（運作不當團隊的情況是：「我自己做，因為 Wanda 不可能把事情做對，即使那個工作當初是指派給她做的。」「我是資料庫專家，我當然不打算花我的時間，幫 Jack 的模組準備測試案例。」）

256 8. 成員發表意見時會特別注意，務必讓每個人都聽懂他們在說什麼。（運作不當團隊的情況是：「我沒找到機會跟 Sarah 說明那件事。」）

9. 每位團隊成員都覺得自己實力堅強，也覺得自己很有用，但是他們堅信團結力量大。（運作不當團隊的情況是：「嗯，我這部分的績效沒有問題。」「別管我吧，我無法跟上 Alex 和 Demma 的進

度。」）

10. 成員表達自己真正的感受。（運作不當團隊的情況是：「我不打
　　算讓Harry知道，他那樣做我有多麼生氣。」）

20.3.2 為了團隊利益著想而進行干預

你當然不會以單一事件做為進行干預的依據，你反而應該利用這種事
件，啟動你開始注意其他的跡象。如果其他事件強化你對情況的判
斷，你可以重新架構情況，讓情況變成建立團隊及運用團隊解決問題
的契機。舉例來說，假設當Marilynne跟你說：「我不打算讓Harry知
道，他那樣做我有多麼生氣。」你終於明白團隊出了什麼問題，這
時，你可以插手管這件事，自己跟Harry談談，或是設法說服Marilynne
跟Harry談一談。

　　不過，以下這個做法更能符合你想建立團隊的願望。你可以跟
Marilynne說：「當我聽到妳說Harry讓妳很生氣，而妳又不打算跟他
說，我實在很擔心妳所屬團隊的運作方式。我認為有實力的團隊必須
能夠好好處理本身成員的感受，不管這些感受可能多麼強烈或負面。
我打算跟團隊成員開一次會，把這個問題提出來，然後我會靜觀其
變，看看你們怎麼解決這個問題。」

　　Marilynne可能反對你這樣做，但是她可能不會太堅持，因為她
當初向你報告這個問題，不就是要你出面解決？當然，她原本或許以
為你會替她出面跟Harry談一談，現在你打算跟團隊成員開會，這樣
做也向Marilynne說明，你期望團隊自己解決這種問題──或許一開
始時要你稍微幫忙一下。

20.3.3 *嫉妒運作得當的團隊*

由前述運作得當團隊的屬性清單可知，經理人很容易嫉妒最佳團隊。
要治療這種嫉妒就要進行重新架構。在剛開始因為嫉妒而苦惱時，你
可以依據我在CompuServe的同事Mark Weisz提出的做法，重新架構
你的模型：

> 有時候，經理人的工作可能充滿寂寞，還好情況沒有那麼糟。我
> 擔任經理人時體驗到的最大樂趣是，召集人才讓他們像團隊般同
> 心協力地工作。我發現打造一個健全的工作團隊，這件事讓人特
> 別欣慰。至少在下次危機出現前，你可以休息一下，看著團隊順
> 利運作。這種感受再棒不過。況且，當下次危機出現時（我們知
> 道這是無法避免的事），你也已經儲備元氣可以順利解決危機。
> 你所打造的健全團隊就是你的保單。管理是一個神聖的職業，跟
> 任何工作一樣，管理這項工作有挫折也有痛苦，但是也有很大的
> 成就感。如果你可以培養一種幽默感（或處之泰然的態度）讓你
> 安度困境，或許你會發現管理工作樂多於苦。[6]

20.3.4 *無法達到效果的獎勵*

不確定要怎樣跟團隊互動的經理人常設法藉由給予團隊獎勵，來贏得
團隊成員的友誼。這個策略並不如你所想的那麼有效。我的客戶
Brooke跟我談到，他們團隊的經理人是如何「獎勵」他們以英勇行為
搶救一個緊急專案的：

「當時，我們為了趕工發表軟體版本，大家已經加班工作二個月
而且沒有加班費可拿。發表軟體版本後的隔一天，我們發現每位成員

的桌上放了一張當地咖啡廳的一美元禮券。上面沒有留紙條註明是誰給的，不過經理人被問及此事時說他用這種方式來向我們致謝。我們當中有些人很生氣，氣到把禮券丟進經理的信件箱還他；比較冷靜的成員則是對此置之不理。我個人認為，我寧可經理人花一美元買張卡片，親筆簽名後親自交給我。如果他不太習慣那種人際互動，我寧可他拿一美元並且……。」（我將 Brooke 說她希望經理人怎樣處理那一美元的話給刪掉了。）

20.3.5 關照全局的獎勵方式

如果你擔心自己可能跟 Brooke 的經理人一樣拙於人際互動，你可以參考我學生 Georgia 提出的建議，看看她如何以關照全局的方式處理這種管理情境：

「我上完課回到辦公室時，召集所有團隊成員並跟他們說：『你們不但把自己的工作做好了，也讓我安度難關，我真的想要找一些方法來表達我對整個團隊的感謝，但是這方面我很遲鈍。我擔心我不知道如何以適當方式表達，讓你們感受到我的真心感激。你們可以幫我想辦法嗎？我相信你們一定可以的。』」

Georgia 運用這種關照全局的方式來表達她的立場，也獲得讓她深感驚訝的成果。你也做得到。

那麼，處罰呢？經理人也可以用關照全局的方式來處罰員工嗎？坦白說，我不認為有這種方式存在，因為處罰員工不是經理人的職責。如果你以適當方式分派經過適當界定的工作，而且你也運用適當的控制來管理團隊，但是團隊還是失敗了，團隊成員當然知道自己失敗了，這種懲罰就已足夠。他們也知道——你也知道——在這種失敗狀況下，你也是團隊的一員，所以你打算處罰誰呢？

258

與其處罰，你不妨設法採納我在第六章提過的這段敘述：

> 中階經理人的職責是「培養人才」──而不是建立枯燥乏味的文件或每天花一半時間開無聊的會。中階經理人的角色是要以傾聽和協助的開放心態四處走動，並且花時間討論事情。這表示他們要關切個人福利並促使每位同仁發揮所有潛能。[7]

一種關照全局的做法是，跟團隊成員坐下來談，跟他們這樣說：「我的心情很差，因為我們這次失敗了。顯然，要完成這項工作，有些事是我不知道的，我想了解那是什麼事，下次我就能做得更好。你們可以協助我了解那是什麼事嗎？你們認為有什麼是我該知道，是我可以幫上忙的？」

20.3.6 你是問題所在嗎？

當你無法讓團隊發揮合作的效力時，通常起因於你正在做的某件事。那可能是你刻意做的某件事出現了迴力棒效應。舉例來說，原本是要協助每位團隊成員學習的績效考核，通常就會出現這種效應。藉由評量團隊個別成員，不管你做得多好，你還是向他們傳達了這項訊息：你沒辦法相信他們彼此互相評量的結果。

　　如果你覺得你必須進行績效考核，更有效的方式是由你評量團隊績效，然後請團隊自己評量個別成員的績效。至於最後個別成員的績效，則是由團隊整體績效乘上團隊評量個別成員的績效。這種做法表現出你相信團隊會盡全力達成你要求的目標，因為他們發揮團隊合作的精神達成這些目標，所以你讓他們獲得同樣的功勞。

　　大多數人都知道傳統績效考核常會造成團隊成員失和。不過，你可能像下面這個故事一樣，在自己沒有察覺的其他情況下透露出一些

暗示：

　　Information Services公司資深副總裁Cora，要管理Tom和Len這二位副總裁，他們二位應該團結合作設計出一項策略計畫，然而二人卻花了八個月的時間，爭論究竟要用誰的做法。

　　其實，事情會演變成這樣，Cora也要負責任，因為她曾經不自覺地暗示過，贏家就能當她的接班人。因此，這件事可不是用誰的做法那麼簡單，而是Tom和Len二人的權力爭奪戰。

　　當Cora發現這種情況時，有一天早上八點半她跟Tom和Len說：「你們二位到會議室去，在沒有決定出策略計畫以前不准出來。如果你們在中午以前還沒有辦法解決這件事，你們就被開除了。」

　　整件事在早上九點十五分落幕。我想不起來後來是誰的計畫勝出。不過，既然Tom和Len開始團結合作，所以究竟是用誰的計畫其實也沒關係。

20.3.7　運用MOI模型進行干預

在選擇是否要進行干預時，MOI模型就是一個很好的準則。[8]這個模型表示，當團隊或個人運作不當時，可能是遺漏了某個要素。這個要素可能是動機、組織或資訊。經理人的職責就是找出遺漏掉哪一項要素，並依此進行干預。

　　MOI模型可以協助你避免犯下這種大錯：公司已經開始推動一項改善品質的大規模運動。在這場運動中，公司召集二十五位軟體工程顧問組成一個志工團隊。這個團隊的成員將會接受一些訓練，然後擔任組織裏的教練。為了被選上，他們必須先讓自己通過一個耗時又嚴謹的流程，包括通過面試、提出論文和五項建議。他們也必須同意：所有工作會超出他們平時的工作負荷，所以任何課程或指導組織其他

成員的時間，都是占用加班時間而且無法支薪。

　　這項挑選競爭相當激烈，所以軟體工程經理人決定獎勵被選上者。他雇用一個相當有名且又收費高昂的激勵演說家，幫他們做一個小時鼓舞人心的演說——其實這群人根本不需要聽這種演講。畢竟，他們已經通過這項考驗也志願這樣做，所以當他們知道老闆認為他們需要受到激勵時，他們覺得這簡直是一種侮辱。他們想要的是組織提供一些工作和資訊，讓他們做好準備可以指導別人。經理人雖然好心安排這場演說卻浪費很多錢，更重要的是，這樣做還把這個志工團隊跟老闆之間的關係給搞砸了。

20.4　對外溝通

所有新手經理人都必須盡全力扮演好團隊對外溝通的角色。[9]在這方面，經理人要扮演的一個角色是，傳達管理高層的訊息和指示，另一個角色則是讓基層的心聲可以傳達給管理高層知道。

　　如果新手經理人有受過任何正式訓練，這些訓練通常只涵蓋與行政和人事有關的企業政策和程序。這種訓練至少暗示，公司認為經理人最重要的角色就是對內溝通。

　　從另一方面來看，如果新手經理人是從基層出身，就很容易迅速融入對外溝通的角色。

　　我同事Mark Weisz認為團隊對外溝通時，經理人扮演的第三種可能角色是：

　　　　現在，有人替我工作了，這件事確實讓我「採取保護心態」。舉
　　　　例來說，我會設法擋掉所有打擾，至少讓替我工作的人可以維

持一定的進度。你絕對有必要保護你的工作團隊——經理人具備這種直覺是很有幫助的。研究所的課程將此稱為「疆界管理」（boundary management），用比較口語的說法就是「護航」或「母鴨徵候群」（Mother Duck Syndrome）。「擋掉所有打擾」聽起來有點像硬體的中斷控制器。「您好，我是專業的中斷控制器，」你覺得在履歷表上這樣寫好嗎？[10]

換句話說，經理人不但要代表團隊對外溝通，也要盡可能過濾要向團隊傳達的訊息。經理人的職責是擋掉會讓團隊困擾的資訊，傳達真正對團隊有幫助的資訊。軟體開發人員和行銷人員之間的協商，就是有效運用母鴨症候群的一個好例子。通常，行銷人員的年紀大約比軟體開發人員大上十歲。因此，軟體開發人員跟行銷人員協商，等於是讓小孩跟大人協商，況且行銷人員對協商相當在行。這種偏差常會讓協商對一方有利，導致「誇大時程」（schedule macho）這種常見的症狀。

想要保護自家團隊的經理人就要把程式碼擺到一邊，培養自己的協商技能和關照全局的能力。這本書的審閱者 Mark Manduke 看過本章初稿後，拿以下這個故事向我建議：

我曾經擔任一個七人團隊的軟體經理人。那個團隊裏的七位程式設計師都在國外出生，年紀很輕，被行銷人員和資深主管威脅也不敢吭聲，那些人會打斷他們的工作，要他們同意「替特別顧客增加一些功能」。當時，因為這種事情太多，我們實在很難符合預定時程，行銷人員和主管們似乎也樂見此事，他們用工作截止時間來折磨我們，看著我們拼命加班趕進度。

有一天，我跟團隊成員一起開會並向他們說明：「從現在

起，我們要針對指派的軟體工作達到團隊共識。我們要接手的工作應該是合理的工作，而且是我們有自信能在每週工作四十個小時完成的工作。我會跟行銷主管和工程主管協商這些時程。一旦我們都對開發時程和交付時程感到滿意，若有任何人設法私下變更或增加需求，就請他們來跟我談。如果我們無法在預估時間內完成工作，我們就必須加班趕上進度。但是，身為團隊經理人的我必須要向你們負責，我必須扮演任何變更的單一協商者。如果我們團結一致、異口同聲，別人就拿我們沒辦法。他們不可能把我們都開除掉。」

這樣做的成效相當驚人。這個團隊變成工作最認真也最忠誠，跟他們共事讓我感受到莫大的喜悅。

要成為一個成功的軟體團隊經理人，你就需要這種關照全局的作為。

20.5 心得與建議

261 1. 如果擔任經理人的你扮演母鴨保護小鴨的角色過頭了，團隊成員可能會認為你對他們有所隱瞞。況且，你也讓他們無法獲得做出個人事業生涯決定所需的資訊與經驗，比方說：他們是否希望試試管理工作。

2. 我同事Phil Fuhrer認為經理人無法支援團隊和常見的生存法則之間，存在一種關係：「對許多經理人來說，『我必須隨時掌控部屬，或者至少要用這種方式來檢視他們』這個規則就是經理人言行不一的主因。我認為這可能是被孩提時代母親或父親控制家人或教師控制全班同學所影響。我也認為這個規則又被管理高層加

以強化，因為管理高層想要感受到中階經理人在他們的掌控之中。我認為這種控制規則就是團隊無法真正受到支持的主要原因。」

3. 我另一位同事Dan Starr指出，以他的經驗來看，顧客關係是建立成功團隊的一項重要環節：「為了讓團隊日漸提高熱忱與承諾，經理人必須做到的另一件事是，明確定義真正的客戶和要解決的問題。在團隊合作並非常態的組織裏，情況正是如此。團隊會察覺到自己與眾不同又有一點特殊，如果你把問題定義錯了，就會讓團隊的行動力和工作都徒勞無功。」

20.6 摘要

✓ 許多經理人以本身盛氣凌人的態度，讓團隊精神受到損害。其他經理人卻不自覺地破壞自己對團隊合作所做的努力，也削弱了有效團隊所帶來的利益。第一種經理人已經無藥可救，不過第二種經理人還有救，可以藉由學習更關照全局的作為，讓團隊能夠發揮應有的成效。

✓ 在以團隊為主的組織裏，經理人扮演的角色常跟團隊領導人混為一談。團隊領導人負責團隊的技術工作。相反地，經理人則是負責管理二個以上團隊的非技術事務。

✓ 從團隊內部來看，經理人的角色是藉由解決特定非技術工作來減輕團隊領導人的負擔。從經理人身為局外人的立場來看，經理人的角色是以組織較重要目標的觀點，對團隊進行控制。

✓ 分派有挑戰性的工作就是建立團隊的最重要方式。挑戰是一種情緒反應，不且影響到分派工作的方式，也影響到工作本身。舉例

262

來說，不同氣質類型人士認定的挑戰也不一樣，所以經理人必須為各種氣質類型人士重新架構適當的挑戰。

✓　沒有當過經理的人都以為分派工作很簡單，事實卻不然，原因在於：分派工作很容易被誤解、也可能用錯了溝通媒介、犯一些錯，當事情進展不順利大家抱怨你的做法時，你就很生氣。

✓　經理人在控制團隊內部事務時會犯二種錯誤：一是花太多時間，二是花太少時間。變化無常型（模式1）經理人通常很少干預團隊內部事務，他採取的做法是討好團隊。照章行事型（模式2）經理人通常是過度干預團隊內部事務，過度糾正團隊並指責團隊，通常他們會聲稱不如把工作拿來自己做，因為自己做得比較好。討好和指責等行為通常是從經理人的內部需求觀點來看，而不是以團隊內部需求的觀點為主。

✓　我們可以從團隊成員的行為辨別出運作得當的團隊。運作得當的團隊會確定每位成員都參與決策流程。他們會彼此聯絡，讓所有成員都認為自己有機會貢獻。大家會同心協力以團隊為重，所以會把「我們」掛在嘴邊。而且，團隊會充滿歡樂氣氛並且仰賴彼此的專長，同時盡全力為團隊利益著想。當成員發表意見時，也會特別注意，務必讓每個人都聽懂他們在說什麼。另外，每位團隊成員都覺得自己實力堅強，也覺得自己很有用，但是他們堅信團結力量大。最後，要監控這種團隊很簡單，因為成員表達自己真正的感受。

✓　你採取溫和的方式來管理團隊，你當然不會以單一事件做為進行干預的依據，你反而應該利用這種事件，啟動你開始注意其他跡象。當你確定要出面干預，就要把這些情況當成是建立團隊和以團隊解決問題的大好機會。

✓ 經理人很容易嫉妒最佳團隊。要治療這種嫉妒就要強調成功管理團隊的喜悅，也要強調團隊成功時，經理人也與有榮焉。

✓ 設法獎勵團隊有時候可能適得其反。經理人要跟團隊一起找出真正能夠獎勵團隊的做法。運用MOI模型判斷團隊當時需要哪一種干預。

✓ 經理人的職責不是處罰員工，而是安排機會讓員工得以學習。為了做到這件事，經理人必須扮演母鴨的角色，避免團隊受到外界的不當影響。

✓ 績效考核可能會破壞團隊精神。可以的話，盡可能避免績效考　263
核。如果你無可避免要做，更有效的方式是請團隊評估每位成員的績效。然後你再將團隊整體績效乘上團隊給個別成員打的績效，就獲得個別成員的最終績效。

20.7 練習

1. 對團隊個別成員進行績效考核，可能是經理人對團隊的最不當干預。你認同這項觀點嗎？請利用效應圖說明你為何支持或反對這項觀點。（有關效應圖的繪製請參閱附錄A。）

2. 你認為身為經理人可能對團隊做出哪三項最不當的干預？請分別加以說明。

3. 我同事Bill Pardee認為：由於許多人濫用「團隊」一詞，將團隊說成是任何具有共同目標的一個團體，所以請你扼要說明在你所屬的組織中，關照全局團隊的構成要素。

4. Bill Pardee問到：「如果我們認為軟體開發工作要能有效地進行，就要靠團隊來推動（我是這樣認為）；但是，由於許多人隨便將

任何團體稱為團隊，讓大家想到團隊就聯想到一些不相干的事，如果我們能夠想出其他用語來說明團隊，這樣不是更有幫助？」Katzenbach 和 Smith[11] 就以「真實團隊」（real team）一詞加以區別。你可以提出一個更好的用語形容這類團隊嗎？

5. Mark Manduke 在為他的「忠誠軟體團隊」協商時（20.4節），他如何在自我、他人和情境這三方面取得平衡？你可以把這種做法應用到你的團隊嗎？

6. 本書審閱者 Peter de Jager 建議：當你分派工作時，你是分派問題或解決方案？你認為要讓團隊發揮實力獲得績效，分派問題或分派解決方案，哪一種方式比較好？

21
成立團隊與解散團隊

人在大難臨頭時才會了解自己；唯有在危機時，我們才得以認清 264
自己的本性；許多人終其一生以為自己很屬害，那只不過是因為
他沒有遇到危機。

——美國作家*Sidney Harris*

經理人對團隊的職責就是：在需要團隊時成立團隊；當團隊運作
得當時，讓團隊獨立運作；當團隊無法發揮成效時，就解散團
隊。

21.1 在危機時組成團隊

當經理人面臨危機時，他（她）原先對於團隊發展所做的努力就會開
始發揮作用。遺憾的是，許多組織等到經歷危機時，才決定要成立團
隊以因應危機。然而，基於眾多因素考量，危機時刻並不是組成團隊
的最佳時機，不過這時候你的選擇也不多了。

軟體危機通常是以出現大批功能失常的形式出現，所以你通常想

要組成的團隊是處理缺陷的團隊。接下來，我們就來看看這樣做會遇
到的一些難題，以及經理人如何解決這些難題。

21.1.1 士氣低落

265 如果組織在因應危機時，大家士氣都很低落；那麼，在成立新團隊一
開始召開的會議中，你或許需要一位訓練有素的會議輔導員（facilita-
tor）。會議輔導員可以教導一些解決問題的技巧，更重要的是，能夠
讓會議氣氛不會變得死氣沉沉。理想上，你當然希望以強有力的團隊
建立經驗來創始團隊；不過，在危機時，能夠依據會議輔導員的帶
領，順利合作找出問題所在，這種經驗就足夠了。

21.1.2 互相排擠

你要牢記在心，成立團隊的關鍵原則是：

每位團隊成員都有一些獨特的貢獻。

如果我能對團隊做出的貢獻，你也做得到，那麼團隊就無法發揮如圖
18-1和圖18-2所述的優勢。圖21-1就能說明這種情況：我發現的缺
陷，你都發現得到，而且你還可以發現我沒有發現的缺陷，況且你修
正缺陷的點子也比我的更好。在這種情況下，我的自尊就會大受打
擊，你也會因此被激怒。

在沒有危機時，團隊成員有時間去發現並訓練每位成員對團隊做
出細微的貢獻。但是，在危機狀態下，根本沒有這種時間，所以你必
須在一開始挑選團隊成員時，就非常小心謹慎。然後，你必須利用每
一次機會，讓團隊成員知道每位成員的貢獻。

266 在危機時組成團隊，通常是以解決當前危機的能力，做為挑選團

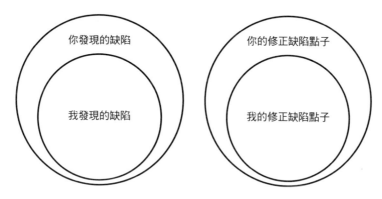

圖21-1　　如果你的能力讓我的能力相形見絀，我有的能力你都有，那麼我加
　　　　　入這個團隊就沒有意義，因為我發現的缺陷，你也發現得到。

隊成員的依據。因此，組織要求這類團隊從危機模式轉為比較正常的
模式時，這類團隊可能會出問題。所以，要組成一個可以長久維持的
團隊，最好是從一些有組織的維護團隊或開發團隊做起。組成開發團
隊的祕訣在於，不要因為開發團隊順利完成專案，就把團隊解散掉。

21.1.3 既有的團隊

組織內部既有的團隊也可能妨礙組織變革，尤其是對解決特殊問題組
成的團隊造成阻礙。當組織陷入一片混亂時，某些人表現出來的唯一
團隊行為就是，大家縮成一團像一群面對狼群的麝牛。他們可能將組
織設法成立解決特殊問題團隊的做法，當成是組織有意破壞既有團隊
的休戚與共，或是怪罪既有團隊沒有把工作做好。

　　要解決這種問題的一個方式是，讓每個團隊選出一位成員參與調
查新流程並向原團隊回報。利用這種方式，參與特殊任務者還是既有
團隊的一員，讓既有團隊能夠取得最新資訊。

21.2 讓團隊去解決問題

你希望工作能夠事半功倍嗎？如果經理人放手讓團隊做好自己的工作，那麼運作得當的團隊就是忙碌經理人的最大資產。下面這六個例子就能說明經理人如果肯給團隊機會，團隊就能運作得當，也能讓工作事半功倍。

21.2.1 討好高階主管

在第十三章提到的例子中，軟體經理人夏琳為了討好總裁莫瑞，只好同意不切實際的時程。我個人在處理這種情況時的偏好是，夏琳跟莫瑞實話實說，至少向莫瑞提出二種選擇，例如：

- 藉由減少一些功能以符合時程。
- 維持原有功能，但時程會延後。

我自己遇到這種情況時就這樣做，而且我發現總裁樂於聽到實情，即使實情可能讓他們不開心。你要知道，那種不願面對事實有駝鳥心態的人很少當上總裁。

不過，我通常扮演高薪外聘顧問的角色，因此我比較可能聽到夏琳這些內部經理人的心聲。況且，身為外聘顧問的我，當然不怕冒犯那些真正不想面對真相的另類總裁。

擔心將技術實情告知總裁的經理人，其實可以善用一個簡單的做法讓自己脫困，不過唯有在以團隊為主的文化中才能夠奏效。因為這是一個技術問題，所以應該由團隊向總裁報告實情，夏琳不必涉及此事。真正有能力的團隊比經理人要強勢得多，而且他們不可能會被高階主管威脅。而且，團隊的技術意見也比較受到重視，總裁也會明白

這不是個人不加思索的想法。

在指責型組織中，這種做法當然不可能奏效，反正在這類組織中也不可能有名符其實的團隊存在。

21.2.2 進度落後就驚慌失措

我在CompuServe的另一位同事Brian Richter就認為，以下這個常見的軟體問題就可以讓團隊自行來解決：「當專案進度已經落後，而且當每個人都竭盡所能地趕工時，會很容易出現錯誤。」[1]

由於真正有能力的團隊不可能向高層壓力屈服，因此團隊在專案進度落後時，比較不可能驚慌失措。不過，言行不一的經理人在專案進度落後時會驚慌失措，而且他們不希望看到別人在這種時候還能保持冷靜，所以他們會想把自己的慌張傳染給別人。然而，經驗豐富的團隊懂得緩衝掉經理人不一致的行徑，通常還能發揮鎮定效果，讓成員平心靜氣地把工作做好。

21.2.3 太多示範說明

我的另一名同事Arthur George提出下面這個問題：「我們針對專案概念做了許多示範說明，為了討好出資者，卻因此讓我們工作分心。我知道示範說明是為了跟大人物和提供我們資金的人溝通。但是，我們的示範說明必須展現品質，所以我們花一整天的時間處理此事。當天結束時，參加示範說明的專案成員只有一點點時間處理專案工作。大家為了示範說明浪費掉一天，當然會讓專案進度受到延誤。」[2]

在某些專案中，針對專案概念所做的這類示範說明極具破壞性，因為經理人會對團隊的資源配置感到慌張而進行干預。比較好的策略是就和其他工作一樣，將示範說明工作全權交給團隊處理。因為，經

理人臨時交辦一件棘手工作，就可能打亂團隊原本規畫好的工作進度。

我看過團隊利用指派示範說明專員處理這種情況，通常這個人是團隊中儀表大方的年輕成員，這個人不必具備豐富的產品知識，只要迅速做好示範說明所需的資料，並找出取悅顧客和高階主管的方法。

21.2.4　技術優先順序制定不當

268　我同事 Ed Hand 提出團隊受到外界妨礙的一個類似問題：「在我之前的工作團隊，我們會列出一份現有問題清單。上面列出的問題就是超級關鍵，必須現在解決的問題。我們團隊中有一些人偶爾會發現目前不解決日後會出大事的問題，而且他們設法向管理階層提出這些問題，請管理階層注意。令人困擾的是，管理階層總是被目前面臨的危機所困，無法理會即將出現的危機。而那幾位最會洞悉問題的人士卻最不受重視。」[3]

團隊環境可以自行解決這類超級關鍵議題。團隊可以接受管理階層判斷什麼事情是超級關鍵，但是管理階層並不知道哪些團隊負責處理這些關鍵事項──如果管理階層連這種小事都知道，就是採取事必躬親型的「微觀管理」（micro-management）。因此，團隊可以在不必引起管理階層注意的情況下，指派某人把「路障」給清除掉。

另一種做法是運用團隊共識的力量，跟管理階層討論什麼事情才真正重要。不過，運作得當的團隊很少採取這種做法，因為他們知道跟管理階層討論技術重點根本徒勞無功、浪費時間。

21.2.5　聰明卻放著正事不做的員工

某家軟體供應商經理 Elsie 提出一個常見的問題：「我的員工 Wendel 人

很聰明，卻老是喜歡放著正事不做，思考枝節問題，我該拿他怎麼辦？他似乎沒辦法集中心力，去解決我們開發軟體產品的實際問題。」

員工出現這類不相干的行為，似乎總讓經理人深感困擾，但是團隊好像不以為意。團隊發現成員出現幾次與正事不相干的行為後，就會向成員表明，讓他知道什麼行為是可以接受、什麼行為無法接受。有時候，成員會向龐大的同儕壓力屈服；但是，有時候──如同Wendel的例子──成員會向經理抱怨團隊如何對待他。

這時候，經理人只要說：「這是你跟團隊其他成員之間的問題，跟我無關。不過，如果你無法解決這個問題，我會將你調離團隊，看看你在哪個單位比較能發揮所長。」不過，Elsie已經想辦法指導Wendel如何成為一個更優秀的團隊成員。然而，這件事若由經理人親自處理常會徒勞無功，若是交由團隊處理卻會相當成功。當Elsie放手不管這件事，Wendel只好乖乖回到團隊，跟團隊成員一起想辦法解決問題。後來，Elsie當然再也沒有聽到跟此事有關的傳聞。

另一種可能發生的情況是，團隊向經理人抱怨Wendel行為不當。這時候，Elsie應該採取同樣的做法，將問題交給團隊自己處理並表明：「這是你們跟Wendel之間的問題，跟我無關。不過，如果你們無法解決這個問題，我就會將Wendel調離團隊，看看他在哪個單位比較能發揮所長。」

21.2.6 完美主義者

269

另一個常見問題是，團隊某個成員的意見跟其他成員不同，對於程式碼的缺陷希望有更高的標準（在正式發表前）。經理人遇到這種情況時，應該採取跟處理Wendel一樣的做法：讓團隊自行解決問題。

在此我舉一個很棒的例子說明，Carl是團隊中的完美主義者，團隊就讓Carl擔任品質守護者的角色。團隊給Carl一個玩具盾牌和一把橡膠寶劍，每當他想為正義而戰時，就可以揮舞他的盾牌和寶劍。事實上，他們運用這種做法來解決超理智行為——因為超理智這種不一致的行為無法在有趣好笑的情況下持續存在。指責的情況也一樣，那是完美主義者經常採取的另一種態度。在團隊巧妙運用技巧解決問題的情況下，Carl不但士氣大振，也開始運用他那不容忽視的分析能力為團隊著想。如果不是這樣做，我相信他可能無法在團隊中繼續生存，因此就要用另一種方式來解決這個問題。

21.3 解散效力不彰的團隊

有時候，某位團隊成員無法跟其他成員合作，必須讓他離開團隊才行。許多經理人認為這樣做太過激進，所以會盡量避免這種情況發生。通常，如果這些討好型經理人沒有小題大作的話，其實讓不適合的成員離開團隊也不是什麼大事。在達成共識的情況下，這樣做通常對團隊和離開的成員都有利，也不會浪費經理人的時間。

雖然我相信幾乎任何團體都可以成為有生產力的團隊，不過團隊所產生的價值未必能跟為了讓團隊運作得當所付出的投資成正比。如果團隊經過合理的努力後，無法自行解決本身的問題，身為經理人的你可能必須出面干預並對團隊成員做一些調整。

21.3.1 無法發揮功效的職務劃分

對於成功的團隊合作來說，最大的障礙或許是個人的這種心態：「因為這是我的工作，我不會讓別人碰這個工作，就連看看也不行。」或

是「如果這不是我的點子，就不可能是最佳點子。」這種言行不一的自我本位心態當然是因為自尊低落所引發的，所以才會出現這種錯誤的想法：「如果我的程式碼有缺陷，那麼我這個人就有缺陷。」

這種封閉態度必定會在軟體工程上引發災難。有這種想法的人就像校車的駕駛喝醉酒還開車載一群學生那樣危險。他們可能很儀表不凡、既聰明又善待小動物，甚至全身散發香氣，但是請讓他們遠離我要使用的軟體。

這種人的問題不在於自我涉入，而在於言行不一，我的軟體業同事 Andy Hardy 就對此做出最佳詮釋：「我很喜歡問題，因為我喜歡解決方案。對我來說，解決方案就是美好明確的事物，也是一種藝術形式。

「當我撰寫的程式碼有缺陷時，我就很不安。就某方面來看，我的藝術作品有瑕疵。不過，有人發現我的藝術作品有瑕疵，倒是讓我有機會把作品變得更好。這樣想就讓我安心許多。」[4]

無法這樣想的人就無法在任何軟體團隊順利工作。如果某人因為堅持自己對產品的所有權，而被幾個團隊排擠在外，那麼你就該出面干預。與其讓這個人加入任何團隊讓你傷腦筋，不如請他走人，鼓勵他另外尋找更適合他的行業，這樣你不僅能降低成本，也能增加生產力。

21.3.2 解散長期團隊

不過，有時候團隊出問題不能只怪罪某位成員。有時候，二位團隊成員發展出愛慕或憎恨的關係，將其中一位成員調職就想解決問題實在不公平。有時，團隊已經陸續請走好幾位成員，卻還是無法發揮生產力。或者是，你已經耐心等候許久，還是無法找出團隊運作不當的特

殊原因。

在這些情況下，身為經理人的你必須出面干預並解散團隊。可能的話，你如何對待效益不彰的員工，就如何對待效益不彰的團隊。召集所有團隊成員並提醒他們在特定日期以前，如果你沒有看到團隊做出特殊改變，你就會解散團隊。提供他們一些外在的協助，但是別自己淌渾水。向他們表明立場，你不打算找一、二位成員當代罪羔羊，而是要解散整個團隊。否則的話，團隊成員只是利用你監視他們的這段時間另謀新東家。

如果你負起責任表明：「我原以為這個團隊可以運作得很好，但事實卻不然。我欠缺讓這個團隊及時運作得當所需的技能。」這樣就能對情況有幫助。然後，別忘了從經驗中學習。組成團隊不是一門科學，也不是隨意而為。如果你用心負責，就能在這方面更游刃有餘。

21.3.3 解散臨時團隊

在危機狀況下，臨時團隊很有吸引力，因為這種團隊可以迅速組成。一旦架構妥當，經理人不必多加留心，團隊就會自行組成並學習如何運作得當。不過，從另一方面來看，事實證明這種自組能力也可能讓經理人傷腦筋。一旦經理人指派一群人組成團隊，團隊就此形成後就自作主張，在有必要做改變時，經理人可能很難解散團隊。

271　　組織中倘若出現許多無法發揮功能、甚至產生反效果的團體（這些團體只是空有其名，根本不是名符其實的團隊），通常就表示即將出現軟體品質危機。雖然這些團隊無法同心協力完成本身的工作，但是當你要解決團隊時，大家卻一起努力保住工作。

解散臨時團隊的首要原則就是事先預防：避免組成你無法解散的團隊，一旦團隊無法發揮功效，你必須有辦法解散團隊。所以，你在

組成團隊時要向大家說明，大家是短期內一起工作，在特定時間過後就會重新評估團隊是否要繼續存在。這種做法也適用於現有團隊。給團隊幾週的時間，讓他們說明團隊有存在的必要，如果團隊無法提出合理說明就解散團隊。這樣做你就可以將資源釋放出來，讓更重要的工作有更多資源可用。

當然，光靠管理階層的聲明無法解散非正式的團隊，所以你不要把時間和信用浪費在這上面。不過，如果你不主動干預的話，一定有很多團隊會繼續無意義地存在下去。當真正的危機出現時，你不會需要那些無法在一個月內獲得成效的東西，例如：開發標準、長期規畫、撰寫職務說明或組織改組等等。

如果你在解散團隊時遭遇相當大的阻力，你可以先暫緩一下。如果這樣做沒有效，團隊還是繼續定期開會，那麼你可以想辦法將開會時程拉長。注意人們跟你說些什麼。有些團體根本沒有善盡原先承諾的職責，但是實際上他們可能正在負責一個有用的功能，只是經理人並不知情。如果團隊成員這樣想，你就指示他們寫下一份新的團隊宣言，由你依據現況加以評估。

21.4 心得與建議

1. 對經理人來說，團隊成員分散各地這個問題很嚴重，因為成員可能彼此疏於聯絡。這個問題可以藉由一個可靠又容易使用的電子郵件系統來幫忙，如果有可觀的電話預算，當然也可以利用電話聯絡；不過，任何方式都無法取代面對面的接觸。我發現在團隊形成初期就編列預算供建立團隊使用，然後盡可能找藉口讓團隊至少每二個月聚會一次，這樣做能有效凝聚團隊的向心力。

2.　有很多書籍和文獻提到，如何依據許多原則、準則和查核表為職務或團隊挑選適合的員工。[5]其中有許多重點很有幫助，可惜通常給人像童話故事般不切實際的印象，如果你挑對公主和青蛙，他們從此就會過著幸福快樂的日子。另外，這種模型也讓經理人為挑選團隊成員而過度擔心，卻太不操心自己對團隊的掌控。

　　另一種看法是：工作團隊就像婚姻伴侶一樣，挑選人選的最重要原則是，你相信你已經選對人，所以不論在順境或逆境，你都會支持原本的決定。

3.　有些經理人設法解散團隊，是因為團隊變得太強勢，讓經理人覺得很傷腦筋。如果你想用解散團隊的方式來減少團隊的勢力，通常你會發現團隊所有成員一起離職，整個團隊投效新東家。與其痛失這麼有能力的團隊，你不如增加自己的能力，讓自己有辦法妥善管理團隊，而不是去削弱團隊的勢力。

4.　有些經理人因為團隊效益不彰而想解散團隊，因此經理人和團隊常會為這些事情感到不安：他們究竟是不是一個團隊、他們什麼時候會變成一個團隊、或者他們有沒有可能變成一個團隊。Strider and Cline公司的團隊顧問Wayne Strider設計出二個圖形，協助團隊和經理人減輕這種不安。Strider的基本假設似乎是這樣：當團隊形成時，成員還不認為本身是一個團隊，直到某些事發生了或過了某段時間，或者達到某些模糊的標準後，大家才有團隊意識。圖21-2就說明了這項假設。

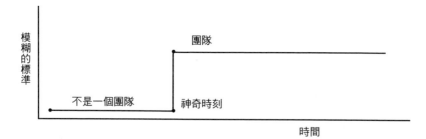

圖 21-2　團隊形成有一個神奇時刻，這點對於團隊成員和團隊經理人來說，似乎充滿不確定性和壓力。

　　Strider接著提出另一種更人性、不會那麼充滿壓力的可能性。「團隊」可能是一個流程，不是一個終止狀態。如果將焦點從「團隊或不是團隊」轉移到「效能」，整個圖形可能轉變成圖21-3。以這種觀點來看，團隊從成立當天開始就是團隊。Strider表示：「有一天，團隊可能超越其他團隊，變得更有實力。不過，隨著時間演變，團隊成員學會如何彼此合作，善用別人的專長並且互相信任。結果，團隊就變得更有效能。團隊本身可以決定如何評量效能，定期以查核點的方式了解團隊的現有成效。」

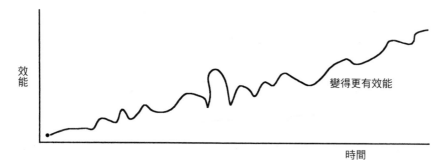

圖 21-3　「形成團隊」的流程每天都在發生，其中有許多起起伏伏，有時會讓你難以看清團隊可能達到的更高效能。

21.5 摘要

273 ✓ 經理人對團隊的職責就是：在需要團隊時成立團隊；當團隊運作得當時，讓團隊獨立運作；當團隊無法發揮成效時，就解散團隊。

✓ 在因應危機時成立團隊，並不是一項無關緊要的管理工作。如果組織在這個時候士氣相當低落，在成立新團隊一開始召開的會議中，你或許需要一位訓練有素的會議輔導員。在挑選團隊成員時務必確保，每位團隊成員都有一些獨特的貢獻。

✓ 要組成一個可以長久維持的團隊，最好是從一些有組織的維護團隊或開發團隊做起，而不是在危機時組成團隊。組成這類團隊的祕訣在於，不要因為開發團隊順利完成專案，就把團隊解散掉。

✓ 組織內部既有團隊也可能妨礙組織變革，尤其是對解決特殊問題組成的團隊造成阻礙。他們可能將組織設法成立解決特殊問題團隊的做法，當成是組織有意破壞既有團隊的休戚與共，或是怪罪既有團隊沒有把工作做好。

✓ 如果經理人放手讓團隊做好自己的工作，那麼運作得當的團隊就是忙碌經理人的最大資產。真正有能力的團隊比經理人要強勢得多，而且他們不可能會被高階主管威脅。況且，團隊的技術意見也可能比較受到重視。

✓ 團隊在專案進度落後時，比較不可能驚慌失措。不過，言行不一的經理人在專案進度落後時就會驚慌失措，而且他們不希望看到別人在這種時候還能保持冷靜，所以他們會想把自己的慌張傳染給別人。然而，經驗豐富的團隊懂得緩衝掉經理人不一致的行徑，通常還能發揮鎮定效果，讓成員平心靜氣地把工作做好。

✓ 經理人臨時交辦團隊一件棘手工作，就可能打亂團隊原本規畫好的工作進度。團隊可以指派專人處理這種混亂狀況，例如：指派專人負責向顧客和管理高層示範說明某項產品。一般說來，讓團 274 隊自己制定比較切合實際的工作優先順序，會有比較好的成效。

✓ 團隊無法自己解決每一個問題。有時候，當某位團隊成員無法與其他成員共事，就必須讓他（她）離開團隊。這時候，經理人必須出面干預，將團隊成員做一些調整。

✓ 對於成功的團隊合作來說，最大的障礙或許是個人的這種心態：「因為這是我的工作，我不會讓別人碰這個工作，連要看看也不行。」或是「如果這不是我的點子，就不可能是最佳點子。」這種封閉態度必定會在軟體工程上引發災難，不可以允許這種態度繼續存在。如果你決定改變團隊成員的這種態度，通常你必須把存有這種心態的人換掉才行。你要記住，並不是每個人都適合在軟體業工作。

✓ 有時候，團隊因為一些無法察覺的原因，或是幾位成員有牽連而變得效益不彰。在這些情況下，你必須出面干預並解散團隊，通常在這樣做之前，你可以先向團隊成員提出警告。

✓ 當經理人指派一群人組成團隊，團隊也有可能自作主張，在有必要做改變時，經理人可能很難解散團隊。因此，你要避免成立事後無法解散的團隊。所以，在組成臨時團隊時，你要向大家說明團隊的任期時間，在特定時間過後，團隊必須再次證明自己有存在的必要。

✓ 有些團體似乎沒有發揮功能，但是實際上，他們可能正在負責一個不同於原先規畫的功能，只是經理人並不知情。因此，你在解散團隊以前，要先設法確定團隊正在提供什麼功能。

21.6 練習

1. 假設你是一位新手經理人，在就任這個職務幾週後，你明白上級指派給你的專案中，有一項專案肯定會失敗。這項專案再過一個月就要完工，而且專案經理（從顧客組織派來的）認為一切沒問題，一起參與專案的部屬也這樣認為，但是所有跡象都指出專案勢必會失敗。這時候，你應該怎麼做？關照全局的作為如何協助你解決這種情況？

2. 團隊和員工流動率之間有一些有趣的關係存在。比方說，假設某家公司的員工流動率為10%，也有可能對團隊造成更大的破壞。假設團隊中一位成員離職就會讓團隊被解散，如果每個團隊有五位成員，那麼10%的員工流動率最後可能會讓50%的團隊就這樣毀了。

   從另一方面來看，實力堅強的團隊就算有一位以上的成員離職，仍然可以正常運作，因此，10%的員工流動率或許對團隊一點影響也沒有。或者，所有的人員流失都是因為少數團隊所致。大家都知道，在高效能團隊任職的員工不會輕易離職，除非管理不當讓他們一起辭職不幹。

   請繪圖說明團隊合作和員工流動率之間的變數，並設計一個效應圖說明其中的重要變數。

第五部
結語

對我來說，這三卷書是一個漫長的旅程，或許對你而言也是如此。當
我開始寫這套書時，我想像最後一卷要將如何打造高品質的軟體工程
組織的祕訣一網打盡——這些祕訣包括像CASE工具、專案組織、訓
練實務、測試技術和組態管理方法等要素。在這套書前三卷中，我已
經針對這些要素加以說明，但是我還沒有提供打造高品質軟體工程組
織的祕訣。這不是我的疏忽，而是我有意這樣做，因為在經理人能力
不完備之前，就算有祕訣可用，也無法發揮功效。

現在，我正著手撰寫第四卷，我暫時將書名定為《擁抱變革》
（Anticipating Change），並在書中提供打造高品質軟體工程組織的完
整祕訣。目前，我已經把所有重點列入檔案中，也完成大部分章節的
內容。不過，我打算在第四卷完工前先等待一段時間，看看前面這三
卷究竟能影響到多少有能力的經理人。我已經知道有很多軟體工程經
理人把自己的工作弄得一團糟，還指責我提供他們錯誤的祕訣。

我自己當然也將某些再好不過的軟體工程祕訣給搞砸了。當我對
自己感到不滿意，我就會威脅別人、忽略他人的存在、故意指責別
人、指責自己、逃避困境或開始心不在焉。經歷過這些狀況後，我明
白當我還無法做到言行一致、關照全局時，要設法解決軟體工程問題

或打造軟體工程組織根本毫無意義。所以，我先努力讓自己成為關照全局的經理人，而且我希望你也這樣做。

　　我深信電腦可能是讓這個世界更美好的一個重要因素，因此我在幾十年前就進入電腦業工作。這麼久以來，有時我的意志難免會動搖，但是我從來沒有改變初衷。或許我是一位天真的夢想家，但我一直認為如果大家都秉持類似的願景，就能創造更美好的世界。不幸的是，我遇到許多人秉持截然不同的動機，他們汲汲營營於個人私利，追求權勢以掌控他人，有的人根本就卑鄙自私。我不了解這些人，也不跟他們打交道，而且我認為他們根本就是我們這一行的害蟲。不過，在此浪費篇幅說教是沒有意義的，因為他們當然知道這本書不是寫給他們看的。

　　對於其他讀者，我想以一個中國古代的故事將關照全局的作為做一個總結，我認為透過關照全局的作為，你就可以做到這樣。每當我因為那些貪婪、追求權勢或心胸狹窄者而心情低落時，我就會想起這個故事。我相信自己沒辦法跟荀巨伯這位英雄一樣正直，但是這個故事讓我覺得只要我有心改善自己的行為，情況終將有所改變。

荀巨伯訪友

東漢穎川有一個名叫荀巨伯[1]的人，有一次到遠方探視生了重病的朋友。來到朋友的家裏，他才知道不久將有北方胡人要來攻打郡城，全城的人都準備要棄城逃跑了。

　　所以，朋友就對荀巨伯說：「我是快死的人了，你趕快回去吧！胡人要來攻城了。」沒想到荀巨伯卻回答說：「我這麼遠來看你，你卻因此叫我回去，這種敗壞義理逃命求生的行為，哪裏是我荀巨伯所

能做出來的事呢？」所以，他便留下來照顧朋友。

北方胡人的士兵入城以後，問荀巨伯說：「城裏的人知道我們大軍到來，全都逃光了，你是何人，竟敢獨自留在這裏？」

荀巨伯回答說：「朋友有病，我不忍心丟下他，情願以我的身軀來換取朋友的性命。」

胡兵聽了很感動，互相嘆道：「像我們這樣無情無義的人，竟然來攻打這個有情有義的地方！」於是便撤軍回去，全城也因此而得以收復。[2]

附錄 A
效應圖

把穩方向型（模式3）的經理人具備的一項重要技能就是：有能力根
據非線性系統來做推論，而效應圖（diagram of effects）就是為達此
目的最好用的工具之一。[1] 在圖 A-1 中，效應圖顯示管理階層對於解
決軟體功能失常（亦即系統故障事件或簡稱為 STI），施加壓力所產
生的效應。我們可以利用這個圖，做為主要標記慣例之範例。

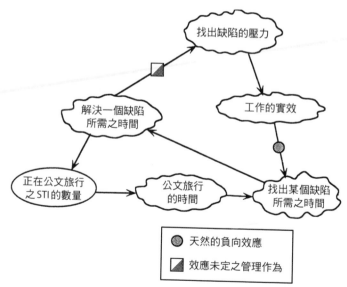

圖 A-1　效應圖範例

280 效應圖主要是由以箭號連結的節點所組成：

1. 每一個節點（node）即代表一個可量測的數量，比方說：公文旅行的時間、工作的實效、找出某個缺陷所在位置所需的時間、或是找出缺陷所在位置的壓力。我喜歡採用「雲狀圖」而不用圓形或長方形，為的是要提醒大家，每一個節點所代表的是一個量測值，而不是像在流程圖、資料流圖之類的圖形中，每一個節點所代表的是一件事物或是一個過程。

2. 這些雲狀節點所代表的可能是實際的量測值，也可能是概念性的量測值（這些事物雖可量測，但目前或許量測的成本太昂貴，或是不值得花費心力去量測，所以尚未加以量測）。不過重點是，這些事物都是可以量測的，也許僅能得到近似值──如果我們願意花點代價的話。

3. 有時我想表明所給的是一個實際的量測值，我會使用一個正橢圓的雲狀圖，如同圖A-1中「正在公文旅行之STI的數量」。然而，在大多數時刻，我是用效應圖來做概念性的分析──而非數學的分析，因此多數的雲狀圖會呈現適度的不規則性。

4. 從某一節點A指向另一個節點B的箭號，要表達的是數量A對於數量B具有某種效應。我們或許知道或推測出這項效應，導致我們從下列三種方式中擇一繪製箭號：

   a. 將這項效應的數學公式列為：

   找出某個缺陷所需的時間＝公文旅行的時間＋其他因素

   b. 從觀察中推論，例如：觀察到人們在管理階層施壓下出現緊張且效率不彰的現象。

c. 從以往的經驗推論，例如：觀察其他專案當解決缺陷所需時間改變時，來自管理階層的壓力有何改變。

5. 看看 A 與 B 之間的箭號上是否有一個大灰點出現，這個大灰點代表 A 對 B 作用效果的一般趨勢。

a. 沒有灰點出現，意指若 A 朝某個方向移動，則 B 也會朝相同的方向來移動。（例如：正在公文旅行的 STI 數量愈多，意指公文旅行的時間就愈多；正在公文旅行的 STI 數量愈少，意指公文旅行的時間就愈少。）

b. 箭號上若有灰點（天然的負向效應），意指若 A 朝某個方向移動，則 B 會朝相反的方向來移動。（例如：工作的實效愈高意指找出一項缺陷所需的時間愈少；實效愈低意指找出一項缺陷所需的時間愈多。）

6. 效應線上的方塊表示人為干預會決定效應之方向：　　281

a. 白色方塊，代表人為干預會使得所影響之量測值，與引發變動之原因朝相同方向來移動（如同沒有灰點的箭號代表往相同方向來移動）。

b. 灰色方塊，代表人為干預會使得所影響之量測值，與引發變動之原因朝相反方向來移動（如同有灰點的箭號代表往相反方向來移動）。

c. 灰白相間的方塊（效應未定之管理作為），代表人為干預可能使得所影響之量測值與引發變動之原因，朝相同或相反的方向來移動，方向為何端視干預而定。以圖 A-1 的情況來說，對於解決缺陷所需時間的增加，管理階層可能會對找出缺陷所在位置一事增加壓力或減少壓力。灰白相間的方塊顯示這種動態學會依經理人選擇做何反應而異。

附錄 B
薩提爾人際互動模型

根據薩提爾人際互動模型[1]，每個人的內在觀察流程有四大部分：接
收訊息、尋思原意、找出含意、做出反應，如圖 B-1 所示。在此為了
說明這個模型，就由我來扮演觀察者的角色。

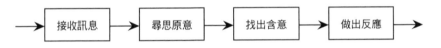

圖 B-1　薩提爾人際互動模型的四個基本部分。

接收訊息（Intake）

在薩提爾人際互動模型的第一個部分，我從外界獲取資料。雖然有些
人可能認為我以被動參與者的身分碰巧接收訊息，但事實上我有許多
選擇可供運用。

尋思原意（Meaning）

接下來，我考慮感官接收的訊息並賦予其意義。這項意義並不存在於
資料中，在我提供意義之前，資料是沒有意義的。

找出含意（Significance）

資料可能暗示某些意義，但不會暗示其重點在哪裏。如果沒有這個步驟，我所感受的世界可能會是一個資料模式泛濫的世界。利用這個步驟，我可以讓一些模式具有優先權，並且把其他模式忽略掉。

做出反應（Response）

觀察很少是被動的，它會引發出反應。我不可以也不應該立即對每項觀察做出反應。我總是依據觀察被認定的重要性，對觀察進行嚴密調查並加以保存，做為日後行動的準則。

附錄 C
軟體工程文化模式

這本書大量使用「軟體文化模式」這個觀念。為便於參考，我在此將　
這些模式的各種觀點做一摘要。

　　據我所知，克勞斯比是把文化模式的概念用於研究工業生產過程
的第一人。[1]他發現組成一門技術的各種生產過程並不僅是一種隨機
組合，而是由一套有先後關係的模式所組成。

　　在 Radice 等人的〈程式設計過程之研究〉[2]一文中，將克勞斯比
「依品質來分層」的方法應用到軟體開發工作上。軟體工程學會（SEI）
鼎鼎大名的軟體品質專家韓福瑞（Watts Humphrey）繼續發揚光大，
找出一個軟體機構成長之路上必經之「過程成熟度」的五個等級。[3]

　　其他軟體觀察者很快發現了韓福瑞的成熟度等級之妙用，例如：
後來在 MCC 公司任職的寇蒂斯（Bill Curtis）提出的軟體人力資源成
熟度模型（software human resource maturity model），也有五個等級。[4]

　　這些模型各自代表對同樣現象的觀點。克勞斯比依據在各個模式
中發現的管理階層之態度，做為命名其五項模式的主要依據。不過，
軟體工程學會所採用的命名跟在各個模式中發現的過程類型比較有
關，跟管理階層的態度比較無關。寇蒂斯則依據組織內之對待人員的
方式來進行分類。

　　依照我個人在組織方面的工作經驗，我最常使用克勞斯比把重點放在管理階層及其態度上的文化觀點[5]，但我發現其實各種觀點可於不同時刻派上用場。以下就是我將各種觀點的資料加以結合所做的摘要：

284　## 模式0　渾然不知型（Oblivious）的文化

其他名稱：在克勞斯比、韓福瑞或寇蒂斯等人的模型中並未出現這個模式。

本身觀點：「我們都不知道我們正循著一個過程在做事。」

隱喻：步行：當我們想去某個地方時，就起身步行前往。

管理階層的了解與態度：管理階層沒有理解到品質是他們要解決的一項問題。

問題處理：問題因為大家保持沉默而蒙受損害。

品質立場摘要：「我們沒有品質問題。」

這項模式可成功運作的時刻：要讓這項模式成功運作，個人必須具備下列三項條件或信念：

- ✓ 「我正在解決我自己的問題。」
- ✓ 「那些問題不大，因為就我所知，技術上是可能解決的。」
- ✓ 「我比別人更清楚我自己要什麼。」

過程成效：成效完全取決於個人。在這種模式中，沒有保存任何紀

錄，所以評量也不存在。因為顧客就是軟體開發人員本身，所以交付
給顧客的軟體總是會被接受。

模式1　變化無常型（Variable）的文化　285

其他名稱：在克勞斯比的模型中稱為：半信半疑階段（Uncertainty Stage）

在韓福瑞的模型中稱為：啟始（Initial）

在寇蒂斯的模型中稱為：加以聚集（Herded）

本身觀點：「我們全憑當時的感覺來做事。」

隱喻：騎馬：當我們想去某個地方時，我們就為馬套上馬鞍騎馬出發
……如果馬願意合作的話。

管理階層的了解與態度：管理階層並不了解品質是一項管理工具。

問題處理：因為問題定義不完備又缺乏解決之道而苦惱。

品質立場摘要：「我們不知道為什麼我們會有品質問題。」

這項模式可成功運作的時刻：要讓這項模式成功運作，個人必須具備
下列三項條件或信念：

✓　「我跟顧客關係融洽。」

✓　「我是一個能幹的專業人士。」

✓　「對我來說，顧客的問題並不大。」

過程成效：這部分的工作通常是顧客與開發人員之間一對一的工作。
在組織裏依據本身功能（如：「這樣做行得通」）來評量品質，在組

織外部則由現有關係來評量品質。情緒、個人關係和模糊的想法或空論主導一切。設計沒有一致性，也沒有規畫撰寫有結構性的程式碼，而且以隨便進行測試的方式去除錯。在這種模式中，有些工作做得很好，有些工作卻做得很奇怪，一切全因個人而異。

286　模式2　照章行事型（Routine）的文化

其他名稱：在克勞斯比的模型中稱為：覺醒階段（Awakening Stage）

在韓福瑞的模型中稱為：可重複（Repeatable）

在寇蒂斯的模型中稱為：加以管理（Managed）

本身觀點：「我們凡事皆依照工作慣例（除非我們陷入恐慌）。」

隱喻：火車：當我們想去某個地方時，我們找到一輛火車，這輛火車可以容納很多人，而且很有效率……如果我們要去的地方是火車行經之處。火車出軌時，我們就無能為力了。

管理階層的了解與態度：管理階層認同品質管理可能有價值，卻沒有意願提供金錢或時間進行品質管理。

問題處理：組成團隊處理重大問題，但是並未徵求長期解決方案。

品質立場摘要：「有品質問題是絕對必要嗎？如果我們不解決品質問題，或許問題會自動消失。」

這項模式可成功運作的時刻：要讓這項模式成功運作，個人必須具備下列三項條件或信念：

✓ 「我們明白問題大到不是一個小團隊就能處理。」

✓ 「問題太大,我們無法處理。」

✓ 「開發人員必須遵循我們的慣例流程。」

✓ 「我們希望我們不會碰到太異常的事。」

過程成效:照章行事型的組織具備程序以協調為工作所付出的努力,組織成員只是遵循程序去做事。以往績效的統計資料並不用來進行改變,只是用來證明自己目前做的每一件事都是依照合理方式去做的。另外,在組織裏並未依據錯誤(bugs)的數目來評量品質。一般來說,這類組織使用由下而上的設計、部分結構化的程式碼,並且藉由測試和修正來去除錯誤。照章行事型的組織有許多成功事蹟,但是也有一些規模龐大的功能失常。

模式3 把穩方向型(Steering)的文化

287

其他名稱:在克勞斯比的模型中稱為:啟蒙階段(Enlightenment Stage)

在韓福瑞的模型中稱為:加以定義(Defined)

在寇蒂斯的模型中稱為:加以調教(Tailored)

本身觀點:「我們會選擇結果較好的工作程序來行事。」

隱喻:小貨車:關於目的地在哪裏,我們有許多選擇,但是我們通常必須依據規畫路線前進,在路途中也必須把穩方向。

管理階層的了解與態度:管理階層理解到品質是一項管理工具:「透過我們的品質方案,我們對品質管理有更多的了解,也更支持並協助品質管理的進行。」

問題處理：公開面對問題並以井然有序的方式來解決問題。

品質立場摘要：「透過承諾與品質改善，我們正在確認並解決我們的問題。」

這項模式可成功運作的時刻：要讓這項模式成功運作，個人必須具備下列三項條件或信念：

✓　「問題太大，我們知道光靠一個小程序是行不通的。」
✓　「我們的經理人可以跟外界環境協商。」
✓　「我們不接受武斷的預定時程和限制。」
✓　「我們受到挑戰，但是程度在可接受範圍內。」

過程成效：把穩方向型的組織具備總是讓人可以理解的程序，但是這些程序在書面文件上未必有明確的定義，甚至在危機中組織成員還是遵循這些程序行事。在這類組織裏是依據使用者（顧客）的反應、而非依據系統化的方式來評量品質。有些評量完成了，但是大家卻為了哪些評量才有意義而爭論不休。通常，這類組織會利用由上而下的設計、結構化的程式碼，對設計和程式碼進行檢驗，並且採取漸進式發表軟體版本。在專心致力於進行某件事時，這類組織通常能穩坐成功的寶座。

288　模式4　防範未然型（Anticipating）的文化

其他名稱：在克勞斯比的模型中稱為：明智階段（Wisdom Stage）
在韓福瑞的模型中稱為：加以管理（Managed）
在寇蒂斯的模型中稱為：制度化（Institutionalized）

本身觀點：「我們會參照過往的經驗制定出一套工作範例。」

隱喻：飛機：當我們要去某個地方時，我們可以迅速可靠地搭機前往，而且有空地之處，我們都能搭機前往，不過要採取這種方式一開始需要大筆投資。

管理階層的了解與態度：管理階層了解到品質管理的絕對必要性，也認清個人在持續強調品質管理這方面，所要扮演的角色。

問題處理：問題早在開發過程時就確認出來。所有功能別部門都開誠布公，接受建議與改善。

品質立場摘要：「預防瑕疵是公司作業中的例行部分。」

這項模式可成功運作的時刻：要讓這項模式成功運作，個人必須具備下列三項條件或信念：

✓ 「我們有可遵循的程序，而且我們設法改善程序。」
✓ 「我們（在組織內部）依據有意義的統計資料來評量品質與成本。」
✓ 「我們有明確的流程小組協助進行這個流程。」

過程成效：防範未然型的組織利用複雜的工具和技術，包括：功能理論設計（function-theoretical design）、數學證明及可靠度評量。這類組織即使進行規模龐大的專案也一樣能持續地獲致成功。

模式5 全面關照型（Congruent）的文化 289

其他名稱：在克勞斯比的模型中稱為：確信階段（Certainty Stage）

在韓福瑞的模型中稱為：最佳化（Optimizing）

在寇蒂斯的模型中稱為：最佳化（Optimizing）

本身觀點：「人人時時刻刻都會參與所有事務的改善工作。」

隱喻：企業號星艦：當我們想去某個地方時，我們可以去以往沒有人去過之處，我們可以帶任何東西去，也可利用超光速飛行到任何地方，只不過目前這一切只出現在科幻小說中。

管理階層的了解與態度：品質被管理階層認為是企業體系中一個不可或缺的部分。

問題處理：除了極不尋常的情況外，已經事先把問題預防掉。

品質立場摘要：「我們知道我們為什麼沒有品質問題。」

這項模式可成功運作的時刻：要讓這項模式成功運作，個人必須具備下列三項條件或信念：

✓　「我們具備持續改善的程序。」

✓　「我們自動確認並評量所有關鍵的流程變數。」

✓　「我們的目標是讓顧客滿意，一切以顧客滿意至上。」

過程成效：全面關照型的組織具備其他模式的所有優點，加上又有意願為達到更高品質的水準而投資。這類組織利用顧客滿意度和顧客遇到功能失常之平均時間（十年到一百年不等）來評量品質。顧客喜歡這類型組織提供的高品質，而且會完全信賴。就某方面來說，模式5就像模式0一樣全然地回應顧客，只不過模式5的組織在各方面都做得更好。

附錄 D
控制模型

每一種軟體文化模式都有自己獨特的控制模式。對於軟體控制模式的研究，就從這個問題開始：「有需要控制什麼嗎？」在此，我針對這個問題的二個可能答案進行討論。

　　集成式的控制模型（Aggregate Control Model）指出，如果我們願意花足夠的時間和精力在備用的解決方案上，我們終將獲得我們想要的系統。有時候，這是最實際的做法，或者是我們能想到的唯一做法。

　　回饋控制的模型（Feedback Control Model）設法以一種更有效率的方式，獲得我們想要的系統。控制者依據系統目前在做什麼的相關資訊來控制系統。控制者將這項資訊與為系統所規畫的事項做比較，並且採取有計畫的行動，讓系統的表現更接近計畫。

　　工程管理的職責是在工程專案中扮演控制者的角色。利用回饋控制的模型，就可以解析工程管理為何遭遇失敗。舉例來說，照章行事型（模式2）的經理人通常缺乏這種理解，這也說明他們為什麼會經歷那麼多品質不佳或失敗的專案。

D.1 集成式的控制模型

想要射中移動的標靶，有一個可以普遍適用的做法，就是集成法（aggregation）的技巧。集成式的控制就像是用霰彈槍來射擊，或者說得更準確些，是用榴霰彈來射擊。如果我們只是想要在足夠隨機的方向裏讓更多的彈片飛過空中，這種方法可以增加我們打中標靶的機會，不管標靶的移動方式為何。

　　以集成法來解決軟體工程上的問題，大概的意思是，為確保可得到一個好的產品，必須先從大量的專案下手，並從中選出可生產出最好產品的那一個專案。單獨從一家軟體公司的眼光來看，集成法或許不失為在特別環境中，一條可確保成功的途徑。

291　　　集成法最常被使用的時機，就是在軟體的採購上。從我們中意的幾個產品中，選出最能符合我們目的的那一個產品。比起只考慮單一的產品，只要我們的挑選程序尚稱合理，最後我們都能找到一個較佳的產品。

　　有時候，集成法的使用不全然是有意而為之。照章行事型（模式2）的機構經常會在無意間採用一連串的集成法。當第一次試圖建造一套軟體系統時，如果結果不甚令人滿意，就開始進行第二個專案。如果第二次嘗試也沒有好下場，該機構可能會退回第一次的結果，接受它品質不良的現實，當作是一堆爛蘋果中最好的一個。集成法是一種通用策略，不管哪一種軟體文化模式都會用到這項策略。不過，在把穩方向型（模式3）的組織裏，則是更有意識地運用集成法的明確操縱，來協助品質改善。

D.2　回饋控制（控制論）的模型

由於集成法猶如用霰彈槍來射擊，回饋控制法（feedback control）就猶如用步槍來射擊。控制論（cybernetics）這一門研究命中率的科學，是每一位軟體工程師都必須了解的一門學問。[1]

D.2.1　受控制的系統：模式0與模式1的焦點

控制論模型是以一個系統應該受到控制的想法為出發點：它有輸入和輸出這兩個部分（圖D-1）。對一個以生產軟體為目的的系統而言，輸出的部分是軟體，再加上「其他輸出」，其中包括了不屬於該系統直接目的的各樣東西，像是：

- 發揮某一程式語言更大的功能
- 在製作想要的軟體時，同時開發出來的軟體工具
- 能力更強或更弱的開發團隊
- 壓力、懷孕、感冒、快樂
- 對管理階層的憤怒
- 對管理階層的尊敬
- 數以千計的功能失常報告（failure report）
- 個人的績效評核

輸入的部分則有三種主要的類型（三個R）：

- 需求（Requirements）
- 資源（Resources）
- 隨機事件（Randomness）

292　一個系統所表現出來的行為受到下面這個公式的支配：

　　　行為是由狀態與輸入這兩大條件所決定。

因此，控制不只是取決於我們所輸入的東西（需求和資源）和以某些
其他方式進入系統的東西（隨機事件），也取決於系統內部是如何在
運作（狀態）。

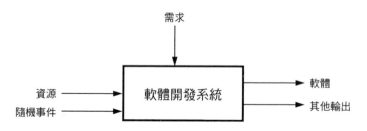

圖D-1　一個受控制的軟體開發系統之控制論模型。

當模式1的機構了解圖D-1的涵義後，該圖即可用來代表軟體開發工
作的完整模型。其實，該圖的意思是：

a.　「告訴我們你想要的是什麼（而且不要改變你的心意）。」

b.　「提供我們一些資源（而且只要我們開口，你就會一直不停
　　地提供）。」

c.　「不要再來煩我們（也就是說，消除所有隨機事件發生的可
　　能性）。」

這些就是模式1機構開發軟體的基本條件，而且只要聽到以上陳述，
你就能很有把握地辨認出模式1的機構。

　　如果少掉了a項陳述（外在需求），你就會得到可辨認模式0的陳

述，模式0已然知道它想要的是什麼，不需要你的幫助，謝謝啦。因
此，將圖D-1中需求的箭號消除，將外來直接的控制與系統隔絕開
來，該圖即變成一個模式0的圖形。

D.2.2 控制者：模式2的焦點

當我們的軟體開發方式符合模式1的模型，為了達到更高的品質（或
價值），我們就必須採取集成式的做法——亦即將更多的資源注入開
發系統中。要做到這一點的一個途徑即是，同時啟動好幾個這樣的開
發系統，並讓每一個系統都能盡其所能地發揮。然而，如果我們想要
對每一個系統都有更多的控制，我們就必須將系統與某種形式的控制
者連接起來（圖D-2）。控制者代表了我們想要讓軟體開發工作能夠
朝正確的方向前進，所做的一切努力。它也是模式2為解決獲致高品
質軟體的問題所添加的東西。

控制論在此一水準時，控制者還無法直接取得開發系統內部狀態
的資訊。因此，為了能控制情況，控制者必須能夠經由輸入的部分 293
（由控制者出發進入系統的那幾條線），以間接的方式來改變系統內部

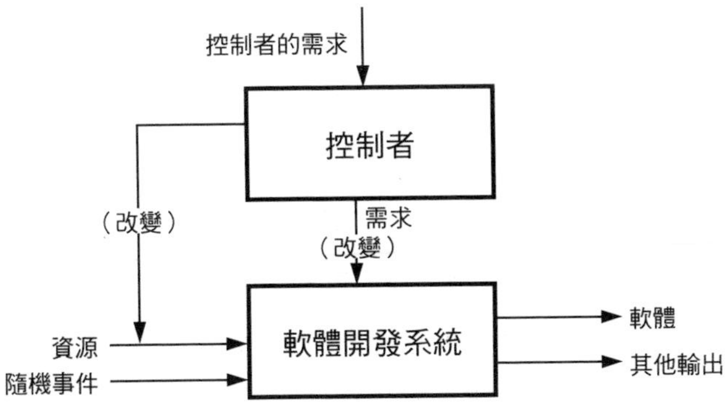

圖D-2 一個軟體開發系統（模式2）的控制者模型。

的狀態。這類可以改變程式設計人員的例子包括：

- 提供訓練課程，讓他們變得更聰明
- 購買工具供他們使用，讓他們看起來更聰明
- 雇用哈佛的畢業生，讓他們變得更聰明（平均來說）
- 提供工作獎金，讓他們工作會更賣力
- 提供他們感興趣的工作，讓他們工作會更賣力
- 開除柏克萊的畢業生，讓其他的人工作會更賣力（平均來說）

對於系統中不受控制的輸入部分（即隨機事件），可加以控制的行動有兩種：改變需求的部分，或改變資源的部分。要注意的是，不論控制者對這些輸入的部分動了什麼手腳，仍然會有隨機的事件進入系統。這正代表了控制者無法完全控制的那些外來事物。某些模式2的經理人一想到這一點，就覺得非常的氣餒。

D.2.3 回饋控制法：模式3的焦點

縮小因感冒（不受控制的輸入部分）而造成損失的一個有效方法，即是一有輕微的感冒症狀出現，就把人趕回家去休養。然而，在圖D-2中的控制者卻無法這麼做，因為他完全不知道系統實際上是如何運作的。一個用途更廣也更有效的控制模型就是圖D-3中的回饋控制模型。在此模型中表現出模式3的控制觀念，控制者有能力對工作的績效（從系統出來並進入控制者的那幾條線）加以評量，並利用評量的結果來幫忙決定下一步的控制行動為何。

　　但是回饋的評量與控制的行動對於達到有效的控制仍有所不足。我們知道，行為取決於狀態與輸入條件這兩樣東西。為使控制的行動有效，模式3的控制者必須擁有的模型，要能夠將狀態和輸入條件與

行為連接起來，亦即該模型要能夠清楚界定「取決於」對此系統的意義為何。

　　整體來說，為了使回饋控制法得以運作，控制系統必須具備：　　294

- 預期狀態（desired state，簡稱為 D）的樣貌
- 觀察實際的狀態（actual state，簡稱為 A）的能力
- 比較狀態 A 與狀態 D 之間差異的能力
- 對系統採取行動使得 A 更趨近於 D 的能力

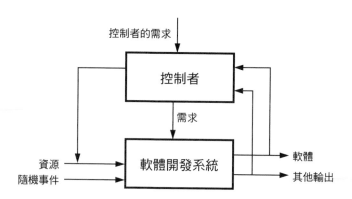

圖 D-3　一個軟體開發系統的回饋模型中，控制者需要有關系統表現的回饋資訊，以便能將之與需求加以比較。有了這樣的模型，才能將模式 3 與模式 0、1、2 區隔開來。模式 4 及 5 所用的也是這樣的模型。

模式 2 的一個典型錯誤就是把「控制者」與「經理人」劃上等號。在模式 3 的模型中，管理工作基本上屬於控制者的責任。想要以回饋控制的方式來管理工程類的專案，經理人必須：

- 為將會發生的事做好規畫
- 對實際正在發生的重大事件進行觀察

- 將觀察所得與原先的規畫相比較

- 採取必要的行動以促使實際的結果更接近原先的規畫

能夠完全做好這些事的經理人，就是我們所說的「把穩方向型」經理人。模式3、4、5都需要把穩方向型的管理。對大多數希望從模式0、1、2轉變為模式3、4、5的機構來說，這似乎是限制因素所在。這套書的前三卷就是要激勵組織轉型成為把穩方向型的管理。

附錄E
觀察者的三種立場

即使在你做出言行一致（congruent）的反應時，你可能並未處在最佳 立場，以便能觀察要有效解決危機你必須做什麼。然而，若是你在危機中能提供以不同觀點獲得的資訊，就是最有效的一種干預。每當身為觀察者的你要採取行動時，你可以選擇要從哪一個「立場」進行你的觀察：自我的立場、別人的立場、或是情境的立場。

自我（局內人）的立場

從你的內心，往外看或往內看。這個立場讓你能夠明白自己的利益為何，你現在為什麼有這樣的行為舉止，也讓你明白你可能對這個情況有何貢獻。若你未能從這種立場進行觀察，你通常會產生討好或超理智（superreasonable）的行為。許多人因為忘記自己應該花時間從自我的立場進行觀察，反而讓自己心力交瘁。

別人（移情作用）的立場

從另一個人的內心，從他（她）的觀點觀察。這個立場讓你有能力了解人們為何做出那種反應。若你未能從這種立場進行觀察，你通常會產生指責別人或超理智的行為。

情境（旁觀者）的立場

由外界，檢視我自己和其他人。這個立場讓你能夠在這種情境下理解事物並整頓事物。若你未能從這種立場進行觀察，你通常會產生打岔（irrelevant）的行為。

296

　　沒有人規定你必須採取任何特定的觀察者立場，或是採取任何立場。有時候，你在危機中已經驚慌失措，無法採取觀察者的任何立場。你忽略自己的感受，沒注意到別人正在發生什麼事，也沒有跟整體情勢產生關係。

　　在管理上，你必須懂得應變，視情況採取立場1或立場2或立場3，來進行觀察。如果你無法進入這些觀察者的立場，你可能會身陷困境而且言行不一（你可能出現指責、討好、超理智或打岔的行為）。這樣的話，你在自己最需要觀察力的時候，卻把自己的某些觀察力放棄掉了。

註解

序文

1　哈雷公司（Harley-Davidson Company）執行長比爾斯（Vaughn Beals）於　　297
一九九二年接受電視訪問，說明哈雷公司的人員如何拯救公司，打敗日
本競爭對手。

第一部

1　F.P. Brooks, Jr., "No Silver Bullet: Essence and Accidents of Software
Engineering," *Computer*, Vol. 20, No. 4 (April 1987), pp. 10-19. 再版於T.
DeMarco and T. Lister, eds., *Software State-of-the-Art: Selected Papers* (New
York: Dorset House Publishing, 1990), pp. 14-29.

第一章

1　尚未看過《溫伯格的軟體管理學》第1卷或第2卷的讀者，請參閱附錄D
對控制論或控制的回饋模型所做之說明。

2　W.R. Ashby, *An Introduction to Cybernetics* (London: Chapman and Hall,
1964).

3　B. Curtis, "Managing the Real Leverage in Software Productivity and
Quality," *American Programmer*, Vol. 3, No. 7-8 (1990), pp. 4-14.

4　W. Humphrey and B. Curtis, "Comments on 'A Critical Look,'" *IEEE
Software*, Vol. 8, No. 4 (July 1991), pp. 42-46.這篇文章評論另一篇文章：

T.B. Bollinger and C. McGowan. "A Critical Look at Software Capability Evaluations," *IEEE Software*, Vol. 8, No.4 (July 1991), pp. 25-41. 這兩篇文章都值得一看。

第二章

1　B.W. Boehm, *Software Engineering Economics* (Englewood Cliffs, N.J.: Prentice-Hall, 1981).

2　*SEI Reports: Annotated Listing, 1 January 1986-87* (Pittsburgh: Software Engineering Institute, November 1991).

3　有關軟體文化模式的更多資訊請參閱附錄C。

298　4　G.M. Weinberg, *Becoming a Technical Leader* (New York: Dorset House Publishing, 1986). 中譯本《領導的技術》經濟新潮社出版。

5　同上, pp. 97-100. 中譯本頁 150-156。

6　L.A. Hill, *Becoming a Manager: Mastery of a New Identity* (Boston: Harvard Business School Press, 1992), p. 26.

7　作者與耶格（P. de Jager）於 1993 年之私人通信。

8　J.A. Autry, *Love and Profits: The Art of Caring Leadership* (New York: Avon Books, 1991), p. 19. 中譯本《愛心與管理》聯經出版。

第三章

1　N. Branden, *The Psychology of Self-Esteem* (New York: Bantam Books, 1971), p. 109.

2　有關因應方式的簡要說明請參閱薩提爾的 *Making Contact* (Berkeley, Calif.: Celestial Arts, 1976), 中譯本《與人接觸》張老師文化出版。更全面的論述請參閱薩提爾的 *The New Peoplemaking* (Palo Alto, Calif.: Science and Behavior Books, 1988)，中譯本《家庭如何塑造人》張老師文化出版。

3　D.A. Norman, *The Design of Everyday Things* (New York: Basic Books,

1988), pp. 41-42. 中譯本《設計＆日常生活》遠流出版。

第四章

1　V. Satir, *The New Peoplemaking* (Palo Alto, Calif.: Science and Behavior Books, 1988), PP. 382-83. 中譯本《家庭如何塑造人》張老師文化出版。

2　同上, p. 108.

3　有關不一致性的語意討論請參閱 S.E. Hardin, *Success with the Gentle Art of Verbal Self-Defense* (Englewood Cliffs, N.J.: Prentice-Hall, 1989).

4　R. Kipling, "If."

第五章

1　Linda A. Hill, *Becoming a Manager: Mastery of a New Identity* (Boston: Harvard Business School Press, 1992), p. 142.

2　有關自我交談及如何改變自我交談的更多資訊詳見 P.E. Butler, *Talking to Yourself: Learning the Language of Self-Affirmation* (San Francisco: Harper, 1991).

3　你可以利用一些方法開始練習察覺自己身體的失衡狀況。我發現湯瑪士‧克倫（Thomas Crum）開辦的衝突之神奇工作坊（Magic of Conflict workshops）很有幫助，他的著作 *The Magic of Conflict* (New York: Simon & Schuster, 1987) 也很有助益。這本書和研討會都是以合氣道的技巧為主。

4　作者於一九九二年與 D. Starr 的私人通信。

5　C. Argyris, "Teaching Smart People How to Learn," *Harvard Business Review*, 1991, pp. 99-109.

第六章

1　T.F. Crum, *The Magic of Conflict* (New York: Simon & Schuster, 1987), p. 174.

2 想改善跟催工作這項技能的人，可以參考這套書的第二卷 *Volume 2, First-Order Measurement.* 中譯本《溫伯格的軟體管理學：第一級評量（第2卷）》經濟新潮社出版。

3 R. Cohen於1993年於CompuServe軟體工程管理論壇（Software Engineering Management Forum）之評論。

4 L.A. Hill, *Becoming a Manager: Mastery of a New Identity* (Boston: Harvard Business School Press, 1992), pp. 19-20.

299 5 J.R. Schmid, *Management by Guts* (Marceline, Mo.: Walsworth Publishing Co., 1985), p. 56.

6 F.P. Brooks, Jr., *The Mythical Man-Month* (Reading, Mass.: Addison-Wesley, 1975). 中譯本《人月神話》經濟新潮社出版。

7 M. DePree, *Leadership Is an Art* (New York: Bantam Doubleday Dell Publishing Group, 1989), p. 104. 中譯本《領導的藝術》經濟新潮社出版，頁124。

8 S. Heller於1993年於CompuServe軟體工程管理論壇（Software Engineering Management Forum）之評論。

第七章

1 我不可能在這本書裏完整說明梅布二氏人格類型指標，因為這項主題涵蓋甚廣，內容也很深入。不過，目前坊間已有幾本談論這項主題的好書，想要改善個人管理效能的經理人至少應該細讀其中一本。在此我列出一些書籍供讀者參考，首先是由梅氏最初的著作：Isabel Briggs Myers, *Gifts Differing* (Palo Alto, Calif.: Consulting Psychologists Press, 1980). 另外一本值得參考的書籍是D. Keirsey and M. Bates, *Please Understand Me: Character and Temperament Types*, 4th ed. (Del Mar, Calif.: Prometheus Nemesis Book Co., 1984；此書已有修訂版 *Please Understand Me II*, 1998). 最後則是O. Kroeger and J.M. Thuesen, *Type Talk at Work*, (New York:

Delacorte Press, 1992). 中譯本《4×4種工作性格》三久出版社出版。

2　Kiersey and Bates, op. cit., p. 25.

3　Kiersey and Bates, bc. cit.

4　M. DePree, *Leadership Is an Art* (New York: Bantam Doubleday Dell Publishing Group, 1989), p. 131. 中譯本《領導的藝術》經濟新潮社出版，頁151。

5　作者於1991年跟L. Nix之私人通信。有關軟體文化模式的摘要詳見附錄 C，這方面更完整的討論詳見本系列第1卷和第2卷。中譯本《溫伯格的 軟體管理學：系統化思考（第1卷）》和《溫伯格的軟體管理學：第一級 評量（第2卷）》經濟新潮社出版。

6　我同事N. Karten的近作是 *Managing Expectations: Working with People Who Want More, Better, Faster, Sooner, NOW!* (New York: Dorset House Publishing, 1994).

7　Keirsey and Bates, op. cit.

第八章

1　Geoffrey James, *The Zen of Programming* (Santa Monica, Calif.: Infobooks, 1988), p. 37. 詳細資料請洽 P.O. Box 1018, Santa Monica, CA 90406.

2　Kiersey and Bates, op. cit., p. 70.

3　如果你想了解為什麼挑選這四種組合，請參考前述Kiersey and Bates之合 著。

4　Kiersey and Bates, op. cit., p. 47.

5　有關薩提爾人際互動模型詳見附錄B。

6　有關詢問資料可信度的問題詳見這套書的第二卷 *Volume 2, First-Order Measurement,* 章節6.2之介紹。中譯本《溫伯格的軟體管理學：第一級評 量（第2卷）》經濟新潮社出版。

7　G.M. Weinberg, *Becoming a Technical Leader* (New York: Dorset House Publishing, 1986). 中譯本《領導的技術》經濟新潮社出版。

第九章

1　心理類型協會（Association for Psychological Type）的地址是9140 Ward Parkway, Kansas City, MO 64114-3313, U.S.A.

2　我對中國文化的了解大都是從許烺光先生（F.L.K. Hsu）的著作 *Americans and Chinese* (Garden City, N.Y.: Natural History Press, 1970)學到的。中譯本《中國人與美國人》巨流出版社出版。

3　我對香港的中國文化的了解大都是跟我的友人和室友 Au Chak Wang 和 Christopher Ng Yin Ke 學到的。

300　4　D. Tannen, *You Just Don't Understand: Women and Men in Conversation* (New York: Ballantine Books, 1990), p. 119.中譯本《男女親密對話》遠流出版。

5　同上。

6　這方面的參考書籍包括：C. Andreas and S. Andreas, *Heart of the Mind: Engaging Your Inner Power to Change with Neuro-Linguistic Programming* (Moab, Utah: Real People Press,1989)，中譯本《相信‧你能夠》中國生產力中心出版；S. Andreas and C. Andreas, *Change Your Mind and Keep the Change* (Moab, Utah: Real People Press, 1987)，中譯本《改變未來》世茂出版社出版；或G. Laborde, *Influencing with Integrity: Management Skills for Communication and Negotiation* (Palo Alto, Calif.: Syntony Publishing, 1984).

7　G.M. Weinberg, *Quality Software Management: Volume 1, Systems Thinking* (Dorset House Publishing, 1992), pp. 24-25. 中譯本《溫伯格的軟體管理學：系統化思考（第1卷）》經濟新潮社出版，頁66。

8　U.K. LeGuin, *The Word for World Is Forest*.

9　R.E. Axtell, ed., *Do's and Taboos Around the World* (Cambridge, Mass.: MIT Press, 1992).

10　R. Ornstein, *Multimind* (Boston: Houghton Mifflin Company, 1986).

第十章

1　L.A. Hill, *Becoming a Manager: Mastery of a New Identity* (Boston: Harvard Business School Press, 1992), pp. 54-55.

2　簡單講，控制者的謬誤以兩種形式出現（可將以下敘述中的「控制者」一詞用「經理人」取代）：如果控制者不忙碌，那麼他就沒有把工作做好；如果控制者很忙碌，那麼他必定是一位優秀的控制者。詳見這套書的第一卷, pp. 196ff. 中譯本《溫伯格的軟體管理學：系統化思考（第1卷）》經濟新潮社出版，頁312。

3　作者與E. Yarbrough之私人通信。

4　T.R. Riedl, J.S. Weitzenfeld, J.T. Freeman, G.A. Klein, and J. Musa, "What We Have Learned About Software Engineering Expertise," *Proceedings of the SEI Software Engineering Conference* (Pittsburgh: Software Engineering Institute, 1991).

5　如果你很難相信經理人虐待員工會產生這種影響，請好好看看M. Sprouse所編的書*Sabotage in the American Workplace: Anecdotes of Dissatisfaction, Mischief, and Revenge* (San Francisco: Pressure Drop Press, 1992).

第十一章

1　參閱薩提爾的著作*The New Peoplemaking* (Palo Alto, Calif.: Science and Behavior Books, 1988), p. 1. 中譯本《家庭如何塑造人》張老師文化出版。

2　我們必須特別留意將人類機械化的這種傾向，Tom DeMarco跟我都不同意peopleware這種概念。（DeMarco跟Tim Lister共同撰寫*Peopleware: Productive Projects and Teams*, published by Dorset House Publishing. 中譯本《Peopleware：腦力密集產業的人才管理之道》經濟新潮社出版）。有關機械化這項主題詳見G.M. Weinberg, "Overstructured Management of Software Engineering," 收錄於*Software State-of-the-Art: Selected Papers*, T. DeMarco and T. Lister, eds. (New York: Dorset House Publishing, 1990), pp. 4-13.

3　有關薩提爾人際互動模型詳見附錄B。

4　參見R. Ornstein, *Multimind* (Boston: Houghton Mifflin Company, 1986).

5　角色派對詳見V. Satir, J. Banmen, J. Gerber, and M. Gomori, *The Satir Model: Family Therapy and Beyond* (Palo Alto, Calif.: Science and Behavior Books, 1991). 中譯本《薩提爾的家族治療模式》張老師文化出版。

301　6　有關規則的更多資料詳見G.M. Weinberg, *Quality Software Management: Volume 2, First-Order Measurement* (New York: Dorset House Publishing, 1993). 中譯本《溫伯格的軟體管理學：第一級評量（第2卷）》經濟新潮社出版。

7　如果你運用正確的技巧，就可以輕易地將規則轉變為比較允許變通的準則，這方面的資料詳見V. Satir, J. Banmen, J. Gerber, and M. Gomori的合著 *The Satir Model: Family Therapy and Beyond* (Palo Alto, Calif.: Science and Behavior Books, 1991). 中譯本《薩提爾的家族治療模式》張老師文化出版；以及G.M. Weinberg, *Becoming a Technical Leader* (New York: Dorset House Publishing, 1986). 中譯本《領導的技術》經濟新潮社出版。

第十三章

1　Vaughn T. Rokosz在1993年針對軟體功能需求進行討論時的私人通信。他認為討好行為可能讓原先小心取得的需求受到破壞。

2　W.E. Deming, *Quality, Productivity, and Competitive Position* (Cambridge, Mass.: MIT Center for Advanced Engineering Studies, 1982), P. 33.

3　J. Horn, *Supervisor's Factomatic* (Englewood Cliffs, N.J.: Prentice-Hall, 1986), p. 390.

4　J.R. Schmid, *Management by Guts* (Marceline, Mo.: Walsworth Publishing Co., 1985), P.37.

5　以下這幾本書對於進行這項練習有幫助：N. Branden, *The Psychology of*

Self-Esteem (New York: Bantam Books, 1971); D. Frey and C.J. Carlock, *Practical Techniques for Enhancing Self Esteem* (Muncie, Ind.: Accelerated Development, 1991).

第十四章

1　這個用語出自 Alice Miller 所寫的一本令人不寒而慄之作, *For Your Own Good: Hidden Cruelty in Child-Rearing and the Roots of Violence* (New York: Farrar, Straus, Giroux, 1983). *For Your Own Good* 一書論述德國希特勒那個世代如何被指責這種方式教育長大。閱讀這本書可以讓人產生強烈的動機戒除指責癮。

2　K. Tohei, *Ki in Daily Life* (Tokyo: Ki No Kenkyukai H.Q., 1978), p. 103.

3　T.F. Crum, *The Magic of Conflict* (New York: Simon & Schuster, 1987), p. 168.

4　見 G.M. Weinberg, *Becoming a Technical Leader* (New York: Dorset House Publishing, 1986). 中譯本《領導的技術》經濟新潮社出版。

第十五章

1　D. Defoe, *Robinson Crusoe*. 中譯本《魯賓遜漂流記》台灣麥克出版。

2　J. Hyams, *Zen and the Martial Arts* (New York: Bantam Books, 1979), p. 66. 中譯本《武藝中的禪》慧炬出版社出版。

3　T.F. Crum, *The Magic of Conflict* (New York: Simon & Schuster, 1987).

4　R.A. Zawacki and P.A. Zawacki, 摘自 *Managing End-User Computing*, Vol. 6, Auerbach (1992).

5　參見 L.A. Hill, *Becoming a Manager: Mastery of a New Identity* (Boston: Harvard Business School Press, 1992), p. 218.

6　W.E. Deming, *Out of the Crisis* (Cambridge, Mass.: MIT Center for Advanced Engineering Study, 1986), p. 102. 中譯本《轉危為安》天下文化出版。

第十六章

302 1 有關預設的運用詳見 S. Andreas and C. Andreas, *Change Your Mind and Keep the Change* (Moab, Utah: Real People Press, 1987). 中譯本為《改變未來》世茂出版社出版。至於薩提爾如何運用預設，請參見 S. Andreas, *Virginia Satir: The Patterns of Her Magic* (Palo Alto, Calif.: Science and Behavior Books, 1991)，在這本書中，Andreas分析薩提爾在一九八六年治療一名女性時錄下的七十三分鐘錄音帶。利用這塊錄音帶和這本書，你可以對於預設的有效運用有真正的了解，或許也能從中學到一些技巧。

2 G.M. Weinberg, *Quality Software Management: Volume 1, Systems Thinking* (New York: Dorset House Publishing, 1992), p. 154. 中譯本《溫伯格的軟體管理學：系統化思考（第1卷）》經濟新潮社出版，頁251。

3 P.M. Senge, *The Fifth Discipline: The Art & Practice of the Learning Organization* (New York: Doubleday, 1990). 中譯本《第五項修練》天下文化出版。

4 C. Andreas and S. Andreas, *Heart of the Mind: Engaging Your Inner Power to Change with Neuro-Linguistic Programming* (Moab, Utah: Real People Press, 1989), p. 47. 中譯本《相信‧你能夠》中國生產力中心出版。

5 S.E. Hardin, *Success with the Gentle Art of Verbal Self-Defense* (Englewood Cliffs, N.J.: Prentice-Hall, 1989), p. 92.

6 B. Bluestone and I. Bluestone, *Technology Review*, Vol. 95, No.8 (1992), pp. 31-40.

第十七章

1 想了解我對回饋的更多看法，請見 C.N. Seashore, E.W. Seashore, and G.M. Weinberg, *What Did You Say? The Art of Giving and Receiving Feedback* (North Attleborough, Mass.: Douglas Charles Press, 1991).

2 G.M. Weinberg, *Quality Software Management: Volume 2, First-Order*

Measurement (New York: Dorset House Publishing, 1993), 第十一章。中譯本《溫伯格的軟體管理學：第一級評量（第2卷）》經濟新潮社出版。

3　I.D. Yalom, *Love's Executioner* (New York: Basic Books, 1989), p. 172. 中譯本《愛情劊子手》張老師文化出版。

4　G.M. Weinberg, *Quality Software Management: Volume 2, First-Order Measurement*, op. cit., 第十四章。中譯本《溫伯格的軟體管理學：第一級評量（第2卷）》經濟新潮社出版。

5　J. Peers, *1,001 Logical Laws, Accurate Axioms, Profound Principles, Trusty Truisms, Homey Homilies, Colorful Corollaries, Quotable Quotes, and Rambunctious Ruminations for All Walks of Life* (Garden City, N.Y.: Doubleday, 1979).

6　T.F. Crum, *The Magic of Conflict* (New York: Simon & Schuster, 1987), p. 120. 這段內文是Crum從傑克・坎菲爾（Jack Canfield）以自尊為題所做的演講錄音帶中節錄出來。

7　J. Volhard and W. Volhard, *Open and Utility Training: The Motivational Method* (New York: Howell Book House, Macmillan), p. 21.

第十八章

1　D. Pye, *The Nature and Art of Workmanship* (New York: Van Nostrand Reinhold, 1971), pp. 23-24.

2　有關這種公文旅行問題的動態學詳見這套書的第一卷。中譯本《溫伯格的軟體管理學：系統化思考（第1卷）》經濟新潮社出版。

3　G.W. Russell, *IEEE Software*, Vol.8, No. 1 (January 1991).

4　另見W.S. Humphrey, *Managing the Software Process* (Reading, Mass.: Addison-Wesley, 1989).

5　B.W. Boehm, *Software Engineering Economics* (Englewood Cliffs, N.J.: Prentice-Hall, 1981).

303

6　M. Mantei, "The Effect of Programming Team Structures on Programming Tasks," *Communications of the ACM*, Vol. 24 (1981), pp. 106-13.

7　G.M. Weinberg, *The Psychology of Computer Programming* (New York: Van Nostrand Reinhold, 1971).

8　F.T. Baker, "Chief Programmer Team Management of Production Programming," *IBM Systems Journal*, Vol. 11, No. 1 (1972), pp. 57-73.

9　P.W. Metzger, *Managing a Programming Project* (Englewood Cliffs, N.J.: Prentice-Hall, 1973).

10　有關兩種對照的現代觀點另見R. Thomsett, "Effective Project Teams: A Dilemma, a Model, a Solution," *American Programmer*, Vol. 3 (1990), pp. 25-35; and R.A. Zahniser, "Building Software in Groups," *American Programmer*, Vol. 3 (1990), pp. 50-56.

11　M. Manduke於1993年在CompuServe軟體工程管理論壇的討論。

12　有關運用特別團隊負責品質保證的一個對立觀點另見S.L. Stamm, "Assuring Quality Assurance," *Datamation* (1981), pp. 195-200.

13　W.S. Humphrey, *Managing the Software Process* (Reading, Mass.: Addison-Wesley, 1989)，尤其是第三章。

14　同上，第十四章。

15　P. Tournier, *The Violence Within* (San Francisco: Harper & Row, 1978), p. 69.

16　另見A. Kohn, *No Contest: The Case Against Competition* (Boston: Houghton Mifflin Company, 1986).

17　有關這個主題的更多資訊，詳見這套書第一卷第十六章針對「壓力—工作績效曲線」的討論，中譯本《溫伯格的軟體管理學：系統化思考（第1卷）》。

第十九章

1　M. DePree, *Leadership Is an Art* (New York: Bantam Doubleday Dell

Publishing Group, 1989), p. 104. 中譯本《領導的藝術》經濟新潮社出版，頁124。

2　T.N. Whitehead, *Leadership in a Free Society* (Cambridge, Mass.: Harvard University Press, 1936), pp. 98-99.

3　G.M. Weinberg, *Quality Software Management: Volume 2, First-Order Measurement* (New York: Dorset House Publishing, 1993), 第十章。中譯本《溫伯格的軟體管理學：第一級評量（第2卷）》經濟新潮社出版。

4　作者於1993年跟長期通信並不吝指教的Randall W. Jensen所進行的私人通信。

5　詳見B. Curtis, "Managing the Real Leverage in Software Productivity and Quality," *American Programmer*, Vol. 3, No. 7-8 (1990), pp. 4-14.

6　另見B.W. Boehm, *Tutorial: Software Risk Management* (Washington, D.C.: IEEE Computer Society Press, 1989); T. DeMarco and T. Lister, *Peopleware: Productive Projects and Teams* (New York: Dorset House Publishing, 1987), 中譯本《Peopleware：腦力密集產業的人才管理之道》經濟新潮社出版；R. Thomsett, *People & Project Management* (Englewood Cliffs, N.J.: Prentice-Hall, 1980)；或H.D. Mills, *Software Productivity* (New York: Dorset House Publishing, 1988).

7　這類計畫的相關資訊詳見這套書第二卷第十七章。中譯本《溫伯格的軟體管理學：第一級評量（第2卷）》經濟新潮社出版。

第二十章

1　有關技術領導人的觀念詳見G.M. Weinberg, *Becoming a Technical Leader* (New York: Dorset House Publishing, 1986). 中譯本《領導的技術》經濟新潮社出版。　　304

2　標準工作單元的概念詳見這套書第二卷第五部〈第零級評量〉，即G.M. Weinberg, *Quality Software Management: Volume 2, First-Order Measure-*

ment (New York: Dorset House Publishing, 1993). 中譯本《溫伯格的軟體管理學：第一級評量（第2卷）》經濟新潮社出版。

3　J.R. Katzenbach and D.K. Smith, *The Wisdom of Teams: Creating High Performance Teams* (Boston: Harvard Business School Press, 1993), p. 4.

4　N.R. Augustine, *Augustine's Laws* (New York: Viking Penguin, 1986), p. 235.

5　C. Alexander, S. Ishikawa, and M. Silverstein, *A Pattern Language* (New York: Oxford University Press, 1977), p. 618. 中譯本《建築模式語言》六合出版社出版。

6　作者於1993年在CompuServe軟體工程管理論壇討論《溫伯格的軟體管理學》這套書時留給M. Green的短箋。

7　J.R. Schmid, *Management by Guts* (Marceline, Mo.: Walsworth Publishing Co., 1985), p.56.

8　有關MOI模型詳見溫伯格的著作，*Becoming a Technical Leader*, op. cit. 中譯本《領導的技術》經濟新潮社出版。

9　詳見L.A. Hill, *Becoming a Manager: Mastery of a New Identity* (Boston: Harvard Business School Press, 1992).

10　作者於1993年在CompuServe軟體工程管理論壇討論《溫伯格的軟體管理學》這套書時寫的短箋。

11　同註3。

第二十一章

1.　B. Richter於1993年在CompuServe軟體工程管理論壇提出的意見。

2　A. George於1993年在CompuServe軟體工程管理論壇提出的意見。

3　E. Hand於1993年在CompuServe軟體工程管理論壇提出的意見。

4　A. Hardy於1993年在CompuServe軟體工程管理論壇提出的意見。

5　另見A.K. Korman, *Industrial and Organizational Psychology* (Englewood Cliffs, N.J.: Prentice-Hall, 1971)；或W.F. Cascio, *Applied Psychology in*

Personnel Management (Reston, Va.: Reston Publishing Co., 1982).

第五部

1　荀巨伯為潁川人（位於現今河南省的中南部），時逢東漢漢桓帝在位（西元147年至167年）期間。

2　Erh-k'o P'o-an ching-chi, t. John Kwan-Terry, in *Traditional Chinese Stories*, Y.W. Ma and J.S.M. Lau, eds. (New York: Columbia University Press, 1978). 有關二十世紀美國六個振奮人心的故事詳見P. Gluckman and D.R. Roome, *Everyday Heroes of the Quality Movement* (New York: Dorset House Publishing, 1993).

附錄A

1　有關更詳盡的資訊請參閱溫伯格的著作，*Quality Software Management: Volume 1, Systems Thinking* (New York: Dorset House Publishing, 1992). 中譯本《溫伯格的軟體管理學：系統化思考（第1卷）》經濟新潮社出版。　305

附錄B

1　薩提爾的著作，*The Satir Model, Family Therapy and Beyond* (Palo Alto, Calif.: Science and Behavior Books, 1991). 中譯本《薩提爾的家族治療模式》張老師文化出版。

附錄C

1　P.B. Crosby, *Quality Is Free* (New York: McGraw-Hill, 1979), p. 43. 中譯本《熱愛品質》華人戴明學院出版。

2　R.A. Radice, P.E. Harding, and R.W. Phillips, "A Programming Process Study," *IBM Systems Journal*, Vol. 24, No. 2 (1985), pp. 91-101.

3　W.S. Humphrey, *Managing the Software Process* (Reading, Mass.: Addison-

Wesley, 1989).

4   B. Curtis, "The Human Element in Software Quality," *Proceedings of the Monterey Conference on Software Quality* (Cambridge, Mass.: Software Productivity Research, 1990).

5   G.M. Weinberg, *Quality Software Management: Volume 1, Systems Thinking* (New York: Dorset House Publishing, 1992). 中譯本《溫伯格的軟體管理學：系統化思考（第1卷）》經濟新潮社出版。

附錄D

1   N. Wiener, *Cybernetics, or Control and Communication in the Animal and the Machine*, 2nd ed. (Cambridge, Mass.: MIT Press, 1961).

法則、定律、與原理
一覽表 （各詞條所附為原文頁碼，請見內文兩側）

布魯克斯的格言（修正版）：沒有銀彈，但偶爾會見到獨行俠。（p.1）　307-308

艾許比的必要多樣性法則：控制者採取的行動必須全面關照整體情勢，意即針對系統可能呈現的各種行為，控制者至少要採取一項行動來因應。（p.6）

高品質軟體交付原理：管理是隨機過程的第一要素。（p.8）隨機過程的第一要素會妨礙你去改善隨機過程的所有其他要素。（p.9）

個人效能原理：如果你無法管理你自己，你就無權管理別人。（p.9）

管理的單一面向挑選模型：以三項錯誤假定為基礎的常見管理模型。這三個錯誤假定分別是：經理人是天生的、不是後天養成的；可以用單一面向的標準來為人們排名；程式設計人員的職級就跟管理人員的職級一樣。（p.15）

威信模型：有些人有極大的威信，有些人卻沒有。（p.16）

選擇成為經理人的原理：如果你當初確實不想擔任經理人職務，那麼當你接任經理人職務時，你的所作所為就會不一致。（p.20）

指責型的因應方式：「我是老大，你什麼也不是。」（p.28）

討好型的因應方式：「我什麼也不是，你才是老大。」（p.29）

超理智型的因應方式：「這就是一切，你跟我什麼也不是。」（p.33）

愛或恨型的因應方式：「這根本不算什麼，你跟我才是老大。」（p.35）

打岔型的因應方式：「什麼事都不重要。」（p.36）

李伯大夢式的管理手法：你沉睡二年，一覺醒來卻發現專案還沒有結束，你想知道：「為什麼專案進度遲了二年？」（p.53）

魔術大師胡迪尼的管理手法：你用複雜的方式和變化把他們弄糊塗了，所以他們不知道你究竟在做什麼。（p.53）

布魯克斯法則：增加人力到進度已經落後的軟體專案，只會讓專案進度更加落後。（p.78）

布魯克斯法則（修正版）：在軟體專案進行後期，指派新成員負責已有他人處理的工作，這樣做只會讓專案一再延後。（p.78）

關照全局的經理人模型：領導是指有能力創造出一個授權給每個人，讓他們發揮創意解決問題的環境。（p.80）

控制者的謬誤：如果控制者不忙碌，那麼他就沒有把工作做好。如果控制者很忙碌，那麼他必定是一位優秀的控制者。（p.128）

加法原則：要預防成癮行為 X，就要禁止採取 X 行為，提供真正有效

的替代解決方案Z，必要的話，則減輕短期的痛苦，但不是以採取X行為來減輕痛苦。（p.161）

戴明的管理十四要點的第八要點：在職場上，大多數人，尤其是擔任管理職務者並不了解本身的職務為何，也不清楚什麼是對、什麼是錯。而且，他們也不知道該怎樣找出答案。大家很怕提出問題或表明立場。（pp.167-68）

美國資本主義的基本原理：要禁止討好行為，只要給顧客其他可供選擇的服務就行了。（p.172）

關照全局的程式碼註解標準：如果有一種標準存在，至少必須有二種標準可供選擇。（p.195）

對事情有幫助的模型：不論表面上看來如何，其實每個人都想成為一個對事情有幫助的人。（p.208）

對事情有偏執的模型：因為某人想辦法要危害我，所以事情會出差錯。（p.209）

把別人都當成笨蛋的模型：一個人的行為如果可以用出於愚蠢來解釋，就千萬不要想成對方是出於惡意。（p.211）

給予者的實情：不管表面上看來如何，回饋資訊幾乎完全跟給予者有關，而跟接受者無關。（p.220）

韋恩的第五項推論：最能激勵員工的做法莫過於讓員工看到老闆整天認真地工作。（p.224）

大祕密：人人都想要自己的工作受到感謝。（p.224）

團隊形成原理：每位團隊成員都有一些獨特的貢獻。（p.265）

索引 （頁碼為原文頁碼，請見內文兩側之頁碼）

國家圖書館出版品預行編目資料

溫伯格的軟體管理學：關照全局的管理作為（第3
卷）／傑拉爾德‧溫伯格（Gerald M. Weinberg）
著；陳琇玲譯. -- 初版. -- 臺北市：經濟新潮社
出版：家庭傳媒城邦分公司發行, 2009.08
　　面；　公分. --（經營管理；63）
含索引
譯自：Quality Software Management, Volume 3:
　　　Congruent Action
ISBN 978-986-7889-86-7（平裝）

1. 軟體研發　2. 品質管理

312.2　　　　　　　　　　　　　　　　98012917

經濟新潮社

廣　告　回　函
台灣北區郵政管理局登記證
台北廣字第000791號
免　貼　郵　票

英屬蓋曼群島商家庭傳媒股份有限公司城邦分公司
104台北市民生東路二段141號2樓

------請沿虛線折下裝訂，謝謝！------

經濟新潮社

經營管理・經濟趨勢・投資理財・經濟學譯叢

編號：QB1063　書名：溫伯格的軟體管理學：關照全局的管理作為（第3卷）

cité城邦 讀者回函卡

謝謝您購買我們出版的書。請將讀者回函卡填好寄回，我們將不定期寄上城邦集團最新的出版資訊。

姓名：＿＿＿＿＿＿＿＿＿＿　電子信箱：＿＿＿＿＿＿＿＿＿＿＿

聯絡地址：□□□＿＿＿＿＿＿＿＿＿＿＿＿＿＿＿＿＿＿＿＿

電話：（公）＿＿＿＿＿＿＿＿＿　（宅）＿＿＿＿＿＿＿＿＿

身分證字號：＿＿＿＿＿＿＿＿＿　（此即您的讀者編號）

生日：＿＿年＿＿月＿＿日　性別：□男　□女

職業：□軍警　□公教　□學生　□傳播業　□製造業　□金融業　□資訊業
　　　□銷售業　□其他＿＿＿＿＿＿＿＿＿＿＿＿＿＿＿＿

教育程度：□碩士及以上　□大學　□專科　□高中　□國中及以下

本書優點：（可複選）□內容符合期待　□文筆流暢　□具實用性
　　　　　　　　　　□版面、圖片、字體安排適當　□其他＿＿＿＿＿＿

本書缺點：（可複選）□內容不符合期待　□文筆欠佳　□內容保守
　　　　　　　　　　□版面、圖片、字體安排不易閱讀　□價格偏高　□其他

關於溫伯格的著作，以及相關的軟體管理書籍，歡迎您提供意見供我們參考：

書名	已買	想買	備註
人月神話			
與熊共舞			
最後期限			
你想通了嗎？（以下為溫伯格著作）			
領導的技術			
顧問成功的祕密			
從需求到設計			
溫伯格的軟體管理學：系統化思考			
溫伯格的軟體管理學：第一級評量			
溫伯格的軟體管理學：關照全局的管理作為			
溫伯格的軟體管理學：擁抱變革			
程式設計的心理學（Psychology of Computer Programming）			
系統化思考入門（An Introduction to General Systems Thinking）			

您對我們的建議：＿＿＿＿＿＿＿＿＿＿＿＿＿＿＿＿＿＿＿＿＿
＿＿＿＿＿＿＿＿＿＿＿＿＿＿＿＿＿＿＿＿＿＿＿＿＿＿＿＿＿＿
＿＿＿＿＿＿＿＿＿＿＿＿＿＿＿＿＿＿＿＿＿＿＿＿＿＿＿＿＿＿